Frans de Waal

Wilde Diplomaten

Versöhnung und Entspannungspolitik bei Affen und Menschen

Aus dem Amerikanischen
von Ellen Vogel

Carl Hanser Verlag

Titel der Originalausgabe: *Peacemaking among Primates*
Harvard University Press, Cambridge, Mass., 1989

Für meine Eltern, meine fünf Brüder
und für Catherine – mit denen allen
mich zahllose Versöhnungen verbinden

ISBN 3-446-16003-5

Satz: Fotosatz Reinhard Amann, Leutkirch
Lithos: Ernst Wartelsteiner, Garching
Druck und Bindung: Friedrich Pustet, Regensburg
Printed in Germany

Inhalt

Vorwort *7*

1. Kapitel
Falsche Alternativen
»Gute« Aggression 17
»Schlechter« Frieden 25
Das Individuum und die Gruppe 30
Gefangenschafts- versus Feldstudien 33

2. Kapitel
Schimpansen
Das Arnheim-Projekt 42
Versöhnung und Tröstung 43
Geschlechtsunterschiede 54
Eine Koalition bricht zusammen 62
Tödliche Gewalt 66
Die Schattenseite 73
Selbstbewußtsein und Schimpozentrismus 81

3. Kapitel
Rhesusaffen
Matriarchate und Matrilinien 93
Rangtransfer 96
Stufen der Aggression 98
Die explorative Phase 108
Stillschweigende Versöhnungen 113
Strenge Beweise 119
Klassenstruktur 123
Die Leiter hinaufsteigen 129

4. Kapitel
Bärenmakaken
Unsere Schönheiten 147
Orgastische Versöhnungen 152

Zwei Makaken 157
Einträchtige Umarmung 166

5. Kapitel
Bonobos
Weder Pygmäe noch Schimpanse 176
Wilde Bonobos und wilde Theorien 181
Der gescheiteste Menschenaffe? 189
Die Erdnuß-Familie 192
Was die Bonobos spielen 196
Kamasutra-Primaten 201
Die Hypothese vom Sexvertrag 208
Sex für den Frieden 215
Epilog 222

6. Kapitel
Menschen
Unser armseliges Wissen 232
Stufen der Kultivierung 239
Bedingungen des Friedens 244
Kinder 249
Kulturen 257
Der Schwur an der Elbe 263

Schluß *269*

Dank *273*
Literaturverzeichnis 279
Namenregister 291

> Aggression kann sicherlich ohne ihren Gegenpart, die Liebe, existieren, doch umgekehrt gibt es keine Liebe ohne Aggression.
> *Konrad Lorenz*

Vorwort

Feuer lodern auf, aber Feuer verlöschen auch. So offensichtlich dies ist: Wissenschaftler, die sich mit Aggression, einer Art sozialen Feuers, befassen, haben dennoch ganz und gar die Mittel und Wege ignoriert, mit deren Hilfe die Flammen der Aggression gelöscht werden. Wir wissen eine ganze Menge über die Ursachen für feindseliges Verhalten sowohl bei Tieren als auch bei Menschen, bei den Hormonen und der Gehirnaktivität angefangen bis zu den kulturellen Einflüssen. Über die Möglichkeiten, Konflikte zu vermeiden oder wie, wenn sie doch auftreten, Beziehungen danach wiederhergestellt und normalisiert werden, wissen wir aber so gut wie nichts. Folglich neigen die Menschen dazu, die menschliche Natur eher mit Gewalt als mit Friedfertigkeit zu assoziieren.

Verhaltensforscher überbrachten diese pessimistische Botschaft in den Sechzigern, und natürlich haben sie sie in den Siebzigern und Achtzigern nicht widerrufen. Die in der Biologie vorherrschende Perspektive betrachtet das Leben als einen »unaufhörlichen, offenen Kampf« oder als »Gladiatoren-Show«, wie es Darwins öffentlicher Verteidiger, Thomas Henry Huxley, vor gut einem Jahrhundert verkündete. Im Brennpunkt liegen rücksichtsloser Wettbewerb und die Vorteile, die die Tiere aus ihren Beziehungen zu anderen ziehen. Daß sich Tiere in einem Existenzkampf befinden, ist unbestreitbar; im Falle eines Interessenkonfliktes können sie erstaunlich gewalttätig sein. Aber nicht alles, was sie tun, geht auf Kosten anderer. Viele Arten schließen sich in kooperativen Gruppen zusammen, die zumeist den Eindruck von Harmonie vermitteln.

Unsere nächsten Verwandten, die Menschenaffen, bilden stabile soziale Beziehungen aus. Die Mitglieder einer Gruppe sind gleichzeitig Freunde und Rivalen, die sich um Nahrung und Partner zanken, zugleich aber voneinander

M Schimpanse (*Pan troglodytes*) W

M Bonobo (*Pan paniscus*) W

M Rhesusaffe (*Macaca mulatta*) W

M Bärenmakak (*Macaca arctoides*) W

abhängig sind und ein starkes Bedürfnis nach beruhigendem und tröstendem Körperkontakt haben. Diese Tiere müssen der Tatsache ins Auge sehen, daß sie manchmal einen Kampf nicht gewinnen können, ohne einen Freund zu verlieren. Der Ausweg aus diesem Dilemma ist entweder, den Wettbewerb zu reduzieren, oder aber, den Schaden im nachhinein zu reparieren. Die erste Lösung ist als *Toleranz* bekannt, die zweite als *Versöhnung*. Nichtmenschliche Primaten, vertraut mit beiden Lösungen, stützen ihre Gemeinschaften durch ein hochentwickeltes Beruhigungssystem, das Überhitzung, Explosion oder Auflösung des sozialen Räderwerks verhindert. Sie handeln wie menschliche Familien, von denen es viele fertig bringen, zwanzig Jahre oder länger zusammenzuhalten, obwohl sie wahre Schlachtfelder darstellen.

Da sich meine Forschung aber auf die Prinzipien der friedlichen Koexistenz richtet, konzentriere ich mich lieber auf das Teilen als auf den Wettbewerb und darauf, wie Auseinandersetzungen enden, und nicht, wie sie anfangen. Bei der Versöhnung ist entscheidend: Unmittelbar nach einem Kampf neigen die beiden Gegner dazu, sich aus dem Wege zu gehen, aber nach einer Weile suchen sie die Nähe des anderen und bemühen sich, freundschaftlichen Kontakt herzustellen. Die Länge des Prozesses variiert: Während Affen sich gewöhnlich innerhalb von Minuten versöhnen, können Menschen Tage, Jahre, sogar Generationen dazu benötigen. So folgte ich fasziniert Berichten über das Treffen zwischen Papst Johannes Paul II. und Mehmet Ali Agca in einer Gefängniszelle, wo der Papst zärtlich die Hand seines Beinahemörders hielt und versöhnlich auf ihn einredete (»Ich sprach mit ihm wie mit einem Bruder, dem ich vergeben habe und der mein volles Vertrauen hat«). Die meisten Berichterstatter sahen darin eine Demonstration christlicher Vergebung, aber ich erkannte tiefere Wurzeln, als ich diese Szene mit Versöhnungen in nichtmenschlichen Primatengruppen, die ich untersucht habe, verglich.

Als Biologe, der friedenstiftendes Verhalten untersucht, unterstütze ich das *Seville Statement on Violence*, und zwar mit Leib und Seele. Dieses 1986 herausgegebene Dokument, an dem sich die Geister scheiden, resultierte aus einem Treffen internationaler Experten zum Thema Aggression in Sevilla. Ich bin nicht gänzlich mit der Erklärung einverstanden. Um zu ihrem Schluß zu gelangen, daß »die Biologie die Menschheit nicht zum Kriege verdammt«, zogen die Autoren es vor, unser stammesgeschichtliches Erbe herunterzuspielen. Mein eigener Beitrag stammt aber gerade aus der Biologie; er möchte ergänzen und nicht frühere Einsichten verneinen. Ich betrachte Aggressivität als eine fundamentale Eigenschaft allen tierischen und menschlichen Lebens, aber ich glaube auch, daß dieses Merkmal nicht isoliert von den gewaltigen Kontrollmechanismen und Gegengewichten verstanden werden kann, die sich entwickelten, um dessen Kräfte zu zügeln. Obwohl ich Parallelen zwischen tierischem und menschlichem Verhalten gezogen habe, sogar auf der Ebene internationaler Politik, bin ich nicht auf der Suche nach einem Tier-Modell für unsere Art. Jeder Organismus verdient Beachtung um seiner selbst willen, nicht als ein Modell für andere. Der zoologische Begriff »Primaten« schließt die menschliche Rasse als eine von ungefähr zweihundert Primatenarten ein, die alle gleich behandelt werden sollten. Das heißt, daß sowohl Ähnlichkeiten als auch Unterschiede Interesse verdienen und kein Vergleich verboten ist. Also: Wenn man Extrapolation aus, sagen wir, dem Verhalten von Rhesusaffen auf das Verhalten von Schimpansen akzeptiert, so gibt es keinen Grund, ähnliche Vergleiche zwischen Menschen und Schimpansen zu beanstanden – besonders, wenn man berücksichtigt, daß dieses Paar mehr biologische Merkmale miteinander teilt als jenes.

Wenn wir solche Vergleiche ziehen, ist es sehr wichtig, daß wir Menschen auf dieselbe Weise betrachten wie Affen und Menschenaffen*; es gibt keinen Grund, uns selbst auf das übliche Podest zu stellen. Außerdem ist wesentlich, daß unsere Urteile nicht moralisierend sein dürfen; »gut« und »böse« sind Adjektive, die auf diesem Schauplatz viel zu leichtfertig verwendet werden. Solche Bewertungen behindern objektive Analysen. Auch wenn Aggressivität ein integraler Bestandteil aller sozialen Beziehungen ist, so ist doch unsere Neigung, sie anzuprangern, so stark, daß wir manchmal fragen, ob sie überhaupt als sozial gelten soll.

Diese Fehlkonzeption resultiert zum Teil aus der Gleichsetzung von Aggression mit Gewalt. Aber Gewalt ist nur der extremste Ausdruck von Aggression und nicht der Normalfall. Ein weiterer Grund, das soziale Gewicht der Aggression zu leugnen, ist, daß sie nicht immer offen zutage tritt. Feindschaft kann so wirkungsvoll abgepuffert werden, daß an der sichtbaren Oberfläche alles friedlich und harmonisch zu sein scheint. Georg Simmel, ein Sozialphilosoph um die Jahrhundertwende, zeigte, daß Gesellschaften nicht auf rein freundschaftlicher Gesinnung aufgebaut sind. Um eine bestimmte Organisation erreichen zu können, brauchen sie beides, Anziehung und Abstoßung, Integration und Differenzierung, Kooperation und Konkurrenz. Konflikte und ihre Lösungen dienen dazu, diesen Dualismus zu überwinden und eine Form der Einheit zu erreichen: Simmel betrachtete die friedliche Beendigung von sozialen Kämpfen als eine spezielle Art von Syn-

* Das Wort »Menschenaffen« ist mit dem Wort »Affen« nicht synonym. Gorillas und Schimpansen gehören zu den Menschenaffen; Paviane und Makaken zu den Affen. Menschenaffen haben keinen Schwanz und sind größer als Affen. Sie haben einen breiteren Brustkorb und längere Arme mit großem Drehmoment in den Schultern. Da die Menschen dieselben Unterscheidungsmerkmale mit den Menschenaffen teilen, die sie von den Affen trennen, werden Menschen und Menschenaffen gemeinsam als Hominoide klassifiziert.

these – ein bedeutsamer Prozeß, der beides, Vereinigung und Widerstand, einschließt.

1963 veröffentlichte Konrad Lorenz, der Vater der Ethologie, sein berühmtes Buch *Das sogenannte Böse. Zur Naturgeschichte der Aggression.* Der Titel deutet an, daß Aggression nicht so böse sein könne, wie allgemein angenommen. Während das Buch die Bedeutsamkeit der Aggression in Verbindung mit Liebe und Zuneigung behandelte, ging folgende wichtige Überlegung angesichts seiner Hauptbotschaft verloren: daß nämlich die Menschen einen Killerinstinkt besitzen und ihnen unglücklicherweise der Hemmungsmechanismus abhanden gekommen ist, um ihn unter Kontrolle zu halten.

Diese These erzeugte eine gewaltige Kontroverse, besonders in der angelsächsischen Welt. Das Ergebnis waren einander widersprechende Bücher, die sich dann in der Regel mit den wenigen freundlichen, nichtkämpferischen menschlichen Gesellschaften beschäftigten, die es geschafft hatten, in abseits gelegenen Ecken der Welt zu überleben. Zusätzlich zu dieser Suche nach Ausnahmen beriefen sich die Kritiker auf Vergleiche mit unseren nächsten Verwandten. Weil in jenen Tagen die Menschenaffen noch als friedliche Vegetarier angesehen wurden, gebrauchte man ihren Rousseauschen Lebensstil als Argument gegen Lorenzens Schilderung der menschlichen Natur. Ironischerweise zogen genau die Wissenschaftler diese Schlüsse, die sich normalerweise jedem Vergleich zwischen Menschen und Tieren widersetzten. Angesichts neuerer Forschungen müssen sich diese Leute jetzt mehr als nur ein bißchen albern vorkommen: Im vergangenen Jahrzehnt haben wir durch Feldstudien von Dian Fossey, Jane Goodall, Toshisada Nishida, Akira Suzuki und anderen gelernt, daß Gorillas und Schimpansen ihre Artgenossen töten. Wir wissen ebenfalls, daß wilde Schimpansen gelegentlich jagen, Fleisch fressen und kannibalisch sind.

Die aggressive Natur der Menschen ist nicht zu leugnen. Wir brauchen nur das Fernsehgerät zur Nachrichtensendezeit anzustellen oder die Geschichtsbücher einer beliebigen Nation zu lesen, um den Beweis und die Details vor Augen geführt zu bekommen. Deshalb lautet die Frage nicht, wie man Aggression aus dieser Welt eliminiert – ein hoffnungsloses Unternehmen –, sondern, wie man Aggression unter Kontrolle hält. Den Menschen sind ihre Beziehungen so wichtig, daß sie sie trotz Rivalitäten und Streitigkeiten aufrechterhalten. Es ist jetzt an der Zeit, ernsthaft die natürlichen Mechanismen der Konfliktlösung zu erforschen. Denn weil es diese Mechanismen gibt, wirkt aggressives Verhalten nicht immer zerstörend, und es gibt sowohl eine destruktive als auch eine konstruktive Seite im zwischenmenschlichen Konflikt.

Nachdem ich Zeuge eines Kampfes in der Schimpansenkolonie des Arnheim-Zoos in den Niederlanden geworden war, wurde mir erstmals bewußt, daß dieses Problem auch an anderen Primaten untersucht werden kann. Im Verlauf einer imposanten Verfolgungsjagd attackierte das dominante Männchen ein Weibchen; ein kreischendes Chaos brach aus, als andere Schimpansen zu seiner Verteidigung hinzukamen. Als sich die Gruppe endlich beruhigt hatte, trat eine ungewöhnliche Stille ein; niemand bewegte sich, es war, als ob die Affen auf etwas warteten. Plötzlich brach die Gruppe in Gejohle aus, während ein Männchen die großen metallenen Zylinder in der Ecke der Halle bearbeitete. Mitten in diesem Inferno sah ich zwei Schimpansen sich küssen und umarmen.

So seltsam es auch klingen mag, es kostete mich Stunden zu erkennen, was passiert war. Ich dachte weiter über die Umarmung und die aufgeregte Reaktion der Gruppe nach. Es schien mehr als bloß eine Reihe von interessanten Verhaltensmustern zu sein: Die sich umarmenden Individuen waren dieselben Männchen und Weibchen wie beim anfänglichen Kampf. Als mir das Wort »Versöhnung« in den Kopf schoß, fiel mir auf, daß gefühlvolle Versöhnungen zwischen Aggressoren und Opfern durchaus üblich waren. Das Phänomen war so augenfällig, daß man sich kaum vorstellen konnte, daß es so lange von mir und anderen Ethologen übersehen worden war.

Der Arnheim-Zoo beherbergt der Welt größte Schimpansenkolonie. Aus Angst vor Gewalttätigkeiten wagen es nur wenige Zoos oder Institutionen, Gruppen dieser Größenordnung einzurichten. Viele Zoos führen ihre Gorillas und Orang-Utans in geräumigen Anlagen vor, ihre Schimpansen hausen jedoch noch in altmodischen Käfigen. Seit Gründung der Arnheim-Kolonie im Jahre 1971 verlief alles komplikationslos, bis 1980, als zwei Männchen sich verbündeten, um einen Rivalen auszuschalten. Dieser blutige Vorfall beeinflußte mein Nachdenken über Konfliktlösung tiefgreifend. Bis zu diesem Ereignis hatte ich Versöhnung von einem ziemlich idealistischen Standpunkt aus betrachtet. Seitdem besitze ich ein sehr nüchternes Bild davon, was passieren kann, wenn Konflikte auf der harten Linie gelöst werden.

Dies im Kopf und mit der Erkenntnis, daß das Thema Versöhnung Untersuchungen an mehr als nur einer Art verlangt, begann ich mit Forschungsstudien an Bonobos und an zwei verschiedenen Makakenarten – Rhesusaffen und Bärenmakaken. Bonobos gelten als freundliche Geschöpfe, wohingegen Rhesusaffen den Ruf haben, die garstigsten, intolerantesten Primaten der Welt zu sein. Ich teile diese Meinung, aber nichtsdestoweniger habe ich diese kleinen Halunken lieben gelernt; ich betrachte es als eine besondere Herausforderung zu zeigen, daß auch Rhesusaffen Methoden entwickelt haben, um Frieden zu stiften. Jedem Tier, das es vorzieht, in Gruppen zu leben anstatt als Einzelgänger, bietet sich einfach keine andere Möglichkeit.

Nachdem ich viele Jahre auf diesem Gebiet geforscht hatte, beschloß ich, meine Befunde einem größeren Auditorium mitzuteilen – eine Entscheidung, die nicht schwer zu treffen, aber sicherlich nicht ohne Risiken war. Es ist praktisch unmöglich, einerseits Wissenschaftler-Kollegen zufriedenzustellen und gleichzeitig den Laien zu interessieren. Weil ich mich hier für den Durchschnittsleser entschieden habe, werde ich meine Argumente hauptsächlich mittels Beschreibungen, Anekdoten und Photographien, die ich während meiner vielen Studien aufnahm, verdeutlichen. Skepsis gegenüber dieser Art von Beweismaterial ist verständlich. Normalerweise möchte jeder Forscher Statistiken sehen, bevor er die Behauptungen eines anderen akzeptiert. Dieselben Kriterien gelten auch für meine eigene Arbeit.

Verhaltensforscher gründen ihre Schlußfolgerungen auf beobachtbares Verhalten und folgen strengen Methoden der Datenerhebung. Damit z.B. ein bestimmtes Verhalten als »aggressiv« klassifiziert werden kann, muß es mehrere spezifische Verhaltensmuster einschließen, z.B. Jagen und Beißen. Eine subjektive Bestimmung der Bedeutung dieses Verhaltens ist auf diese Weise ausgeschlossen. Ich habe diese Verfahrensweisen durchwegs befolgt: Für jede Anekdote in diesem Buch sind Hunderte von Dokumenten in unseren Computer gewandert. Leser, die ihre eigenen Urteile zu bilden wünschen, werden auf meine Fachbücher verwiesen.

Hauptziel dieses Buches ist es, die deprimierende Sichtweise der Biologie im Hinblick auf die Situation der Menschheit zu korrigieren. In einem Jahrzehnt, wo sich Frieden zum einzigen und wichtigsten öffentlichen Thema entwickelt hat, ist es von essentieller Bedeutung, das anwachsende, überzeugende Beweismaterial dafür vor Augen zu führen, daß für Menschen Friedenstiften ebenso natürlich ist wie Kriegführen.

1. Kapitel
Falsche Alternativen

Es ist wissenschaftlich unkorrekt zu sagen, daß im Verlauf der menschlichen Evolution auf aggressivem Verhalten eine stärkere Selektion lag als auf anderen Verhaltensweisen.

Seville Statement on Violence

Meine Politik ist eine Politik des Friedens. Sie gründet nicht auf Worten, Gesten und bloßen papierenen Transaktionen, sondern auf einem erhabenen nationalen Prestige und einem ganzen Netz von Vereinbarungen und Verträgen, das die Harmonie zwischen den Menschen festigt.

Benito Mussolini

Drei voneinander unabhängige Dichotomien haben die Aggressionsforschung dominiert. Erstens die Klassifizierung bestimmter Verhaltensweisen als wünschenswert und als nicht wünschenswert. Zweitens betonten während des vergangenen Jahrzehnts Biologen das Individuum zu Lasten der sozialen Gruppe. Georg Simmels Ideen hinsichtlich der Rolle des Konfliktes auf der gesellschaftlichen Ebene sind von der Auffassung, ein Konflikt diene meistens den Interessen der Gewinnerpartei, überschattet worden. Schließlich gibt es noch den Unterschied zwischen Studien an Tieren in ihrem natürlichen Habitat und an solchen in Gefangenschaft. Während einige Wissenschaftler Feldforschung als die einzige betrachten, die zählt, vergleichen andere solche Untersuchungen mit einem unkontrollierten Experiment ohne Beweiskraft. Jede dieser Dichotomien besitzt ihre Nützlichkeit; ich will sie jedoch in diesem Kapitel alle herausfordern. Denn ich glaube fest an die Komplementarität unterschiedlicher Konzepte und Methoden.

»Gute« Aggression

Zwei Dorfhäuptlinge der Eipo-Papuas standen kurz davor, ihren ersten Ausflug in einem Flugzeug zu unternehmen. Sie hatten dabei geholfen, einen Behelfslandeplatz im unzugänglichen Hochland von Neu-Guinea zu bauen; im Gegenzug wurden sie von Wulf Schiefenhövel, einem deutschen Ethologen, der mir diese Geschichte erzählte, zu einem Flug eingeladen. Die zwei Papuas, überhaupt nicht ängstlich, die Maschine zu besteigen, äußerten eine rätselhafte Bitte: Sie wünschten, daß eine Seitentür offen bleibe. Wulf erklärte ihnen, daß es oben am Himmel kalt sei und daß sie, gänzlich nackt bis auf ihre traditionelle Penishülle, frieren würden. Die Männer antworteten, daß ihnen das nichts ausmache. Als nächstes äußerten sie den Wunsch, ein paar schwere Steine mitbringen zu dürfen. »Was versprecht ihr euch davon?«, fragte Wulf verwundert. Die Antwort: Falls der Pilot so freundlich sein würde, über dem Dorf der Feinde zu kreisen, so könnten die Männer die Steine durch die offene Tür aus dem Flugzeug stoßen. Zweifellos wurde ihrer Bitte nicht entsprochen. Am Abend konnte der Wissenschaftler in sein Tagebuch notieren, daß er Augenzeuge bei der Erfindung der Bombe durch Menschen des Neolithikum geworden war.

Offensichtlich folgt der Geist des Homo sapiens überall denselben dunklen Wegen. Gleichzeitig nehmen die meisten von uns für sich in Anspruch, friedliebend zu sein. Um diese Paradoxie zu verstehen, müssen wir eine Unterscheidung zwischen Beziehungen innerhalb der Gruppe und außerhalb der Gruppe vornehmen. Alle menschlichen Gesellschaften unterscheiden zwischen dem Töten innerhalb der eigenen Gemeinschaft – einer Tat, die als Mord verurteilt und bestraft wird – und dem Töten von Außenstehenden, was oft als mutige Tat und als Dienst an der Gemeinschaft angesehen wird. Das von Lorenz beschriebene Fehlen eines Hemmungsmechanismus führt, soweit ich es sehe, vorwiegend zum Krieg und anderen Formen von Aggression zwischen Menschen verschiedener Gemeinschaften. Wenn dies nicht so wäre, erwiese es sich als schwierig, die Kohäsion und Komplexität von menschlichen Gesellschaften zu erklären. Eine Bande unkontrollierter Killer würde freilich eine gänzlich andere Art von Gemeinschaft aufbauen. Eine solche Gemeinschaft dürfte George Myers' Beschreibung des kaltblütigen Terrors in einer Piranhaschule entsprechen: »Die Fische schwammen langsam umher, jeder hielt sich sorgsam von seinen Kollegen fern und war sichtlich bestrebt, keinen anderen direkt hinter sich zu haben, von wo der Nachbar ungesehen angreifen könnte. Sie erinnerten mich an skrupellose Räuber, jeder mit einer Pistole in der Tasche und jeder gewiß, daß alle übrigen bereit waren, sie jederzeit zu gebrauchen.«

Die Evolution von Sicherheitsmaßnahmen gegen zerstörerische Aggression begann mit der Fürsorge für den Nachwuchs. Sogar Krokodile, urtümliche Tiere mit mächtigen Kiefern, kann man herumspazieren sehen, das Maul angefüllt mit vertrauensvoller Nachkommenschaft, zutraulichen Jungen, die zwischen den Zähnen der Mutter herausschauen wie Touristen aus einem Bus. Je komplizierter das Gruppenleben von Tieren wird, um so markanter sind die

Hemmungsmechanismen, die nicht nur Kindern, sondern auch nichtverwandten Angehörigen gegenüber beobachtet werden können. Nichtmenschliche Primaten sind mit besonders hochentwickelten Kontrollfähigkeiten für den Fall von Kampfeskalationen ausgestattet. Einige sind angeboren, andere anscheinend gesellschaftlich aufgezwungen. Zum Beispiel werden ernste Angriffe junger erwachsener Männchen auf Weibchen oft durch andere Gruppenmitglieder gestoppt. Ältere Männchen haben gelernt, ihre Aggressionen gegen Weibchen unter Kontrolle zu halten.

Ähnliche Regeln und erworbene Hemmungsmechanismen spielen auch im menschlichen Sozialleben eine Rolle. Wenn eine Frau ihren Mann in der Öffentlichkeit schlägt, so wird dies nicht annähernd so beunruhigend empfunden wie umgekehrt, den armen Mann selbst ausgenommen. Im ersten Fall denken wir vielleicht: »Was für ein Temperament!«, während wir im anderen Fall dazu neigen, mißbilligend »Was für ein Scheusal!« zu sagen. Ich erinnere mich an einen Cartoon der Peanuts, wo Lucy den kleinen Charlie boshaft anlächelt und herausfordert: »Du kannst mich gar nicht schlagen, Charlie Brown! Ich bin doch ein Mädchen!« Wegen des Unterschiedes in der physischen Stärke ist der Mangel an Respekt bei Männern für Frauen eine ernste Angelegenheit. Im privaten Bereich daheim stimmen die Kampfregeln zwischen den Geschlechtern nicht immer mit dem Ideal überein, wie jetzt immer offensichtlicher wird. Männliche Aggression kann in gewalttätige Kriminalität umkippen, wenn die geeigneten ausgleichenden Mechanismen und sozialen Kontrollen fehlen. Zweifellos hängt das Maß, in dem Männer ihren Zorn beherrschen können, sehr stark von der Erziehung und dem Beispiel ab, das sie als Jungen von der Gesellschaft erhalten haben.

Der direkte Weg, Eskalationen zu vermeiden, führt über beschwichtigende Äußerungen oder Körperkontakt. Spannungsregulierung mittels freundlichem Berühren, Kraulen oder Umarmen befriedigt das unersättliche Kontaktbedürfnis, das für die Primatenordnung charakteristisch ist. Lorenz erforschte vornehmlich Fische und Vögel, aber haben wir jemals versucht, einen Fisch oder einen Vogel zu beruhigen? Wenn meine zahmen Dohlen in Panik geraten, wollen sie überhaupt nicht berührt werden. Das Putzen, vor allem das der Nackenfedern, hat zwar einen beruhigenden Effekt, aber erst, wenn die Gefahr verschwunden ist. Im Gegensatz dazu schaffen Primaten Körperkontakt, wenn sie erregt sind, und entspannen sich nach der gegenseitigen Fellpflege und den Umarmungen. Junge Affen werden von ihrer Mutter nahezu ein Jahr lang getragen und Schimpansenkinder sogar bis zu vier Jahren. Daher ist es nicht überraschend, daß sie das Bedürfnis nach Behaglichkeit dank Berührung ihr ganzes Leben hindurch bewahren. Selbst erwachsene Schimpansen von 20 Jahren oder mehr zeigen noch die Umklammerungsreaktion der Kinder, die sich in Augenblicken der Gefahr oder bei spannungsgeladener Konfrontation mit Rivalen unter Kreischen gegenseitig festhalten. Verängstigten Soldaten an der Front wird gleiches Verhalten nachgesagt.

In einer Reihe von Experimenten konnte William Mason zeigen, daß durch Schmerz verursachter Kummer neutralisiert werden kann, wenn Menschen junge Schimpansen in die Arme nehmen. Dies klingt so logisch, daß man sich wundert, warum es eines experimentellen Beweises bedurfte. Aber Masons Untersuchung fand zu einer Zeit statt, als menschliches und tierisches Verhalten, wenigstens in den Vereinigten Staaten, gänzlich auf der Basis von einfachen Belohnungs- und Bestrafungsschemata erklärt wurde. Den Grundbedürfnissen wurde überhaupt keine Aufmerksamkeit geschenkt. Der unverblümteste Repräsentant der behavioristischen Schule, B. F. Skinner, sah in Gefühlen nur bedeutungslose Nebenprodukte der Konditionierung.

Die bei allen Säugetieren starke Mutter-Kind-Bindung wurde mit der Belohnung erklärt, die durch Darreichung der Muttermilch erfolgt. Nach den Behavioristen war das alles, was es dazu zu sagen gab. Harry Harlow, der Begründer des Wisconsin Regional Primate Research Center, widerlegte diese simplifizierende Erklärung, als er zeigte, daß das Kontaktbedürfnis ein entscheidender Faktor ist, vielleicht sogar fundamentaler als das Bedürfnis nach Milch. Mutterlose Affenkinder wurden vor die Wahl gestellt, zwischen einer künstlichen Mutter aus Metalldrähten, mit einem Milchsauger bestückt, und einer »Mutter« ohne Sauger, aber bedeckt mit weichem, warmem Stoff, zu entscheiden. Die Jungen verschafften sich eine Bindung zu dem zweiten Surrogattyp, indem sie den Tag auf der »Fellmutter« verbrachten und nur kurze Ausflüge zu Nummer eins machten, um zu trinken.

Harlows Pionierforschung über das, wie er es bezeichnete, affektionale System bei Rhesusaffen hatte und hat noch großen Einfluß, obwohl seine Schlußfolgerungen auf Widerspruch gestoßen sind. Für einige Wissenschaftler war es schwer zu akzeptieren, daß Affen wohl Gefühle haben. In dem Buch *The Human Model* (einer Darstellung über die Eignung von Menschen als Modell für das Verhalten von Affen!) beschreiben Harlow und Mears die folgende angespannte Begegnung: »Harlow benutzte die Bezeichnung ›Liebe‹, wobei der anwesende Psychiater das Wort ›Nähe‹ entgegenhielt. Harlow wechselte dann zu ›Zuneigung‹, und wieder entgegnete der Psychiater ›Nähe‹. Harlow begann zu kochen, aber zeigte Mitgefühl, als er erkannte, daß das Nächstliegendste, was der Psychiater wahrscheinlich je als Liebe erlebt hatte, nur Nähe war.«

Weil Primaten, junge und alte, Berührungen brauchen, um sich rückzuversichern und zu versöhnen, sind die Folgen von Aggression nicht immer die, die wir eigentlich erwarten. Das Sichzerstreuen, das Ausschwärmen von Individuen in einem bestimmten Areal, ist oft als die vorherrschende Folge von Aggression erwähnt worden. Einige ältere Bücher sprechen hierbei sogar von *der* Funktion aggressiven Verhaltens bei Tieren. Bei Primaten jedoch folgt größeren Kämpfen eine Welle von Groomen und anderen freundlichen Berührungen zwischen den Gruppenmitgliedern. Begreiflicherweise zerstört ein schwacher Antagonismus bei so wirksamen Mechanismen keine Bindungen, sondern verstärkt diese sogar. Natürlich kann Aggression allein nicht diese Wirkung haben; dazu bedarf es zunächst einmal der gegenseitigen Anziehung oder Abhängigkeit zwischen den Individuen.

Männliche Mantelpaviane erzwingen den Zusammenhalt ihres Harems, indem sie Weibchen, die versuchen wegzulaufen, in den Nacken beißen. Daraufhin vollzieht sich eine »widergespiegelte Flucht«: Anstatt vor dem Männchen davonzulaufen, was ja die logischste Reaktion wäre, laufen die Weibchen auf es zu und nehmen ihren Platz nahebei wieder ein. Es gibt auch Anzeichen

Ein heranwachsendes Schimpansenweibchen (*rechts*) ersucht um Rückversicherung bei seiner Mutter, während es eine angespannte Auseinandersetzung in der Gruppe beobachtet. (Yerkes Primate Center)

dafür, daß die Bindung eines Affenjungen an seine Mutter durch Bestrafung und Zurückweisung gestärkt wird. Weiterhin existieren Theorien über Verstärkereffekte bei rangabhängiger Aggression. Diese Theorien betonen das enorme Maß an Aufmerksamkeit, das den Anführern der Gruppe geschenkt wird, indem diese entweder als Zentrum der visuellen Aufmerksamkeit oder als Mittelpunkt der Fellpflege durch Rangniedere gelten. In diesem Sinne pflegt man ja auch zu sagen, daß Hunde die Hand lecken, die sie schlägt. Zweifellos kann dies nur für eine Spezies mit ausgeprägtem Hang zu Hierarchien zutreffen. Erwarten wir so etwas nur nicht von unserer Katze!

Wenn wir uns nach einer menschlichen Analogie für den Einsatz von Aggression zur Schaffung von Bindungen umschauen, sind die Initiationsrituale ein aufschlußreiches Beispiel. Als junger Student unterzog ich mich selbst all den Späßen und Erniedrigungen bis zum Abschneiden der Haare und betrachtete das als unumgänglich für die Aufnahme in eine Bruderschaft. Damals war das »Eingeweihtwerden« keineswegs frei von Risiken; Verletzungen, sogar Todesfolgen wurden bekannt. Auch in diesem Fall ist Anziehung eine Voraussetzung. Spott und Feindseligkeit sind ziemlich nutzlos, wenn es darum geht, eine bindende Wirkung bei Neuankömmlingen, die sich dem Club nicht anschließen möchten, zu erzielen. Sie sind nur in der Kombination mit dem Wunsch sinnvoll, daß harte Behandlung beidem dient, nämlich die neuen Mitglieder zu testen und ihre Bindung und Treue zu stärken. Die Tatsache, daß uns viele schmerzhafte Initiationsrituale von einer Vielzahl menschlicher Kulturen bekannt sind, macht es unwahrscheinlich, daß die in diesen besonderen Bindungsprozeß hereinspielenden psychischen Mechanismen eine isolierte Erfindung der jeweiligen Gesellschaft sind.

Grob gesagt, denn es fehlen uns präzise Kenntnisse, scheint es, daß Aggression oftmals so gut in sonst positive Beziehungen integriert ist, daß sie zu deren Festigung beiträgt. Aggressives Verhalten birgt Gefahren und muß im Zaum gehalten werden, gerade weil es auch dazu dient, Lösungen und Kompromisse bei Interessenkonflikten herbeizuführen. Ohne die Möglichkeiten einer offenen Auseinandersetzung könnten sich Individuen auseinanderleben oder unsicher in bezug auf die gegenseitigen Intentionen werden oder an den gegenseitigen Absichten zweifeln. Aggression und nachfolgende Beschwichtigung haben also eine verstärkende Wirkung auf Beziehungen, so daß paradoxerweise einige Formen von Mißhandlung soziale Bindungen sogar festigen

---

Unter freilebenden Pavianen ist das Groomen die häufigste freundschaftliche Kontaktgeste. Neben der Fellpflege besitzt sie eine beruhigende Wirkung, wie die entspannte Haltung dieses erwachsenen Anubis-Pavianweibchens zeigt, das die Zuwendung eines jugendlichen Tieres sichtlich genießt. (Gilgil, Kenia)

können. In der Psychiatrie sind ambivalente, aber starke Bindungen durch sexuelle Gewalt oder Kindesmißbrauch nicht unbekannt.

Eine überholte Theorie behauptet, daß Wut und Mordgelüste wie Wasser sind, das sich in einem Becken hinter einem Damm staut. Entsprechend diesem »hydraulischen« oder »Ventilations-«Modell ist die Entladung solcher bösen Empfindungen sowohl spontan als auch unvermeidbar. Ich bevorzuge die Metapher von Aggression als Feuer. Eine Zündflamme brennt in uns allen, und wir machen von ihr Gebrauch, wenn es die Situation erfordert. Nicht auf gänzlich rationale und bewußte Weise, aber auch nicht blindlings, so als ob wir aufgestaute Energie loswerden müßten. Und wenn die Dinge außer Kontrolle geraten, was sie ja immer wieder tun, wettern wir nicht über das bösartige Feuer selbst. Wir erkennen, daß es unentbehrlich ist.

Die Zähmung des Feuers war einer der Marksteine in der Geschichte der Menschheit. Die Zähmung von Aggression muß sich lange davor ereignet haben. Einer der Anhaltspunkte dafür, daß Primaten besser mit Konflikten umgehen als viele andere Tiere, einschließlich der Ratten, mit denen uns Konrad Lorenz verglich, resultiert aus der jüngsten Forschung über die Folgen von Übervölkerung. Wenn Ratten in großer Zahl auf engstem Lebensraum gehalten werden, dann werden sie sich, so weiß man, töten und sogar auffressen. Ähnliche Experimente mit Affen haben viel weniger dramatische Folgen bewirkt. Die bis heute detaillierteste Untersuchung, von Michael McGuire und Mitarbeitern, verglich Gruppen freilebender Meerkatzen mit Gruppen in Gehegen verschiedener Größe. Nichts, was dem Blutbad unter den Ratten auch nur im entferntesten ähnelte, ereignete sich auch unter extrem beengten Bedingungen. Statt dessen schenkten die Tiere, als ihr Lebensraum reduziert wurde, ihren Artgenossen weniger Aufmerksamkeit. Sie schauten in alle Richtungen (zum Himmel, auf den Boden, in die Umgebung außerhalb), sich selbst sahen sie nicht an, so als ob sie dadurch die soziale Spannung zu mindern versuchten. Dies ist ein wirkungsvoller Weg, um Verunsicherung und Reibereien zu vermeiden, vergleichbar dem Verhalten von U-Bahn-Passagieren, die Blickkontakt vermeiden, indem sie aus den Fenstern in die Dunkelheit starren.

Die einzige Untersuchung zur Übervölkerung bei Menschenaffen zeigt, daß sie einen Schritt weiter gehen als Affen: Sie reduzieren aktiv aufkommende soziale Spannung. Die große Schimpansengruppe des Arnheim-Zoos verbringt den Winter in einer geheizten Halle, die zwanzigmal kleiner ist als ihr riesiges Außengehege. Beim Vergleich ihres Verhaltens während der Innen- und Außenperiode fanden Kees Nieuwenhuijsen und ich heraus, daß die Zunahme von aggressivem Verhalten unter beengten Bedingungen überraschend gering war. Als wir dann auch noch feststellten, daß die Tiere einander in der Halle häufiger groomten und mehr beschwichtigende Grußgesten austauschten, spekulierten wir, daß diese Verhaltensweisen der Minimierung von Feindseligkeit dienten.

Dieselbe Verbindung zwischen spannungsgeladenen Beziehungen und einer Kontaktintensivierung konnte während der Machtwechsel zwischen erwachsenen Männchen, die die Kolonie dominierten, beobachtet werden. Rangkämpfe begannen immer während der Außen-Zeiten, vermutlich deshalb, weil im Haus weniger Fluchtmöglichkeiten vorhanden sind – eine Situation, die die Herausforderung eines etablierten Führers in der Tat sehr riskant macht. Die extrem spannungsgeladenen Monate, in denen Umschwünge in der Rangordnung entschieden werden, können leicht in unseren Aufzeichnungen über die Grooming-Häufigkeit abgelesen werden; Männchen groomen am häufigsten, wenn ihre Position auf dem Spiel steht. Mehr noch, am aktivsten darin sind die beiden Hauptrivalen. Auch hier sehen wir, wie Primaten eher den Widerstreit meistern als zuzulassen, daß er ihre Beziehungen zerstört.

»Schlechter« Frieden

Es gibt Hunderte von Definitionen für Aggression in der wissenschaftlichen Literatur. Im Englischen hat der Begriff eine bemerkenswert weitreichende Bedeutung, einschließlich solcher Redensarten wie »ein aggressiver Radioreporter« oder ein »aggressives Klavierkonzert«. Auch wenn er auf körperliche Mißhandlung oder deren Androhung beschränkt ist, bedeutet der Begriff für verschiedene Menschen ganz verschiedene Dinge. Viele Wissenschaftler klassifizieren Aggression als antisoziales Verhalten. Ich bin dessen nicht so sicher, wenn man bedenkt, in welch mächtige abpuffernde Mechanismen, die ihre Folgen mäßigen, sie eingebettet ist.

Mit dem Wort »Frieden« haben wir ein entgegengesetztes Problem. Die Menschen betrachten Frieden und Versöhnung ausnahmslos als erstrebenswerte Ziele. Ich habe vor, einige Beispiele aus dem Humanbereich zu schildern, um aufzuzeigen, daß das Wort »Frieden« genauso irreführend wie das Wort »Aggression« sein kann. Die den Worten anhängenden Zuschreibungen und moralischen Werte verleiten uns zu falschen Dichotomien, wohingegen wir im wirklichen Leben selten reine Formen antreffen. Da es an adäquater Information über Friedenstiften unter Menschen auf privater Ebene fehlt, beziehe ich meine Beispiele aus der einzigen Domäne, in der das Thema regelmäßig diskutiert wird: aus der internationalen Politik.

Frieden, allgemein gesprochen, mag gut sein, es erhebt sich aber die entscheidende Frage: gut für wen? Die Pax Romana muß ein Segen für die Römer gewesen sein, aber konnte das für alle Untertanen ihres Reiches gesagt werden? Jeder will Frieden unter seinen eigenen Bedingungen. Aus diesem Grund können sich friedliche Beziehungen für eine der Parteien unerträglich gestalten, und Krieg und Revolution können als Mittel, die Friedensbedingungen zu ändern, betrachtet werden. Sogar das norwegische Nobelpreis-Komitee wurde durch dieses Phänomen verwirrt. Während es offensichtlich ist, daß Lech Wałęsas Bewegung Solidarność weniger die Harmonie förderte, als den Status quo in Polen gefährdete, erhielt er nichtsdestotrotz 1983 den Friedenspreis. In westlichen Augen stand die Bewegung für eine gerechte Sache; daher die merkwürdige Interpretation von Revolte als Aktion für den Frieden.

Conor Cruise O'Brien, ein früherer Herausgeber des *Observer*, berichtet, wie in den Fünfzigern ein Resolutionsentwurf für die UN die Anerkennung durch einen Berater des Dalai Lama erforderte. Der Entwurf enthielt das Wort »Sieg«. Der tibetische Berater beanstandete das Wort als zu anstößig, mit der Begründung, daß seine Leute einer Religion des Friedens angehören. Cruise O'Brien fragte, ob Buddhisten in Konflikte verwickelt werden und wie sie Staatsgeschäfte beschreiben würden, die ihre Seite gewänne. »Wir haben in der Tat Worte dafür«, antwortete der Berater. »Wir nennen es den ausgezeichneten, besten Frieden.«

Das Wort »Frieden« ist das Wiegenlied von Politikern in aller Welt. Die »Krieg ist Frieden«-Rhetorik aus Orwells Roman *1984* ist erkennbar an Begriffen wie »Pazifizierung« für das Ausradieren ganzer Dörfer in Vietnam, »Friedenstruppen« für die britische Armee in Nord-Irland und »Friedensbewahrer« für eine tödliche Raketenwaffe. Als Präsident Reagan diesen netten neuen Namen für die MX-Rakete auswählte, verglich Eugene Carroll, ein pensionierter Admiral der US-Navy, diese Namensgebung mit dem Ruf nach der Guillotine bei einer Gehirnerschütterung.

Einer anderen irreführenden Wortwahl bediente sich die sogenannte Friedensbewegung im Ostblock. Diese Kampagne teilte angeblich die Ideale der starken westeuropäischen Friedensbewegung. Außer, daß die östliche Bewegung nicht die Abrüstung aller Truppen anstrebte, sondern nur die seiner westlichen Nachbarn. Die Regierungen kommunistischer Länder schienen die Bewegung zu bestärken und inhaftierten zur selben Zeit Bürger, die öffentlich die Aufrüstung *beider* Seiten kritisierten.

»Er brütete über dem Wort Frieden mit derselben Aufrichtigkeit, mit der man Kaugummi kaut«, schrieb die italienische Journalistin Oriana Fallaci über König Hussein von Jordanien in *Interview with History*. Der König hatte beteuert, er versuche eine Übereinkunft mit den palästinensischen Kämpfern in seinem Lande zu erreichen und er würde sie nicht hinauswerfen. »Ich habe mich entschlossen, die Fedayin zu behalten, und ich halte in dieser Wahl mein Wort. Auch wenn meine Position weltfremd oder naiv erscheinen mag.« Ein paar Monate nach Fallacis Interview führten Husseins Truppen einen Überraschungsangriff auf die Fedayin durch. Tausende von ihnen wurden getötet, einschließlich wehrloser Menschen in den Flüchtlingslagern. Die Truppen waren gnadenlos, sie schnitten Arme, Beine und manchmal die Genitalien ihrer gefesselten Opfer ab. Andere wurden enthauptet. Das Massaker, bekannt als Schwarzer September, verlieh dem König den Ruf als Schlächter der Palästinenser. Schon 14 Jahre später, 1984, wurde er öffentlich vom Führer der Palästinensischen Befreiungsorganisation, Yassir Arafat, geküßt und umarmt. »Aussöhnung mit dem unversöhnlichen Gegner«, wie es eine Zeitungsschlagzeile formulierte. Diese dramatische Friedensinitiative wurde von Arafat forciert, nachdem er alle seine Stellungen im Libanon verloren hatte.

Mit solchen opportunistischen Versöhnungen muß in jeder Organisation gerechnet werden, in der über die Macht durch Koalitionen und Gruppenunterstützung entschieden wird. Auch Schimpansen haben im wesentlichen diesen Organisationstyp, wenn auch in einer viel weniger institutionalisierten Form als die Menschen. Ihre Führer versöhnen sich auch unter dem Druck der Umstände. Die Kolonie des Arnheim-Zoos wurde jahrelang von einer Koalition zweier erwachsener Männchen beherrscht. Das jüngste Männchen, Nikkie, war mit Hilfe eines älteren Männchens, Yeroen, das viel erfahrener in kniffligen Machtspielen war, Anführer geworden. Nikkie war Yeroen physisch überlegen, jedoch gleichzeitig stark von ihm abhängig, weil es ein drittes Männchen in der Kolonie gab, das vor keinem der beiden herrschenden Männchen, einzeln genommen, Angst hatte. Wenn Nikkie und Yeroen sich einig waren, und sie waren es fast immer, gab es keine Probleme. Gemeinsam konnten sie das andere Männchen einschüchtern.

Die Probleme würden beginnen, wenn sich die beiden in einen ihrer gelegentlichen Kämpfe verwickeln würden. Nikkie und Yeroen würden dann kreischen und sich quer durch das weite Gehege jagen; je länger dies dauern würde, um so eindrucksvoller würde das dritte Männchen an Statur gewinnen. Es würde spektakuläre Einschüchterungsvorstellungen bieten, mit gesträubtem Fell losheulen und Steine und Äste in alle Richtungen schleudern. Dieses Männchen, Luit, würde die Gruppe in Verwirrung stürzen, indem es die Weibchen terrorisieren und sich mit imponierendem Gehabe näher und näher an die zwei streitenden dominanten Männchen heranschieben würde. Es gäbe nur eine Möglichkeit, Luit zu stoppen: eine unverzügliche Wiederherstellung der alten Koalition. Mitten in dem dramatischen Konflikt würde Nikkie anfangen, sich Yeroen beschwichtigend zu nähern. Er würde seine Hand ausstrecken und, mit einem breiten nervösen Grinsen im Gesicht, Yeroen um Wiedergutmachung bitten. Sobald Yeroen nachgegeben und eine Umarmung akzeptiert hätte, würde Nikkie zu ihrem gemeinsamen Rivalen hinübergehen, um seine Position zu unterstreichen. Er würde seine Vorherrschaft zur Schau stellen und sich mit geblähter Brust und fest zusammengepreßten Lippen nähern. Luit würde mit unterwürfiger Verbeugung und Grunzen reagieren. Er würde verstehen, daß eine Versöhnung zwischen den beiden anderen Männchen bedeutet, daß sie wieder einmal eine geschlossene Front gebildet hatten. Auch andere Mitglieder der Arnheimgruppe schienen mit diesen Mechanismen durchaus vertraut zu sein. Ich habe Mama, das älteste Weibchen, beobachtet, wie es bei Konflikten zwischen den beiden Koalitionspartnern wirkungsvoll vermittelte. Einmal ging Mama zuerst zu Nikkie und steckte ihm einen Finger in den Mund, eine übliche Beschwichtigungsgeste bei Schimpansen; während sie dies tat, nickte sie Yeroen ungeduldig mit dem Kopf zu und hielt ihm ihre andere Hand hin. Yeroen kam herüber und gab Mama einen langen Kuß auf den Mund. Als sie sich dann von ihnen zurückzog, umarmte Yeroen den noch kreischenden Nikkie. Nach dieser Einigung jagten die beiden Männchen Seite an Seite Luit davon, der begonnen hatte, mit gesträubtem Fell herumzustolzieren. Tatsächlich hatte Mama dem Chaos ein Ende gemacht, indem sie buchstäblich die herrschende Koalition wiederherstellte.

Friedenstiften ist eine komplizierte Angelegenheit, die sowohl von strategischen Erwägungen als auch von dem Wunsch nach verträglichen Beziehungen abhängt. Der letztere, der subjektive Faktor wird manchmal als der einzige glorifiziert, der zählt. Menschen lieben nun einmal die Vorstellung von einem Garten, wo die sprichwörtlichen Wölfe und Lämmer fröhlich miteinander spielen oder wo etwa russische und amerikanische Soldaten Blumensträuße austauschen. Nach den Worten des früheren amerikanischen Präsidenten Richard Nixon wird dieser utopische Typ des Friedens nur an zwei Orten verwirklicht – an der Schreibmaschine und im Grab. Er hat keinerlei praktische Bedeutung in einer Welt, in der ständig und überall Streit zwischen den Menschen herrscht: »Wenn wirklicher Frieden existieren soll, so muß er gemeinsam mit dem Ehrgeiz der Menschen, ihrem Stolz und ihrem Haß bestehen.« Ein ähnliches Konzept liegt dem Begriff »friedliche Koexistenz« des früheren sowjetischen Führers Nikita Chruschtschow zugrunde. Nach Stalins Tod waren die Sowjets entschlossen, ihr internationales Ansehen zu verbessern. Chruschtschow bemerkte, daß – da weder die kommunistischen noch die kapitalistischen Staaten auf dem Mars leben wollten – sie wohl gemeinsam auf einem Planet würden bleiben müssen.

Nixon und Chruschtschow erscheinen uns vielleicht nicht gerade als die

Nach einer heftigen, lauten Auseinandersetzung nähert sich Nikkie demonstrativ grinsend seinem Gegner Yeroen (*rechts*). Yeroen hebt einladend seinen Arm. Die anschließende Umarmung besiegelt den Frieden in der Kolonie. (Arnheim-Zoo)

Art von Zeitgenossen, bei denen wir Unterricht in Frieden nehmen sollten, aber sie verkörpern genau den Typus, von dem unsere Zukunft abhängt. Ihre zynische Meinung, daß gegenseitige Angst mehr als gegenseitiges Vertrauen die Basis internationalen Friedens ausmache, steht im Widerspruch zur Überzeugung vieler Pazifisten, die einseitige Abrüstung als Lösung vorschlagen. Mit ihrer optimistischeren Sichtweise der menschlichen Natur bedienen sich die Pazifisten eines grundlegend anderen Friedenskonzepts. Obwohl ich ihren Optimismus nicht teile – jedes größere Ungleichgewicht von Macht würde mich schrecklich ängstigen –, ist die fortschreitende Aufrüstung ebensowenig als vernünftiges Unternehmen anzusehen. Die Illusion der Rationalität kann bei den Menschen lächerliche Proportionen annehmen, wenn doch tatsächlich alles, was wir tun, einer ziemlich primitiven Aktion-Reaktionskette von Eskalation zu folgen scheint.

Alle in die Debatte um die Rüstungskontrolle verwickelten Parteien – vielleicht die wichtigste öffentliche Debatte überhaupt – möchten gerne dasselbe Etikett der jeweils eigenen Sache anheften. Dieser Streit um das Recht, von »Frieden« zu sprechen, demonstriert die unglaubliche Macht des Wortes und warnt andererseits zugleich vor ihr. Der englische Journalist Bernhard Levin beklagte sich über die Pazifisten, die dieses Recht für sich in Anspruch nehmen. »Gerade das Wort ›Frieden‹ ist seiner Würde beraubt worden und wird benutzt, um zu suggerieren, daß diejenigen, die glauben, daß Frieden leichter und sicherer durch Stärke geschützt werden kann, den Frieden keinesfalls suchen; tatsächlich gehen die Abrüster meistens noch weiter und reklamieren für sich selbst das Wort ›Anti-Krieg‹, mit der offensichtlichen Folgerung, daß diejenigen, die ihre Sache ablehnen, ›Pro-Krieg‹ sind.« (*Times*, 7. Juli 1983).

Sicherlich ist es ein langer Weg vom Gleichgewicht zwischen den Supermächten bis zu den individuellen Beziehungen der Primaten, von denen ich in diesem Buch erzählen werde. Beiden ist aber gemeinsam: Die Beschreibung von Interaktionen mit den Begriffen »Frieden« und »Aggression« ist fast bedeutungslos ohne Informationen über die genauen Umstände. Wir wissen ziemlich gut, was wir mit diesen Worten meinen, aber wir sind auch an vorgefertigte Etiketten gewöhnt. Hinsichtlich unserer eigenen Beziehungen bringen wir den Frieden, der auf Vertrauen basiert, mit dem aus opportunistischen Erwägungen, gegenseitiger Angst oder unter totalitärer Herrschaft nur selten durcheinander. Auch beim Studium unserer Primatenverwandten müssen wir uns dieser Unterscheidungsmerkmale bewußt bleiben.

Das Individuum und die Gruppe

Wer niemals etwas vom Tanz der Honigbienen gehört hat, der wird dieses Phänomen nicht wahrnehmen, wenn er den Bienen zuschaut. Karl von Frisch sah es während vieler Jahre intensiven Studiums nicht, bis er im Jahre 1919 seine weitreichende Entdeckung machte. Diese brachte Ordnung in das augenscheinliche Chaos der Bienenschwärme und änderte für immer die Art und Weise der Verhaltensforscher, Bienen und die Kommunikation zwischen Tieren insgesamt zu betrachten. Die Sichtweise eines Beobachters hängt von solchen vorausgehenden Entdeckungen, vom Training, von theoretischen Entwicklungen und sogar vom gerade herrschenden soziokulturellen Klima ab.

Es ist immer nützlich, den Hintergrund des Forschers und sein Bezugssystem zu berücksichtigen. Es gibt insgesamt drei Perspektiven, unter denen soziales Verhalten untersucht werden kann: vom Standpunkt der Gruppe als Ganzes, vom Standpunkt des Individuums oder vom Standpunkt des genetischen Materials aus. So seltsam der letzte Ansatz auch klingen mag, so wird ihm doch in einem Zweig der Ethologie, bekannt als Soziobiologie, viel Beachtung geschenkt.

Vom theoretischen Standpunkt aus ist die genetische Basis von Verhalten sehr interessant. Ein Verhalten, das von Vorfahren ererbt worden ist, muß ihnen genützt oder zumindest nicht geschadet haben, andernfalls hätten sie nicht überlebt und sich nicht reproduziert. Angeborene Merkmale haben ihren Wert in der Evolution im Laufe von Millionen Jahren bewiesen. Wenn diese darwinistische Sichtweise ins Extrem getrieben wird, dann werden Tiere und auch Menschen als bloße »Überlebensmaschinen« aufgefaßt, die der Multiplikation ihres genetischen Materials dienen. Die Zukunft eines Gens hängt gänzlich von der Reproduktion seiner Träger ab, das heißt, der Individuen, in deren Chromosomen sich das Gen selbst wiederfindet. Wenn diese es versäumen, Nachkommen zu hinterlassen, wird das Gen die nächste Generation nicht erreichen. Erfolgreiche Gene produzieren nach dieser Theorie Verhaltensmuster, die ihren Trägern helfen, Futter zu finden, Angehörige des anderen Geschlechts anzuziehen und Nachkommen aufzuziehen. Gene, die hilfsbereites Verhalten gegenüber Verwandten erzeugen, werden ebenfalls eingebracht, weil Verwandte viele Gene gemeinsam haben. Aus der Sicht des Gens ist es gleich, durch welches Individuum es gezeugt wird. Ein Organismus wird so als ein Roboter betrachtet, dazu bestimmt, seinen Genen zu dienen: »Sie sind in dir und in mir; sie schufen uns, Körper und Geist; und ihre Erhaltung ist die Ultima ratio für unsere Existenz.« Dieses außergewöhnliche Zitat stammt aus Richard Dawkins' Buch *The Selfish Gene*, einer höchst lesenswerten Erklärung dieser umstrittenen Ideen.

Das soziobiologische Bild von den Tieren beherrscht heute das Fach. Dennoch: Wenn ich ein Dohlenpärchen sich gegenseitig zärtlich und geduldig putzen sehe, dann ist mein erster Gedanke nicht, daß die Vögel das tun, um Überlebenshilfe für ihre Gene zu leisten. Dies wäre auch eine irreführende Ausdrucksweise, da sie das Präsens gebraucht, wo doch evolutionäre Erklärungen sich nur im Imperfekt geben lassen können. Ich selbst versuche, Verhalten vom Standpunkt des Tieres aus zu betrachten – die Gefühle, Erwartungen und die Intelligenz, die bestimmen, ob ein Tier so oder so handelt. Was sieht das Dohlenmännchen in diesem speziellen Weibchen? Was sieht dieses in ihm? Es geht mehr um die psychologische als um die biologische Entstehung von Verhalten. Aus meiner Sicht ist das Sichputzen dieser Vögel ein Ausdruck von Liebe und Zuneigung oder – weniger interpretierend – ein Merkmal und ein Maßstab einer exklusiven Bindung. Ohne Frage kann diese eher empathische Annäherung an das Verhalten von Tieren kaum auf Schnecken, Frösche oder Schmetterlinge angewandt werden, seitdem jedoch meine Untersuchungen ausschließlich Affen und Menschenaffen gewidmet sind, glaube ich an ihren Wert. Das Treffen von Entscheidungen, das vielem, was diese Tiere tun, zugrunde liegt, mutet den menschlichen Beobachter außerordentlich vertraut an. Vorausgesetzt, daß er auf intimer Kenntnis basiert und in überprüfbare Hypothesen überführt wird, ist Anthropomorphismus ein sehr nützlicher erster Schritt hin zum Verständnis einer uns verwandten und fast genauso komplexen psychischen Welt.

Ein dritter Ansatz in bezug auf soziales Verhalten liegt auf der Gruppenebene. Noch bis vor kurzem unterhielten sich Biologen unbekümmert über Tierverhalten, als sei der Vorteil der Gruppe oder gar der Spezies das Ziel der Individuen. Wir erkennen jetzt, daß natürliche Selektion kurzen Prozeß mit Tieren machen würde, die Gruppeninteressen über ihre eigenen stellen. Mitwirkung an der Gemeinschaft muß Vorteile für den Mitwirkenden erbringen, entweder direkt oder indirekt. Meistens trifft dies auch für die menschliche Gesellschaft zu. Die Bäckerei an der Ecke versorgt die ganze Nachbarschaft, doch der Bäcker tut seine Arbeit aus Eigennutz. Bäckereien haben eine doppelte Funktion: Sie versorgen die Gesellschaft mit Brot und die Bäcker mit Geld. Soziobiologen möchten wissen, wie ein bestimmtes Verhalten entstanden ist, und dies hängt offensichtlich von seinem Nutzen für den Akteur und dessen Verwandte ab. Seitdem nach ihrer Ansicht die Vorteile für die Gesellschaft als Ganzes keine bedeutende Rolle mehr spielen, fingen einige Soziobiologen an, Sozietäten als bloße Abstraktionen zu betrachten.

Meiner Meinung nach ist das ziemlich engstirnig. Jedes Individuum mag seine eigenen Ziele verfolgen, aber Gesellschaft ist mehr als die Summe ihrer privaten Unternehmungen. Das Gruppenniveau kann als unabhängige Realität untersucht werden, auf die gleiche Weise, wie Wissenschaftler ganze Wälder und einzelne Bäume studieren. Als das Schimpansenweibchen Mama durch Intervention in dem Kampf zwischen den beiden herrschenden Männchen, Yeroen und Nikkie, Frieden herstellte, profitierte die gesamte Gemeinschaft davon. Solche Vermittlertätigkeiten dienen der Gruppenstabilität; auf längere Sicht bewahren sie die Gruppen vor dem Zerfall. Gleichzeitig wäre es naiv zu denken, daß Mama nicht ihre eigenen persönlichen Gründe für ihr Tun hatte oder daß die beiden Männchen ihre mächtige Koalition zum Wohle der Gruppe wiederherstellten. Wir können verschiedene Funktionen, abhängig vom Niveau des Betrachters, erkennen. Es findet gewissermaßen ein Abwägen zwischen den »sozialistischen« (kollektiven Interessen) und den »kapitalistischen« (privaten Interessen) Prinzipien des sozialen Lebens statt. Was immer die Ideologen von links oder rechts uns erzählen, jede Gesellschaft muß die Bilanz zwischen diesen beiden fundamentalen Prinzipien ziehen.

Für unser Verständnis von der Gesellschaft mag es unwichtig sein, daß Individuen zu ihrer komplexen Struktur beitragen. Eben über die individuellen Motive denke ich jedoch nach. Bauen und erhalten denn Primaten ihre Gemeinschaften in derselben Weise, wie Korallen Ozeanriffe formen – gemeint ist, blindlings, ohne eine Vorstellung vom Endergebnis? Oder haben sie wie die Menschen eine Vorstellung von ihrer eigenen Sozietät, davon, wie sie organisiert ist (oder sein sollte)? Dies ist besonders interessant in Hinblick auf das Thema Versöhnung; komplizierte Gesellschaften sind ohne Konfliktlösung nicht denkbar. Lösen Tiere ihre Konflikte jemals mit diesem umfassenden Bild vor Augen? Wenn eine Affengruppe zum Beispiel regelmäßig territoriale Streitigkeiten austrägt, führt dies dann zu einer größeren Bereitschaft *innerhalb* jeder Gruppe, um ihres Zusammenhalts und ihrer Stärke willen zu vergeben und zu vergessen? Ich wäre nicht überrascht, wenn das zuträfe, und ich denke, wir sollten dem Problem eines möglichen Gruppenbewußtseins gegenüber aufgeschlossen bleiben.

Zusammengefaßt: Wir sollten erkennen, daß in einer Zeit, wo viele Biologen die angeborene Grundlage von Verhalten für das Wichtigste halten, diese nur eine Erklärungsebene ist und daß sie, soweit es die höheren Säugetiere einschließlich der Menschen betrifft, möglicherweise nicht die bedeutsamste ist. Aufmerksamkeit sollte in demselben Maße den drei anderen, sich ergänzenden Sichtweisen gezollt werden: der genetischen Evolution von Verhalten, den Motiven und Erfahrungen des Individuums und dem Hineinwirken von Verhalten in die Gesellschaft als Ganzes.

Gefangenschafts- versus Feldstudien

Im vorliegenden Buch beschreibe ich durchwegs ernsthafte Feindseligkeiten unter Primaten, um zu verdeutlichen, daß Friedenstiften nicht eine überflüssige Art von Hedonismus ist. Gerade weil Krieg und Frieden voneinander untrennbar sind, muß Versöhnungsverhalten im Licht der Bedrohung durch Gewalt gesehen werden. Weder Aggression noch Frieden sind stabile Zustände. Es vollzieht sich eine stetige Bewegung und Wechselwirkung, so wie zwischen den Yin- und Yang-Prinzipien in der chinesischen Philosophie. Gerade wenn das Yang einen Höhepunkt erreicht hat, zieht es sich zugunsten des Yin zurück, und wenn das Yin seinen Höhepunkt erreicht hat, tritt es zugunsten des Yang zurück. Ewige Eintracht gibt es in keinem sozialen System. Reiner Frieden ist wie ein Ozean ohne Wellen und Gezeiten. Reine Aggression kann nur totale Zerstörung für einen selbst, für die anderen oder beide bringen. Es ist eher der Pendelschwung zwischen Konflikt und gütlicher Einigung, den wir beobachten, und nicht die Bewegung eines der beiden Pole.

Störungen dieses dynamischen Gleichgewichts treten durchaus auf. Ein besonders dramatisches Beispiel soll zeigen, daß Aggression unter Primaten ein sehr reales Problem darstellt, eines, das auf jeden Fall erforscht werden muß. Der Preis unkontrollierter Eskalation ist zu hoch. Affen und Menschen-

Der Größenunterschied zwischen männlichen und weiblichen Mantelpavianen wird durch den eindrucksvollen Fellmantel des Männchen unterstrichen. (Arnheim-Zoo)

affen sind nicht die liebreizenden und komischen Geschöpfe, für die viele Menschen sie halten: Sie können einander umbringen und tun es gelegentlich auch. Das folgende Beispiel betrifft Tiere unter höchst unnatürlichen Bedingungen, die einer normalen Lösung der Probleme im Wege standen.

1925 »befreiten« Beamte der Zoologischen Gesellschaft London nicht weniger als 100 Affen in Monkey Hill, einem Felsengehege von 30 mal 20 Metern. Die Tiere waren Mantelpaviane, auch als heilige Paviane bekannt, die einst von den Ägyptern verehrt wurden. Diese Spezies ist ein Schreckgespenst für Feministinnen. Die Männchen sind zweimal so groß wie die Weibchen und besitzen gewaltige Eckzähne. Sie sind leidenschaftliche Harembesitzer, die die Weibchen als Eigentum behandeln und gegen andere Männchen verteidigen. Unglücklicherweise gab es in dieser Gruppe nur sechs Weibchen. Monkey Hill verwandelte sich in ein blutiges Schlachthaus. Männchen kämpften um Weibchen und schleppten ihre lebendige Beute während des Geschehens mit sich herum. Die erbeuteten Weibchen hatten manchmal tagelang keine Chance, um auszuruhen und zu fressen. 30 Weibchen wurden der Kolonie hinzugefügt, aber dies stoppte oder verlangsamte das Töten nicht. 6 1/2 Jahre später wurden die wenigen überlebenden Weibchen fortgebracht. 62 Männchen und 32 Weibchen, mehr als zwei Drittel der Originalpopulation, waren an Streß und Verletzungen gestorben. Nur eine relativ ruhige männliche Gruppe blieb zurück.

Solly Zuckerman, der Anatom der Gesellschaft, beschrieb 1932 das Massaker in seinem einflußreichen Buch *The Social Life of Monkeys and Apes*. Es war eine Zeit weitreichender Verallgemeinerungen, wie auch sein anspruchsvoller Titel anzeigt. Zuckerman ahnte nicht, daß Haremhaltung eine seltene Spezialisierung der Mantelpaviane und kein allgemeines Modell ist; so spekulierte er frank und frei über den Ursprung unserer eigenen Gesellschaft, einschließlich des menschlichen »Kompromisses« einer monogamen Paarbindung. Er bemerkte, daß paarungsbereite Weibchen ihren Sex-Appeal benutzen, um bestimmte Privilegien zu erlangen. Indem er dies mit Prostitution verglich, überzeichnete er die sexuelle Komponente im sozialen Leben: »Das sexuelle Band ist stärker als die soziale Beziehung, und ein erwachsenes Männchen, im Gegensatz zum Weibchen, wird niemals von einem einzelnen Individuum in Beschlag genommen.«

Eine ganze Generation von Primatologen forschte, um einige dieser Verallgemeinerungen aus der Welt zu schaffen. Untersuchungen an anderen Affenarten haben zum Beispiel gezeigt, daß viele von ihnen das ganze Jahr über durch ein soziales Netz zusammengehalten werden, obwohl sie nur kurze Zeit sexuell aktiv sind. Das eindrucksvollste Gegenbeispiel kam durch Forschungen an derselben Spezies von Pavianen an den Tag, die auch Zuckerman studiert hatte. Der britische Anatom war kein unzuverlässiger Beobachter gewesen; seine Beschreibungen waren bemerkenswert detailliert und sauber. Auch kann er nicht wegen des zu seiner Zeit mangelhaften Wissens gerügt werden. Von Bedeutung ist jedoch, daß er es versäumt hatte, die außergewöhnliche Natur des Chaos und der Gewalt, die in Monkey Hill regierten, voll zu erkennen. Die Möglichkeit, daß die Ereignisse unnatürlich gewesen sein könnten, wurde nur in einer Fußnote erwähnt.

In den Fünfzigern untersuchte der Schweizer Ethologe Hans Kummer sorgfältig eine kleinere, gut etablierte Kolonie von Mantelpavianen im Züricher Zoo und beobachtete sie später in ihrem natürlichen Habitat, der Wüste von Äthiopien. Seine Studie ist heute innerhalb der Primatologie so berühmt, daß wir den Mantelpavian eigentlich umtaufen und Kummer-Affe nennen sollten. Ich selbst bin stark von Kummers Einsichten beeinflußt worden. Er hat entdeckt, was er als dreiseitige Beziehungen bezeichnete: die Art und Weise, wie Interaktionen zwischen zwei Individuen von ihren Verbindungen zu dritten Parteien abhängen. Ein einschlägiges Beispiel dafür ist der Mechanismus, der Männchen davon abhält, um Weibchen zu kämpfen – exakt der Mechanismus, dessen Ausbildung in der Kolonie des Londoner Zoos unterblieben war.

Nachdem Feldbeobachtungen gezeigt hatten, daß männliche Mantelpaviane den Besitz von Weibchen untereinander anerkennen, entwarfen Kummer und seine Mitarbeiter ein Experiment, um die Entwicklung dieser Einschränkung zu testen. Zuerst demonstrierten sie, daß zwei Männchen, die gemeinsam mit einem Weibchen aus einem Käfig freigelassen werden, um dieses kämpften. Wenn das Weibchen mit nur einem Männchen zusammengebracht wurde, während das andere aus einem nahegelegenen Verschlag zuschauen konnte, war das Ergebnis ein ganz anderes. Das Weibchen brauchte nur kurze Zeit mit einem Männchen zu verbringen, damit das andere die Paarbindung bei seinem Eintritt in ihren Käfig respektierte. Sogar große, voll dominante Männchen wurden so am Kämpfen gehindert. Statt dessen schauten sie in den Himmel, fingerten an kleinen Dingen am Boden herum oder sahen aufmerksam forschend in die Landschaft außerhalb ihres Gefängnisses, indem sie ihren Kopf nach Art der Paviane bewegten, die etwas überaus Interessantes erspäht hatten. Kummer hat dieses Objekt jedoch nie ausfindig machen können.

Solche Reaktionen aus Verlegenheit waren typisch für Männchen, die sich kannten; dagegen brach manchmal ein Kampf zwischen einander nicht vertrauten Männchen aus. Insofern Vertrautheit die Norm innerhalb einer Paviangruppe ist, mag der an diesem einfachen Experiment demonstrierte Respekt vor Besitz genügen, um den Frieden zu erhalten. Sein Druck auf die Gruppe muß gewaltig sein und dann die vielschichtige Organisationsform ermöglichen, die Kummer beschrieb: Männchen und Weibchen leben in Harems; Harems ziehen gemeinsam in Banden umher; und mehrere Banden sind in einem Trupp von einigen hundert Mitgliedern vereint, die die Nächte gemeinsam auf denselben Schlafklippen verbringen. Was für eine wohlgeordnete Gesellschaft im Vergleich zu der Londoner Zookolonie! Das in Monkey Hill angewandte Verfahren hatte die »Bestie«, die im Innern des Mantelpavians lebt, herausgelassen. Den Tieren, normalerweise recht geeignet für ein Leben in Gruppen, wurde der Mantel der Zivilisation weggerissen, als sie aufs Geratewohl in eine Gruppe mit dem falschen Geschlechterverhältnis versetzt wurden.

Im Gegensatz zu Zuckermans Behauptung, daß »wenige signifikante Unterschiede zwischen den allgemeineren sozialen Mechanismen bei den verschiedenen Affen und Menschenaffen festgestellt werden können«, weiß man heute, daß man die »Natürlichkeit« fast jeden sozialen Musters durch Wahl der geeigneten Spezies beweisen kann. Die Vielfalt ist immens. Eine starke Mutter-Kind-Bindung findet man bei allen Primaten; darüber hinaus existiert praktisch alles, von der Monogamie bis zur Promiskuität, vom Despotismus bis zur Gleichheit aller. Wenn wir uns heutzutage die Menschen aus der Sicht

Eine spannungsgeladene Auseinandersetzung zwischen zwei männlichen Anubis-Pavianen, eine mit den Mantelpavianen nahe verwandte Spezies. Primaten kämpfen sowohl in Gefangenschaft als auch in natürlicher Umgebung. (Gilgil, Kenia)

eines Biologen anschauen, so ist es unser Ziel, unseren Platz innerhalb der restlichen Primaten zu finden und sowohl Ähnlichkeiten als auch Unterschiede zu jedem unserer nächsten Verwandten im einzelnen zu betrachten. Simplifizierende Auflistungen von Merkmalen, die die Menschen mit *den* Primaten teilen, werden nicht länger akzeptiert.

Um den vollen Spielraum der Möglichkeiten zu verstehen, haben Ethologen in den letzten Jahrzehnten Primaten unter allen denkbaren Umständen untersucht: in ihrer natürlichen Umgebung, in großen Zoo-Gruppen und in Laboratorien. Lange Zeit wurde eine scharfe Trennungslinie zwischen Feld- und Laborstudien gezogen. Nun beginnen sich die Ansätze zu verschmelzen. Feldforscher, die Tiere einfangen, sammeln Blutproben und Körpermaße, bevor sie sie wieder freilassen. Die Blutproben gehen an Labors, die auf Primaten spezialisiert sind, und helfen zum Beispiel dabei, genetische Verwandtschaft innerhalb wildlebender Gruppen zu bestimmen. Im Gegenzug sind Laborforscher mit der Literatur über freilebende Primaten vertraut, die ihnen hilft, das Verhalten ihrer Studiensubjekte zu interpretieren und Experimente in bezug auf Nahrung, Lautäußerungen, Körpertemperatur und anderen Faktoren der natürlichen Umwelt zu entwerfen. Als eine Art Brücke zwischen diesen beiden findet man Forscher wie mich, die sich auf die Beobachtung von gefangenen Primaten in Gruppen von natürlicher Größe spezialisieren.

Der dramatische Zuwachs an Wissen in den letzten Jahrzehnten hat zu nuancierteren Konzepten geführt. So ist die Bezeichnung der Familieneinheiten von Mantelpavianen als »Harems«, wie ich es weiter oben aus Bequemlichkeit und zum Zwecke der Anschaulichkeit tat, fraglich geworden. Wenn dieses Merkmal für irgendeine Spezies zutrifft, so ist es diese Pavianart, aber selbst in ihrer Gesellschaft ist das Weibchen nicht bloße Ware. Es kann sehr wohl eine Wahl treffen. Christian Bachmann maß in einer Laborstudie die Vorliebe einzelner Weibchen für gewisse Männchen. Er zeigte, daß Weibchen, die ihren eigenen Partner stark bevorzugen, weniger häufig entführt werden. Rivalisierende Männchen scheinen die Bindung des Weibchens wahrzunehmen und sind weniger daran interessiert, eine unwillige Partnerin zu gewinnen als eine, die über eine Trennung glücklich wäre.

Wenn die Lektionen von Monkey Hill, die Feldbeobachtungen und die experimentellen Ergebnisse zusammengefaßt werden, gewinnen wir tiefere Einblicke in die Gesellschaft der Mantelpaviane als von jeder Seite einzeln. Es ist die vernünftige Kombination unterschiedlicher Ansätze, die die Zukunft der Primatologie bestimmt. Niemals können Gefangenschaftsstudien isoliert die Forschung in der natürlichen Umgebung ersetzen, aber sie ergänzen sie in ganz wichtiger Hinsicht: in der Erforschung des Details. Das Wissen über Primaten ist heute so viel umfangreicher als in den zwanziger Jahren, daß viele erfolgreiche, harmonische Gefangenschaftsgruppen in der ganzen Welt eingerichtet wurden. Diese Gruppen erlauben jahrelange, sehr sorgfältige, gründliche Forschung unter Berücksichtigung aller verschiedenen sozialen Feinheiten. Dies ist oftmals mit wildlebenden Gruppen nicht möglich. Vor einigen Jahren kehrte ein amerikanischer Primatologe von einem zweijährigen Aufenthalt im Dschungel von Zaire mit dem Befund von nur sechs Stunden Beobachtung an dem scheuen, schwer ausfindig zu machenden Bonobo zurück. Während eines einzigen Winters beobachtete und filmte ich mit Video zehn von ihnen über dreihundert Stunden im San-Diego-Zoo. Ohne Frage haben meine Studien ihre Grenzen, aber die Felddaten eben auch. (In jüngster Zeit, so muß ich hinzufügen, gab es einige erfolgreichere Bonobo-Expeditionen nach Afrika.)

Indem wir die starken und schwachen Seiten jeder Methode erkennen und die Ergebnisse wie die Teile eines Puzzles zusammenfügen, gewinnen wir schließlich ein Bild vom vollständigen Verhaltenspotential einer Spezies, die Einflüsse durch unterschiedliche Habitate eingeschlossen.

2. Kapitel
Schimpansen

Das (zum ersten Mal) von mir gestrafte Tier fuhr zusammen, stieß, mich entsetzt anstarrend, langsam ein paar tiefbetrübte weinerliche Töne aus, wobei seine Lippen sich weiter vorschoben denn je; im nächsten Augenblick fiel es mir ganz außer sich um den Hals und beruhigte sich dort erst allmählich auf vieles Streicheln. Das hierin sich äußernde Bedürfnis nach Versöhnung ist eine recht häufig zu beobachtende Wendung im Gefühlsleben des Schimpansen.

Wolfgang Köhler

Henry: Warum gibst du mir keinen Kuß und versöhnst dich?
Martha Jane: Das geht nicht so mir-nichts-dir-nichts! Man wischt eben eine Kränkung nicht einfach nur so mit einem Kuß weg. Du könntest es, aber ich kann nicht so leicht vergessen.

Anita Clay Kornfeld

Auf dem öffentlichen Beobachtungsposten, der Aussicht auf die ganze Schimpanseninsel gewährt, stehen Rianne Scholten und Brigitte Kint, gerade so, als ob sie die Affen beobachteten und Notizen über ihr Verhalten machten. Für die meisten Besucher ist dies keine Überraschung, weil das Schimpansenforschungsprojekt des Arnheim-Zoos durch Zeitungen, Radio und Fernsehen recht bekannt ist. In Wirklichkeit jedoch dokumentieren die beiden Studentinnen das Verhalten der Menschen. Der Durchschnittsbesucher widmet dreieinhalb Minuten dem Betrachten der Affen. Diejenigen, die allein kommen, bringen damit mehr als zweimal soviel Zeit zu wie Gruppen oder Familien. Erwachsene Männer sind am ungeduldigsten, von ihnen stammen die meisten Aufforderungen zum Fortgehen (»Komm jetzt, laß uns gehen«). Und es passiert immer wieder, daß Menschen, die nicht mehr als ein paar Minuten bleiben, mit dem Ausruf »Oh, ich könnte ihnen stundenlang zuschauen!« weitergehen.

Das Arnheim-Projekt

Nun: Das sind *wir* also. Ich schätze meine eigene Beobachtungszeit in der Arnheim-Kolonie von 1975 bis 1981 auf rund 6000 Stunden. Meistens sammelten meine Studenten und ich Daten, indem wir auf Kassettenrecorder sprachen. Diese Methode machte es möglich, die Augen auf die Schimpansen zu richten, während wir verbal Bericht über ihr Tun erstatteten. Das Problem mit Schimpansen ist, daß sie die meiste Zeit bemerkenswert wenig agieren. Sie bewegen sich langsam, fressen Gras, schlafen lange und groomen einander. Der Beobachter muß während dieser Zeit an Ort und Stelle sein und warten. Andererseits, wenn die Schimpansen einmal aufwachen und die soziale Atmosphäre in Schwingungen versetzen, kann kein Beobachter mit Bleistift und Papier alle Vorgänge aufnehmen. Bei dem Versuch, unseren sich schnell bewegenden Forschungssubjekten zu folgen, hasten wir an dem wassergefüllten Graben um ihre Insel herum. Auf die Insel selbst zu gehen, wäre viel zu riskant (Schimpansen sind stärker als wir und nicht immer freundlich gesonnen), ja, sogar auf der anderen Seite zu gehen, ist nicht ungefährlich. Ich besitze noch einen Tonbandbericht über einen größeren Aktivitätsausbruch der Affen, wo die aufgeregte Stimme des Beobachters abrupt mit einem Platsch im Wasser endet.

Die Insel ist zweieinhalb Morgen groß. Sie ist mit Gras, Sand und fünfzig hohen Bäumen bedeckt, von denen die meisten mit elektrischen Drähten gegen Abfressen der Rinde durch die zwanzig und mehr Schimpansen geschützt sind. Die Gruppe umfaßt vier erwachsene Männchen, zehn erwachsene Weibchen und eine zunehmende Anzahl Heranwachsender, Jugendlicher und in Arnheim geborener Kinder. Die Erwachsenen kommen aus verschiedenen europäischen Zoos. Die meisten sind wild geboren und zwischen 15 und 30 Jahre alt, was für Schimpansen nicht besonders alt ist. Jeden Abend kommen die Affen ins Haupthaus, wo sie in kleineren Gruppen in ihre Nachtkäfige gebracht werden, bevor sie ihr Fressen erhalten. Zum Gebäude gehören auch zwei weiträumige Hallen, die als Winterquartier benutzt werden, und ein Beobachtungsposten speziell für die Ethologen.

Zoobesucher werden auf Distanz gehalten, so daß sie die Affen nicht durch Rufen, Füttern oder Nachahmen provozieren können. Im Gegensatz zur allgemeinen Überzeugung imitieren Menschen die Affen häufiger als umgekehrt. Der Anblick von Affen oder Menschenaffen erzeugt bei den Leuten einen unwiderstehlichen Drang, auf und ab zu hüpfen, sich übertrieben zu kratzen und in einer Weise zu heulen, die die Primaten neugierig darauf machen muß, wie denn diese andererseits so intelligente Spezies dazu kommt, auf so minderwertige Methoden der Kommunikation angewiesen zu sein. Die Arnheim-Kolonie ist eher dafür gedacht, Affen zu Studienzwecken darzubieten als zur Interaktion. Die Leute müssen lernen, sich Zeit zu nehmen, um zu beobachten, wie Schimpansen sich untereinander verhalten. Für diesen Zweck ist die Kolonie ideal, weil ihre Größe und Zusammenstellung denen kleinerer Schimpansengemeinschaften in freier Wildbahn ähneln. Ohne Frage kann man so viel mehr erleben als bei auf althergebrachte Weise gehaltenen Affen.

Die Erforschung unserer nächsten Verwandten steckt noch in den Kinderschuhen. Wenn wir annehmen, daß die Psychologie der Schimpansen und ihr soziales Leben nur halb so komplex sind wie bei den Menschen – und das ist, da bin ich sicher, eine krasse Unterschätzung –, so würden wir halb soviel Forschungsarbeit für diese Spezies wie für uns selbst benötigen, um einen vergleichbaren Wissensstand, einen vergleichbaren Verständnisgrad zu erreichen. Ganze Armeen von Anthropologen, Soziologen, Psychiatern und Psychologen untersuchen menschliches Verhalten und besitzen noch keine endgültigen Antworten. Wie können also einige Dutzend Schimpansenexperten mehr als nur die Oberfläche angekratzt haben?

Versöhnung und Tröstung

Wissenschaftler von früher haben versucht, das Sozialleben der Tiere ohne Kenntnis der individuellen Lebensläufe, ihrer Langzeit-Beziehungen untereinander oder des Verwandtschaftsnetzes der Gruppe zu verstehen. Primatologen waren dann die ersten, die davon abgingen. Sie unternahmen den wichtigen Schritt, Primaten individuell zu identifizieren und ihr Leben über eine lange Zeitspanne zu verfolgen. Dies hatte zur Folge, daß den Studienobjekten Namen gegeben wurden. Andere Wissenschaftler mißbilligten diese Entwicklung und betrachteten es als eine Gefahr für die Objektivität (es klingt nunmal anders, wenn man Daten über »Charlie« statt über »einen männlichen Schimpansen« sammelt). Wenn die Namensgebung uns die Tiere näherbringt und sie gewissermaßen menschlicher macht, so hat das der Wissenschaft nicht geschadet; großartige neue Einblicke haben sich aus dem individuellen Wiedererkennen ergeben. Wir begreifen jetzt, wie viel es Primaten bedeutet, mit welchem ihrer Gruppengenossen sie sich gerade beschäftigen. Wie die Menschen haben auch Tiere Freunde und Feinde, und selbstverständlich behandeln sie sie nicht auf dieselbe Art und Weise.

Die auf Individuen gerichtete Perspektive ist entscheidend, wenn wir versuchen zu analysieren, wie Frieden gestiftet wird. Beobachter des Tierverhaltens sprachen gewöhnlich von »Erregungsreduktion«, »Beschwichtigung« und »Rückversicherung«, wenn sie Tiere sahen, die während oder nach einem beunruhigenden Vorfall Körperkontakt aufnahmen. Diese Terminologie betonte die Wirkung auf den inneren Zustand und das psychische Wohlgefühl der Individuen. Obwohl nicht gerade falsch, so war diese Sichtweise doch unvollständig. Nach einer Auseinandersetzung beruhigen sich Primaten nicht aufs Geratewohl. Mit dem Begriff Versöhnung werden eben diese Gesten der Rückversicherung in den Kontext weiterbestehender Beziehungen zwischen den Individuen gerückt. Das Kontaktbedürfnis nach einem Streit bezieht in besonderer Weise den früheren Gegner ein, weil er der einzige Partner ist, mit dem eine Schadensbehebung möglich ist. Tiere suchen nicht nur psychische, sondern auch *soziale* Stabilität. Beides, Versöhnung und ihr Gegenstück, die Rache, erfordert, daß die Teilnehmer erinnern, mit wem sie Streit gehabt haben. Genauso wie die Primaten selbst innerlich Aufzeichnungen von ihren Interaktionen mit anderen aufbewahren müssen, so muß das auch jeder Beobachter, der entscheiden will, ob bestimmte Kontakte sich auf vergangene aggressive Aktionen beziehen oder nicht. Die Identifizierung der Individuen ist dabei der leichteste Teil der Arbeit. Schimpansen unterscheiden sich nach den Gesichtern, Stimmen, Körperhaltungen und psychologischen Charakteristika so markant, daß es nur ein paar Tage dauert, alle Individuen der Arnheim-Kolonie wiederzuerkennen. Eine große Anzahl von Ereignissen im Kopf zu behalten, ist schwieriger, aber Aufzeichnungsgeräte können dabei helfen. Das Ziel ist, über den momentanen Kontext des Verhaltens hinaus ganze Ketten von Aktionen und Reaktionen über Minuten, Stunden, sogar Tage hinweg wahrzunehmen.

Die Forschung hat uns gelehrt, daß Schimpansen ein Gedächtnis wie die sprichwörtlichen Elefanten haben und in der Lage sind, vorausschauend zu planen; die Beobachtung ihres sozialen Lebens legt nahe, daß sie diese Fähigkeiten fortwährend einsetzen. Ein erwachsenes Männchen kann Minuten mit der Suche nach dem schwersten Stein auf seiner Seite der Insel zubringen, weit weg vom Rest der Gruppe, und den Stein in seiner Hand jedes Mal, wenn es einen möglicherweise größeren findet, bedächtig abwägen. Dann trägt es den erwählten Stein auf die andere Seite der Insel, wo es mit gesträubtem Fell eine Einschüchterungsshow vor seinem Rivalen beginnt. Da Steine als Waffen dienen (Schimpansen werfen ziemlich genau), können wir annehmen, daß das Männchen die ganze Zeit beabsichtigte, den anderen herauszufordern. Dies ist der Eindruck, den Schimpansen bei fast allem, was sie tun, vermitteln: Sie sind denkende Wesen, genauso wie wir.

Versöhnung bezieht sich sowohl auf die Vergangenheit als auch auf die Zukunft; sie dient dazu, vorausgegangene Vorfälle im Hinblick auf zukünftige

Beziehungen »ungeschehen zu machen«. Wenn es davon abhängt, wie sehr Vergangenes und Zukünftiges in Betracht gezogen werden, so können wir von einem rationalen Element beim Friedenstiften sprechen. Weil Schimpansen uns bezüglich der Denkprozesse mehr als jedes andere Tier ähneln, ist das Studium ihres Verhaltens besonders bedeutsam. Oft schieben sie ihre Reaktion auf ein spezielles Ereignis auf und warten geduldig die beste Gelegenheit ab. Auch testen sie das Umfeld, bevor sie einen sozialen Schritt unternehmen, genauso, wie sie kleine Steine auf ein totes Tier werfen, bevor sie es berühren. Folglich erstrecken sich Ereignisse in einer Schimpansengesellschaft über relativ lange Zeitintervalle. Es erfordert einiges Training, den Überblick zu bekommen, aber ist das erst erreicht, so werden die Verbindungen kristallklar.

Folgen wir einmal einem Individuum, das in eine aggressive Begegnung verwickelt war – für gewöhnlich eine Menge Kläffereien und kleiner Beißereien. Die Schimpansen gehören zu den geräuschvollsten Tieren der Welt und machen einen unglaublichen Lärm, wenn sie sich jagen. Jedoch eskalieren ihre Streitigkeiten selten bis zu dem Punkt, wo Aggression Schaden zufügt. Bei einer solchen Gelegenheit hat Nikkie, der Anführer der Gruppe, Hennie geschlagen, als er an ihr vorbeijagte. Hennie, ein junges erwachsenes Weibchen von 9 Jahren, hockt eine Weile abseits, mit ihrer Hand die Stelle befühlend, wo Nikkie sie schlug. Dann scheint sie den Zwischenfall zu vergessen; sie legt sich ins Gras und starrt in die Ferne. Nach mehr als 15 Minuten erhebt sie sich langsam und geht direkt zu einer Gruppe, die auch Nikkie und das älteste Weibchen, Mama, einschließt. Hennie nähert sich Nikkie und begrüßt ihn mit weichen keuchenden Grunzern. Dann streckt sie ihren Arm aus und reicht ihm den Handrücken zu einem Kuß. Nikkies Handkuß besteht darin, Hennies ganze Hand ziemlich unfeierlich in den Mund zu nehmen. Diesem Kontakt folgt ein Mund-zu-Mund Kuß. Dann geht Hennie nervös grinsend auf Mama zu. Mama legt eine Hand auf Hennies Rücken und tätschelt sie freundlich, bis das Grinsen verschwindet.

Mama und Hennie haben eine ganz besondere Beziehung zueinander. Hennie war erst 2 Jahre alt, als sie nach Arnheim kam, wo sie von Mama mehr oder weniger adoptiert wurde. Das bedeutete, daß sie bei Schwierigkeiten Protektion und Rückversicherung von diesem einflußreichen Weibchen erhielt. Mama hat besondere Beziehungen zu jedermann/-frau. Sie fungiert als Mutter der Gruppe, daher ihr Name. Sogar die erwachsenen Männchen, physisch vollkommen dominant, benehmen sich in ihrer Gegenwart manchmal wie Kinder. Bei einer von Mamas Interventionen in einem langwierigen Konflikt zwischen den Männchen Yeroen und Nikkie saß sie zum Schluß mit einem voll erwachsenen Männchen in jedem Arm da. Diese hörten nicht auf zu kreischen, aber sie schienen wenigstens das Kämpfen eingestellt zu haben. Dann

Eine Versöhnungssequenz.
Hennie (*rechts*), die ein Kind mit sich trägt, nähert sich Nikkie, nachdem er sie geschlagen hat. Zuerst bietet Hennie ihre Hand dem Angreifer zum Handkuß dar, anschließend sind beide mit einem Kuß auf den Mund beschäftigt.

Danach geht Hennie zu Mama (*links*), die zugeschaut hat, und schaut sie nervös grinsend an. Mama tröstet das jüngere Weibchen mit einer Umarmung. (Arnheim-Zoo)

plötzlich, langte Yeroen herüber, um Nikkies Arm zu packen. Mama fand dies unakzeptabel und jagte Yeroen davon. Später versöhnten sich beide Männchen durch Aufreiten, Küssen und gegenseitiges Befühlen der Genitalien, um anschließend ihre Spannungen durch gemeinsame kurze Jagereien auf Dandy, ein rangniederes Männchen, zu entladen.

Jahrelang haben mehrere meiner Studenten, insbesondere Angeline van Roosmalen, Tine Griede und Gerard Willemsen, Daten über Versöhnungsverhalten gesammelt. Ihre Untersuchungen ergaben, daß in rund 40 Prozent der Fälle die Gegner innerhalb einer halben Stunde nach ihrer aggressiven Begegnung wieder Kontakt aufnahmen. Dies ist ein hoher Prozentsatz angesichts der Größe des Außengeheges, das ein gegenseitiges Ausweichen sehr leicht macht. Daß diese Versöhnungen mitnichten zufällig sind, wird daran klar, wie sich diese Kontakte von den gewöhnlichen unterscheiden. Eine unverkennbare Geste ist der ausgestreckte Arm mit geöffneter Hand, mit der Schimpansen die Bitte um Körperkontakt signalisieren. Sie zeigen auch häufigeren Augenkontakt, Jaulen und sanftes Kreischen, wenn sie sich früheren Gegnern nähern; doch das Wichtigste: in dieser Situation wird viel mehr geküßt.

Diese Verhaltensmuster werden nicht nur speziell mit den durchschnittlichen Kontaktformen der Kolonie verglichen, sie unterscheiden sich ebenfalls von der Rückversicherung, die durch Zuschauer erteilt wird. Berührung durch Individuen, die nicht in einen bestimmten Streit verwickelt sind, wird – zur Unterscheidung von einer *Versöhnung* – *Tröstung* genannt. In der oben geschilderten Sequenz fand zuerst eine Versöhnung zwischen Hennie und Nikkie, ihrem Gegner, statt, und danach erhielt sie Trost von Mama. Tröstungen drücken sich eher in Umarmungen als in Küssen aus; umgekehrt verhält es sich bei Versöhnungen. Mit anderen Worten: Wenn man zwei Schimpansen sieht, die mit einem langandauernden Kuß beschäftigt sind, dann haben sie sich aller Wahrscheinlichkeit nach vor nicht allzu langer Zeit feindlich gegenübergestanden. Wenn sie sich nur gegenseitig umarmen, so ist es wahrscheinlicher, daß die Spannung durch eine dritte Partei verursacht wurde.

Unglücklicherweise ignoriert die Wissenschaft praktisch das Versöhnungsverhalten bei privaten menschlichen Beziehungen. Ein Grund für den Mangel an Daten mag sein, daß Sozialpsychologen Menschen unter experimentellen Bedingungen studieren. Da ihre Versuchspersonen einander kaum kennen, können sie nichts außer ziemlich oberflächlichen Beziehungen vorzeigen. Im Gegensatz dazu sind Familientherapeuten mit dem Phänomen Versöhnung umfassend vertraut – das ist ihre Aufgabe –, weil sie jedoch den Prozeß überwachen und beeinflussen, betrifft ihr Experiment nicht das »natürliche« Leben von Menschen. Dennoch werden die meisten Menschen zustimmen, daß Küssen als eine Form von Friedenstiften eine Eigenart ist, die wir mit dem Schimpansen teilen. Dies spiegelt sich sogar in symbolischen Zeremonien wie in jener des Jahres 1982 wider, als der argentinische und der britische Prälat der katholischen Kirche während einer päpstlichen Messe, die mit der britischen Invasion auf den Falkland-Inseln zusammenfiel, einen Friedenskuß austauschten.

Menschen versöhnen sich auf unzählig verschiedene Weisen: indem sie Spannungen mittels eines Witzes auflösen, durch freundliches Berühren von Arm und Hand der(s) anderen, durch Entschuldigen, indem sie Blumen schikken, sich lieben, das bevorzugte Gericht des(r) anderen zubereiten usw. Nichtsdestotrotz ist der Kuß die versöhnlichste Geste par excellence. Eine weitere Gemeinsamkeit mit dem Schimpansen ist die entscheidende Rolle des Augenkontakts. Unter den Affen ist er eine Vorbedingung für Versöhnung. Es ist so, als ob Schimpansen den Absichten des Gegenüber nicht ohne einen Blick in dessen Augen trauen. Genauso betrachten wir einen Konflikt mit Menschen für so lange nicht beendet, solange sie ihre Augen zur Decke oder auf den Boden lenken, wenn wir in ihre Richtung schauen.

Unsere Studien an Schimpansen fanden Hinweise dafür, das Konflikte nach freundlichem Körperkontakt zwischen den Gegnern weniger häufig wiederauflebten. Allerdings sollte man sich klar darüber sein, daß alle unsere Befunde statistischen Charakter haben. Die Verbindung zwischen Aggression und nachfolgendem Küssen ist unbestreitbar, aber Ausnahmen kommen schon vor. Es ist unmöglich, bei jedem einzelnen freundschaftlichen Zusammentreffen zwischen zwei Schimpansen absolut sicher zu sein, ob sie sich nun gerade versöhnen oder ob sie diesen besonderen Kontakt ungeachtet früherer Unstimmigkeiten sowieso aufgenommen hätten. Ich empfinde diese Unsicherheit als frustrierend, besonders wenn ich, nach meiner Einschätzung, Zeuge einer Versöhnung bin, die Stunden oder fast einen Tag lang dauerte. In solchen Momenten wünsche ich wirklich, ich könnte mit Fragebögen arbeiten. Frage 1: »Haben Sie sich ihres morgendlichen Streits mit X erinnert, als Sie sie heute nachmittag küßten?« Frage 2: »Fühlten Sie sich danach besser?«

Normalerweise verteilt sich die Initiative zum Friedensschluß gleichmäßig unter dominanten und subdominanten Schimpansen. Ausnahmen kommen nach schweren physischen Aggressionen, wie z.B. Beißereien, vor. Diese selten gefährlichen Kämpfe werden weniger häufig durch Dominante geschlichtet. Ihre Unwilligkeit, sich zu versöhnen, nimmt in den Endphasen eines Machtkampfes dramatische Züge an. Ich habe fünf solcher Kämpfe unter erwachsenen Männchen in der Arnheim-Kolonie beobachtet; drei endeten in einer Umkehr der Rangordnung, zwei in einer Wiederherstellung der vorherigen Positionen. Ein solcher Prozeß erstreckt sich über einige Monate und hat viele Einschüchterungsshows und aggressive Begegnungen zusammen mit ein paar physischen Attacken zur Folge. Konfrontationen zwischen Rivalen wechseln sich mit gefühlvollen Versöhnungen und ungewöhnlich langen Grooming-Sitzungen ab. Dieser freundschaftliche Austausch nimmt in seiner Häufigkeit gegen Ende des Kampfes noch zu.

Das Männchen, das eventuell als das dominante hervorgehen wird, beginnt während der letzten zwei oder drei Wochen der spannungsgeladenen Zeit, Versöhnungen abzulehnen. Jedesmal, wenn sein Rivale sich ihm nähert oder mit vorgestreckter Hand um Berührung bittet, kehrt ihm der zukünftige Dominante den Rücken und geht davon. Zurückweisungen sind so lange tägliche Erscheinungen, wie der Verlierer sich nicht förmlich unterwirft. Status wird unter Schimpansen durch japsende Grunzer und tiefe Verbeugungen mitgeteilt. Wenn der Verlierer erst einmal durch ordnungsgemäßes Grüßen des anderen und durch charakteristische Grunzer seine Ehrerbietung zeigt, so wird der Kontakt zwischen beiden wieder aufgenommen, und die Beziehung entspannt sich.

Dieser Mechanismus von »keine Unterwerfung, kein Frieden«, ist eine Form von *konditionierter Rückversicherung*; das bedeutet, die Rückversicherung des Dominanten für den Untergebenen durch freundschaftliche Gesten ist mit der Rückversicherung des Untergebenen für den Dominanten verbunden, bei gleichzeitigem Wissen um die Statusungleichheit. Jede auf Hierarchie ausgerichtete Spezies hat für diesen Zweck spezielle Signale entwickelt. Diese Signale sind mit dem militärischen Grüßen von Soldaten gegenüber ihren Kommandeuren vergleichbar. Der Soldat, der vergißt, dieses Ritual zu vollziehen, wird bald herausfinden, daß der Mechanismus der konditionierten Rückversicherung das Rückgrat jedes Rangsystems ist. Ihre Existenz warnt vor der populären Sichtweise, eine Rangordnung lediglich als eine Leiter der Überlegenheitsgrade zu betrachten. Die Situation ist komplizierter; Rangordnungen binden Individuen gemeinsam in einen Treuepakt ein. So wie Rudolph Schenkel über die Statussignale des Wolfs bemerkte: »Unterwerfung ist die Anstrengung des Rangniederen, freundschaftliche oder harmonische soziale Integration zu erreichen.«

Konditionierte Rückversicherung ist nicht auf Statusbeziehungen beschränkt. Säugetiere machen zum ersten Mal ausgiebig Erfahrungen mit ihr, wenn ihre Mutter sie entwöhnt. Schimpansen beginnen damit, wenn ihre Jungen 4 Jahre alt sind. Das Weibchen hindert ihr Kind durch Drohgebärden oder Wegstoßen am Saugen oder indem sie ihre Brüste mit dem Arm bedeckt. Dies bewirkt, daß das Junge viel schmollt und mit sehr menschenähnlicher Stimme wimmert; und gelegentlich endet es mit einem Wutkoller, wobei das Kind schreit und sich krümmt, als ob sein Tod bevorstünde. Die Mutter bietet dann

Ein vierjähriges Männchen hat das Entwöhnungsalter erreicht. Seine Mutter unterbricht das Saugen, indem sie ihre Hand um sein Kinn legt und seinen Kopf sanft wegschubst. Die geschürzten Lippen des Jungtieres drücken Enttäuschung aus. (Yerkes Primate Center)

beruhigenden Körperkontakt unter der Bedingung an, daß das Junge seinen Kopf weiterhin von den Nippeln abwendet; wenn nicht, wird sie es wiederum wegstoßen. Da die Mutter eine so ungeheuer wichtige Figur ist, von der das entwöhnte Junge weiterhin für Jahre abhängig sein wird, kann es dem Problem nicht aus dem Wege gehen. Die erhaltenen Drohungen und Zurückweisungen müssen akzeptiert werden, und eine neue Beziehung mit mütterlicher Wärme entwickelt sich, die jetzt vom Verhalten des Jungen abhängt.*

Es ist faszinierend, dieses Zusammenspiel von kindlichem und erwachsenem Verhalten zu beobachten. Voll entwickelte männliche Schimpansen können sich kreischend und auf den Erdboden schlagend herumwälzen, wenn ein dominanter Rivale ihre versöhnlichen Annäherungen nach einem Kampf

* Manchmal überlege ich, ob wohl der Wechsel von der Brustnahrung zu vollständiger oder teilweiser Flaschennahrung in den westlichen Kulturen Einfluß auf die Art und Weise, sich zu versöhnen, gehabt hat. Verglichen mit der Entwöhnung eines Kindes von der Brust ist die moderne Entwöhnung eine viel weniger körperliche, weniger traumatische Angelegenheit. Die geringe Intensität sowohl eines Mutter-Kind-Konflikts als auch die ihm nachfolgenden Annehmlichkeiten könnten sehr wohl die Fähigkeiten des Kindes beeinflußt haben, mit Zurückweisungen und Beziehungskrisen im späteren Leben fertig zu werden.

zurückweist. Sie handeln wie zurückgestoßene Kinder. Merkwürdig genug ist, daß das hupende Heulen (die Tongebung, mit der männliche Schimpansen ihre Rivalen herausfordern und provozieren) denselben schmollenden Ausdruck wie bei einem hungrigen Kind hat, und die weichen *huu-huu*-Laute, die eine heulende Imponiershow einleiten, ähneln dem kindlichen Gewinsel (obwohl die Stimme eines erwachsenen Männchens deutlich tiefer ist). Kurz gesagt, es scheint eine psychische Kontinuität zwischen dem Entwöhnungsprozeß und den Rangkämpfen unter Erwachsenen zu geben. Vielleicht deshalb, weil die Entwöhnung sich auch mit Gewalt vollzieht; es ist eine Richtungsumkehr der sozialen Kontrolle zwischen Mutter und Kind. Während seiner Entwöhnung macht ein Individuum seine erste Erfahrung mit einem dramatischen Wechsel in einer Beziehung, deren Bewahrung es doch so dringend bedarf.

Herbert Terrace, der die Fähigkeiten zur Zeichensprache bei einem jungen Schimpansen namens Nim Chimpsky untersuchte, gab eine Beschreibung, wie konditionierte Rückversicherung bei Mensch-Affe-Beziehungen arbeitet. Nim hatte die Bedeutung einer großen Anzahl von Handgesten, die Worten der Amerikanischen Zeichensprache (ASL) entsprechen, gelernt und kommunizierte in diesem Medium mit seinen Lehrern. Nun war aber der Schüler nicht immer leicht zu führen und mußte manchmal bestraft werden. Eine wirkungsvolle Methode für den Lehrer war das einfache Weggehen, weil es am wirkungsvollsten »Du böse« oder »Ich nicht liebe dich« signalisierte. Nim reagierte auf die Drohung, allein gelassen zu werden, mit einer sogenannten Es-tut-mir-leid-Umarmungsroutine. Im Laufe der Zeit verlor dieses Verfahren jedoch seine Wirksamkeit, es sei denn, Nims Lehrer schoben die Umarmung hinaus. Manchmal führte dies zu einem Wutanfall des Schülers. Terrace bemerkte, daß Nims Verhalten sich nach derartigen Ausbrüchen dramatisch verbesserte, aber daß Ausnahmen auftraten, wenn er zu schnell beruhigt wurde.

Schimpansen scheinen außerordentlich sensibel auf die eventuelle Beeinträchtigung ihrer Beziehungen zu reagieren; möglicherweise fürchten sie sie sogar mehr als die unerfreulichen physischen Folgen von Aggression. Dies ermöglicht Menschen ebenso wie Artverwandten, Verhaltensänderungen zu fordern, bevor die Beziehung normalisiert wird. Wenn Aggression eine Strafe ist, so ist Versöhnung oftmals eine Belohnung.

Voll ausgewachsene Schimpansen können bei Aufregungen in kindliches Verhalten zurückfallen. Dieses Weibchen bettelte bei einem anderen Weibchen um Nahrung, wurde jedoch abgewiesen. Sie kreischt vor Enttäuschung und schlägt sich, mit spasmusartigen Armbewegungen, selbst. (Yerkes Primate Center)

Geschlechtsunterschiede

Männliche Schimpansen verhalten sich versöhnungsbereiter, als Weibchen es tun. Nach vielen Jahren systematischer Beobachtung in der Arnheim-Kolonie hat sich gezeigt: Versöhnung tritt nach 47 Prozent der Konflikte zwischen erwachsenen Männchen, aber nur nach 18 Prozent jener unter erwachsenen Weibchen auf, Versöhnungen zwischen den Geschlechtern liegen dazwischen. Dieser Unterschied je nach Geschlecht ist immer noch ein ungelöstes Rätsel. Ich habe versucht, ihn mit anderen Geschlechtsunterschieden bei Schimpansen, an denen es nicht mangelt, zu verknüpfen; ein Hacker, der in unsere Computerspeicher mit Daten über männliches und weibliches Verhalten einstiege, würde allein auf dieser Basis niemals erraten, daß er sich mit ein und derselben Spezies beschäftigt. Besonders interessant ist ein Geschlechtsunterschied bei kooperativen Beziehungen. Unter Schimpansenmännern scheinen die meisten Kooperationen geschäftlicher Natur zu sein; sie helfen einander auf der Basis: »Wie du mir, so ich dir.« Im Gegensatz dazu gründen Schimpansenfrauen ihre Kooperation auf Verwandtschaft und persönliche Präferenzen. Beide Formen gegenseitiger Hilfe durchdringen alle Bereiche ihres gesellschaftlichen Lebens, Machtstrukturen eingeschlossen. Eine Untersuchung der Machtstruktur mag deshalb Licht auf die Geschlechtsunterschiede beim Friedenstiften werfen.

Das Gesetz des Dschungels trifft auf Schimpansen nicht zu. Ihr Netzwerk von Koalitionen begrenzt die Rechte des Stärksten; *jedermann/-frau* läßt seine Beziehungen spielen. Wenn sich zwei Affen in einen Kampf verstricken, eilen andere gleich hinzu, um dem Auftritt zuzuschauen, hohe bellende Laute der Ermutigung von sich zu geben oder zugunsten ihrer Favoriten zu intervenieren. Koalitionen gegen ein einziges Individuum bewegen sich größenmäßig zwischen zwei bis zehn Angreifern. Aber das angegriffene Opfer kann auch Hilfe bekommen, was dann zu schweren Auseinandersetzungen zwischen verschiedenen Abteilungen der Gesellschaft führt. Kämpfende werben aktiv um Unterstützung. Sie ziehen Aufmerksamkeit auf sich, indem sie aus vollen Lungen kreischen; sie legen einen Arm um die Schulter eines Freundes, um ihn oder sie zum Mitmachen zu bewegen; mit offener Hand bitten sie um Hilfe von Zuschauern; sie flüchten zu einem Beschützer und brüllen und gestikulieren in sicherem Abstand gegen ihren Widersacher an.

In Arnheim untersuchte ich vor allem Beziehungen der gegenseitigen Unterstützung. Gemeinsam mit einem wechselnden Studententeam sammelte ich Tausende von Beobachtungen etwa von der Art: »Individuum A hilft B gegen C«. Mein früheres Buch, *Chimpanzee Politics* (1982), bietet viele

Details über den Popularitätsfaktor bei Führungskampagnen, über die Taktik, Rivalen von ihrem Rang und ihrer Gruppe zu isolieren, und die Rolle der Weibchen bei gewaltsamen Rangwechseln der Männchen. Wenn Präsidentschaftskandidaten ein plötzliches Interesse an Frauen zeigen, ihren Problemen lauschen und ihre Kinder liebkosen, so gibt es da Parallelen bei Schimpansenmännern, die Weibchen groomen und besonders in Zeiten der Rangauseinandersetzung freundlich mit Kindern spielen. Betrachten wir eine kurze Zusammenfassung der Machtstrukturen mit Betonung der geschlechtsspezifischen Unterschiede.

Jedes Gruppenmitglied hat ganz bestimmte persönliche Präferenzen, wenn es bei Konflikten interveniert. Die Präferenzen von Weibchen und Jungtieren sind stabil, wohingegen die der erwachsenen Männchen sich über die Jahre verändern. Die mächtigste weibliche Koalition in Arnheim ist die zwischen Mama und ihrer Freundin Gorilla (eine Schimpansin!). Ganz in den Anfängen der Kolonie, 1971, haben sich Mama und Gorilla leidenschaftlich gegen die gefährlichsten Feinde gegenseitig unterstützt. Diese Weibchen kannten sich sogar schon vor dieser Zeit; seit 1959 hatten sie gemeinsam im Zoo von Leipzig gelebt. Schon dort, so schrieb mir dessen Direktor, W. Puschmann, arbeiteten sie als ein Team gegen ihre Käfiggenossen(innen). Fast alle zwischen Weibchen bestehenden Bindungen in Arnheim basieren auf solch gemeinsamen Vorgeschichten. Ganz anders die Beziehung zwischen Yeroen und Luit, zwei erwachsenen Männchen, die auch ihr Quartier in einem anderen Zoo miteinander teilten, bevor sie in unsere Kolonie kamen; in Arnheim bildeten sie über Jahre die unterschiedlichsten Allianzen, verbanden sich aber nie zu einer stabilen Freundschaft.

Yeroen beherrschte die Kolonie drei Jahre lang. Als seine Position durch eine Koalition zwichen Luit und Nikkie bedroht wurde, erhielt er massive weibliche Protektion. Dies rettete Yeroen jedoch nicht, und gegen Ende 1976 wurde Luit das sogenannte *Alpha-Männchen*, das heißt, das ranghöchste Männchen. Bald wandelte sich Nikkie von Luits Unterstützer zu seinem Hauptrivalen. Beide warben täglich durch Berührung um den gefallenen Führer Yeroen. Beide versuchten, bei Yeroen zu sitzen und ihn zu groomen und andere genau daran zu hindern. Luit verlor diesen Wettkampf, der fast ein Jahr andauerte, wegen Yeroens wachsender Präferenz für Nikkie. 1977, mit dem alten Führer im Rücken, war es Nikkie möglich, Luit herauszufordern und die Spitze zu erreichen. Sobald jedoch diese Machtübernahme hinter ihnen lag, versuchte Yeroen – wieder mit weiblicher Unterstützung –, Nikkie zu entthronen. Er war nicht erfolgreich, weil seine langwierigen Kämpfe mit Nikkie geradewegs Luit in die Hände spielten. Luit konnte nicht von einem der beiden anderen Männchen allein dominiert werden. Um also die neue Koalition lieber nicht weiter zu gefährden, begnügte sich Yeroen mit der einflußreichen Position als Nikkies Beistand, als sein Stellvertreter im zweiten Glied.

Allgemein gesprochen können Männchen, die in dem einen Jahr Rivalen sind, im nächsten Verbündete sein und umgekehrt. Um diese Flexibilität zu verstehen, müssen wir zwischen *Koalitionen* – als Ausdruck gegenseitiger Hilfe zwischen zwei Individuen – und *sozialen Bindungen* – als Ausdruck von Anschlußverhalten wie Zusammensitzen und Groomen – unterscheiden. Wenn wir annehmen, daß Koalitionen ein Teil der sozialen Bindungen sind, so kann ein flexibles Unterstützungsnetzwerk nur durch Wechsel der Bündnispartner entstehen. Unsere Daten zeigen, daß solche Wechsel nicht auftreten; die sozialen Bindungen von Männchen sind ungewöhnlich stabil. Statt dessen fanden wir, daß Koalitionen nicht einfach von Männerbindungen abhängen. Wenn Weibchen meistens in Aktion treten, um ihre Jungen oder nächsten Freunde zu verteidigen, so sind Männerkoalitionen viel schwerer vorauszusagen, da Männchen sich gelegentlich gegen Individuen zusammentun, die sie normalerweise als Grooming- oder Berührungspartner bevorzugen.

Männerkoalitionen sind ein Mittel, um einen hohen Status zu erreichen und aufrechtzuerhalten. Es ist wenig Raum für Sympathie oder Antipathie bei einer solchen opportunistischen Strategie. Der Unterschied zwischen den Angliederungspräferenzen eines Männchens und seinen Koalitionen ist dann höchst auffällig, wenn es um eine Position buhlt. Erwachsene Schimpansenmänner scheinen in einer hierarchischen Welt mit auswechselbaren Koalitionspartnern und einem einzigen beständigen Ziel zu leben: Macht. Im Gegensatz dazu leben Weibchen in einer horizontalen Welt sozialer Verbindungen. Ihre Koalitionen sind an besondere Individuen gebunden, deren Sicherheit ihr einziges Bestreben ist. Einige Weibchen, wie etwa Mama, üben tatsächlich beträchtliche Macht in der Gruppe aus, aber nie auf Kosten ihrer Verwandten oder besten Freunde. Im Laufe meiner Arbeit habe ich nicht einmal gesehen, daß sich Mama gegen ihre Freundin Gorilla gewendet hätte.

Aus psychologischen Experimenten mit menschlichen Versuchspersonen wissen wir, daß in den westlichen Kulturen Männer und Frauen ähnliche Unterschiede zeigen. Wenn zum Beispiel Menschen in eine Wettbewerbssituation gestellt werden – gewöhnlich ein Spiel, das sie nur durch Kooperation mit anderen gewinnen können –, so sind Männer, wenn sie Koalitionen bilden, sensibel für die Machtstrukturen unter den Spielern und für strategische Betrachtungsweisen, wohingegen Frauen ihre Partner hauptsächlich aufgrund persönlicher Attraktivität wählen. Da Attraktivität eine Strategie an Stabilität übertrifft, zeichnen sich Männer durch taktische Beweglichkeit aus. Dieses Merkmal wird auch in der Politik sichtbar. Tancredo Neves, der gewählte Präsident von Brasilien, faßte die männliche Einstellung auf diesem Aktionsfeld treffend zusammen: »Ich habe nie mit jemandem Freundschaft geschlossen, von dem ich mich nicht hätte trennen können, und ich habe mir nie Feinde geschaffen, denen ich mich nicht hätte annähern können.«

Um das Verbreitungsspektrum dieses Geschlechtsunterschiedes und seine Entstehungsbedingungen zu ermitteln, brauchen wir Untersuchungen an Menschen von großer kultureller Vielfalt. Auch benötigen wir Beobachtungen an wildlebenden Schimpansen. Unser gegenwärtiges Wissen über wildlebende Schimpansen legt nahe, das oben gezeichnete Bild zu bestätigen. Wir verdanken dieses Wissen zwei bewundernswerten, noch laufenden Feldprojekten, beide in Tansania. Das eine wurde 1960 im Gombe National Park von Jane Goodall, das andere 1965 in den Mahale Mountains von Toshisada Nishida und anderen japanischen Primatologen ins Leben gerufen. Goodall war Zeuge von einigen Machtübernahmen in ihrer Schimpansengemeinschaft und hat wiederholt die Bedeutung männlicher Koalitionen betont. Nishida berichtet von einem alten Männchen in der Mahale-Gruppe, das regelmäßig die Seiten zwischen zwei jüngeren Männchen wechselte, wobei jedes die Unterstützung des alten Männchens brauchte, um das andere dominieren zu können. Nishida, der die kämpfenden Männchen im Dschungel einige Monate lang verfolgen konnte, spricht von »anhänglicher Unbeständigkeit«, von »treuem Wankelmut«. Auf diese Weise schuf sich das alte Männchen eine Schlüsselrolle, die sich in sexuellen Privilegien auszahlte.

Das ist dieselbe Taktik, die in Arnheim von Yeroen während des ersten Jahres von Nikkies Herrschaft verfolgt wurde. Yeroen konnte auf Luits Hilfe zählen, wenn es darum ging, Nikkie von sexuell attraktiven Weibchen zu verjagen, und auf Nikkies Hilfe, um Luit zu vertreiben. Durch geschicktes Ausspielen der beiden jüngeren Männchen gegeneinander genoß er die höchste Anzahl sexueller Kontakte in der Kolonie. Derartige Konfigurationen erfordern eine Unterscheidung zwischen *formalem Rang* und *Macht*. Der formale Rang kommt in rituellen Begegnungen mit eindrucksvoll gesträubtem Haar des Dominanten und mit Begrüßungsgrunzern und Verbeugungen des Untergeordneten zum Ausdruck. Beide, Nishidas altes Männchen und Yeroen, ersetzten den Mangel an formaler Dominanz über jüngere und stärkere Männchen durch eine signifikante Machtstrategie.

Die männliche Hierarchie ist stark formalisiert; das bedeutet, daß die Männchen einander regelmäßig ihren Status kundtun. Unter solch hitzigen Konkurrenten ist Formalisierung eine Voraussetzung für entspannte Beziehungen. Ernste Kämpfe brechen aus, wenn die Verständigung über den Status zusammenbricht und der Sieger die Mechanismen der konditionierten Rückversicherung anwendet, um sie wieder herzustellen. Die formale Hierarchie kann als eine Einrichtung angesehen werden, die den Zusammenhalt anstelle von Rivalität gewährleistet. Obwohl die Arnheim-Männchen zwanzigmal soviele aggressive Zusammenstöße untereinander haben wie die Weibchen, so verbünden und groomen sie sich letztlich genausooft wie die Weibchen. Im Vergleich dazu ist die Hierarchie der Weibchen ziemlich vage. Da gegenseitige Statusbekundungen unter Weibchen selten sind, ist es schwierig und fast nutzlos, ihnen Positionen auf einer vertikalen Skala zuzuschreiben. Dasselbe gilt auch für wildlebende Schimpansenweibchen.

Die hohe Häufigkeit von Versöhnungen unter Männchen – sogar bei Berücksichtigung der vermehrten Anzahl von Konflikten unter ihnen – kann mit diesen Geschlechtsunterschieden in Beziehung gebracht werden. Vor allem sorgt eine eindeutige Hierarchie für einen rituellen Rahmen von Versöhnungen nach Streitereien. Versöhnungen unter Männchen werden häufig durch eine Bestätigung des formalen Status eingeleitet. Zum Beispiel steht das Dominante aufrecht mit vollständig gesträubtem Fell und führt in einer imposanten Geste seinen erhobenen Arm über den sich duckenden Partner, ehe sie fortfahren, sich zu küssen und zu groomen. Und dann: Die unberechenbare machiavellistische Natur der männlichen Machtkämpfe besteht darin, daß jeder Freund ein potentieller Feind ist und umgekehrt. Männchen haben allen Grund, gestörte Beziehungen wiederherzustellen; kein Männchen ahnt voraus, wann er vielleicht auf seinen ärgsten Rivalen angewiesen sein wird. Groll zu hegen, kann zur Isolation führen, was innerhalb des Koalitionssystems auf politischen Selbstmord hinausläuft. Auch in der Politik der Menschen gilt, daß Erfolg die Fähigkeit zu Kompromissen, Vergebung und Vergessen erfordert. Angesichts des vormals zitierten Statements ist es nicht überraschend, daß Tancredo Neves als der große Versöhner in seinem Land berühmt wurde.

Für weibliche Schimpansen stellt sich die Situation gänzlich anders dar. Ihre Koalitionen halten der Zeit stand, überlappen persönliche Präferenzen und verwandtschaftliche Bindungen und sind bei Statuskämpfen relativ unwichtig, da Weibchen viel weniger herrschaftsorientiert sind. Für sie ist es von ausschlaggebender Bedeutung, gute Beziehungen zu einem kleinen Kreis von Familie und Freunden zu haben; dafür gibt es aber wenig Anlaß, sich nach Kämpfen mit anderen wieder zu versöhnen. Im Laufe der Jahre gewann ich den Eindruck, daß jedes Weibchen der Arnheim-Kolonie ein oder zwei absolute Feinde hat, mit denen Versöhnungen einfach nicht in Frage kommen. Bevor ich jedoch Weibchen als weniger versöhnungsbereit als Männchen bezeichne, ziehe ich es vor, sie wählerischer zu nennen. Die Unterscheidung zwischen Freund und Feind scheint bei Weibchen unendlich genauer zu erfolgen.

Bindungen und Solidarität treten unter den Arnheimweibchen stärker hervor als unter ihren freilebenden Artgenossinnen. Auch deshalb, weil Konkur-

Weibliche Schimpansen haben intime Beziehungen zu einem kleinen Kreis von Freunden und zu ihrer Verwandtschaft. Hier hält ein erwachsenes Weibchen ihre Tochter fest, während sie ihr Gesicht groomt. (Yerkes Primate Center)

renz um Nahrung in einem Zoo keine Sache auf Leben und Tod ist. In der Wildnis, wo Nahrungsmangel vorkommen kann, vermeiden weibliche Schimpansen Konkurrenz, indem sie verstreut über den Wald leben, eine jede begleitet von ihrem Jungen bis zu einem Alter von zehn Jahren. Diese eher solitäre Lebensweise erklärt, warum die sozialen Mechanismen, welche Männchen erlauben, ihre Spannungen unter Kontrolle zu halten, bei Weibchen weniger ausgeprägt sind. Erwachsene Schimpansenmännchen haben ein ureigenes Bedürfnis, sich in Konkurrenz zu messen, weil sie häufig gemeinsam in Banden umherziehen. Außer der persönlichen Motivation jedes Individuums, mit der männlichen Kerngruppe Berührung zu halten, ist es von lebenswichtigem Interesse für alle in Gemeinschaft lebenden Männchen, im Falle von Angriffen durch Männchen benachbarter Territorien, die eigenen Reihen zu schließen.

Daher ist es nicht erstaunlich, daß angesichts dieses männlich-weiblichen Unterschiedes in der Lebensweise Jane Goodall in *The Chimpanzees of Gombe* den in der Arnheim-Kolonie beobachteten Geschlechtsunterschied bestätigt. Auch unter freilebenden Schimpansen folgen auf Angriffe durch Männchen häufiger Versöhnungen als auf Angriffe durch Weibchen.

Existieren ähnliche Geschlechtsunterschiede in unserer eigenen Spezies? Überprüfbare Werte können wohl kaum erhoben werden. Die Meinungen gehen, sogar unter Feministinnen, auseinander. Zum Beispiel klassifiziert Marilyn French in ihrem Buch *Beyond Power* hierarchische Strukturen in der menschlichen Gesellschaft als typisch männlich und gleichberechtigte Vernetzungen als typisch weiblich, eine Unterscheidung, die der bei Schimpansen vorgefundenen ähnelt. Aber die Autorin schildert Frauen als die friedlichsten Kreaturen auf der Erde, frei von Konkurrenzstreben. Sie glaubt, daß prähistorische Menschen in von Frauen regierten Gesellschaften lebten: »Die matrizentrale Welt war eine Welt des Teilens, eine Gemeinschaft, verbunden durch Freundschaft und Liebe, der emotionale Mittelpunkt lag im Heim und in den Menschen selbst, und all das führte zum Glücklichsein.« Abgesehen von dem Mangel an Beweisen für die Existenz einer solchen Traumwelt wage ich sogar ihre theoretische Existenz zu bezweifeln. Lieben und helfen alle Frauen einander? Ein paar ausgewählte Freundinnen, ja – geradeso wie Schimpansenweibchen –, aber im allgemeinen? Und kommen Frauen immer miteinander aus? Eine holländische Schwimmtrainerin, Marianne Oudkerk-Heemskerk, erklärte in einem Interview mit dem *NRC-Handelsblad* (5. März, 1981), warum sie es vorziehe, mit Jungen zu arbeiten. Während ihrer fünfzehnjährigen Karriere hatte die Trainerin viel mehr Probleme mit Eifersucht, Neid und Mißgunst unter Mädchen als mit der offeneren Konkurrenz unter Jungen: »Ich würde lieber Jungen zusehen, die sich, sagen wir mal, ins Gesicht boxen, wenn sie uneins sind, und eine Stunde danach gemeinsam ein Bier trinken, als Mädchen, die einen besonderen Zwist monatelang konservieren.«

Weil das Stereotyp abgedroschen ist, ist es nicht notwendigerweise unwahr. Wir brauchen systematische Untersuchungen von Beziehungen innerhalb von Klöstern, Schwesternhäusern, Frauenkollegs usw., um zu beweisen, ob die »Frau als Täubchen« Mythos oder Realität ist. Frauen konkurrieren auf vielfach subtile Weisen. Ein weiblicher Schimpanse kann zum Beispiel einen Angriff durch ein befreundetes Männchen auf ein anderes Weibchen anstiften. Es wird neben dem Männchen sitzen, den Arm um seine Schulter legen und einige hohe bellende Laute in Richtung auf die Rivalin abgeben. Wenn sich das Männchen dann genötigt sieht, das andere Weibchen anzufallen, können wir das als ein weiteres Beispiel für männliche Aggression verbuchen; aber das nur, weil wir so grobe Meßmethoden anwenden. Ebenso kann bei den Menschen Konkurrenz zwischen Weibchen häufig übersehen werden.

Aus biologischer Perspektive machte das Fehlen von Aggression zwischen Frauen einfach keinen Sinn. Die Ressourcen sind begrenzt, und jedes Individuum, Mann oder Frau, versucht zu überleben und sich fortzupflanzen. Feministische Primatologinnen haben deshalb begonnen, die Vorstellung von einem streitsüchtigen Geschlecht einerseits und einem friedfertigen andererseits herauszufordern. Neue Ergebnise, überprüft von Sarah Hrdy in *The Woman That Never Evolved*, zeigen, daß Affenweibchen genauso intensiv konkurrieren wie Männchen, wenn auch aus unterschiedlichen Gründen; Männchen konkurrieren hauptsächlich um Partnerinnen, Weibchen um Nahrung für sich selbst und ihre Nachkommen.

Die einzige Schwierigkeit, die ich mit Hrdys Ansichten habe, ist, daß sie Primatenweibchen als stark dominanzorientiert beschreibt. Das mag für viele Affenarten – wie Paviane und Makaken – gelten, wo Weibchen tatsächlich bestimmte Hierarchien bilden, aber es trifft nicht auf unsere nächsten Verwandten zu, die Menschenaffen. Statusrituale sind sehr selten unter Schimpansenweibchen; zwischen einigen Weibchen von Arnheim habe ich innerhalb von 6 Jahren nicht ein einziges solches Ritual beobachten können. Auch wenn Schimpansenmännchen sich bei ernsten Dominanzkämpfen engagieren, Weibchen tun es nicht. Tatsächlich ist der Anteil männlicher Aggression, die in rangbezogene Angelegenheiten gesteckt wird, so groß, daß man argumentieren könnte, ihre Sozialstruktur schaffe eher Aggression, statt sie zu reduzieren. Der Fixpunkt ist, daß diese Struktur und die ihr folgende gegenseitige Rückversicherung zwischen Dominanten und Subordinierten Rivalität zwischen Männchen *weniger trennend* gestalten als zwischen Weibchen. Die Hierarchie der Männchen kanalisiert Aggression in voraussagbare Richtungen und vereint die Konkurrenten.

Dennoch sollte dieser These nicht die Bedeutung zukommen, daß Männchen ungefähr ebenso friedfertig sind wie Weibchen. Das wäre eine grobe Verzerrung der Realität. Sowohl bei Schimpansen als auch bei Menschen sind Männer physischer Gewalt häufiger zugeneigt. Oft sind sie die Störenfriede. Ich möchte lediglich sagen, daß wir nicht annehmen sollten, daß Weibchen *überhaupt nicht* konkurrieren. Der interessanteste Unterschied zwischen den Geschlechtern liegt, so meine ich, nicht in der Konkurrenzmenge, sondern in deren Ausdrucksweise und ihrer Wirkung auf soziale Beziehungen. In der Tat mag das irrtümliche Image von Frauen als nichtkonkurrierend aus einer Tendenz, ähnlich der von Schimpansenweibchen, resultieren, nämlich der Neigung, sich von Rivalinnen fernzuhalten. So wie Lilian Rubin beobachtete: »Daher distanzieren wir uns lieber vom Konkurrenzobjekt, als unsere Konkurrenzgefühle anzuerkennen – ja, sogar von dem Wunsch, einander manchmal zu übervorteilen –, wobei wir der Verbundenheit, die wir so gern schützen wollen, schaden.«

Eine Koalition bricht zusammen

Wenn friedliche Lösungen fehlschlagen oder ignoriert werden, bricht Gewalt aus. Die Gefahr liegt nicht immer auf der Hand; Aggression kann so gut abgepuffert und aufgefangen werden, daß der daraus entstehende Frieden als selbstverständlich betrachtet wird. Solange die Schimpansenmänner von Arnheim eine intakte Hierarchie besaßen, war Gewalt praktisch unbekannt. Sie hielten sorgsam ihre Sozialstruktur mittels Statusbestätigungen, Beruhigungsgesten und Groomen aufrecht. Sogar gelegentliche Rangumkehrungen wurden ohne lebensbedrohliche Kämpfe gemeistert. Unter der Oberfläche konnte man aber eine enorme Spannung fühlen, besonders, wenn sich Männchen in der Nähe eines sexuell attraktiven Weibchens, leicht erkennbar an ihrer rosa Genitalschwellung, herumtrieben. Dennoch blieben die Dinge unter Kontrolle. Da dies die Situation während der ersten neun Jahre war, nahmen wir sie allmählich als den Normalzustand hin. Nach so vielen Jahren relativer Ruhe waren wir schlecht auf den vorübergehenden Zusammenbruch des Systems im Jahre 1980 vorbereitet. Für den folgenden Bericht ist es notwendig, zu der Formation drei Jahre vor der Regierungskoalition zwischen Yeroen und Nikkie zurückzugehen.

Paradoxerweise wurde Luit 1977 von den anderen zwei Männchen deshalb besiegt, weil er fähig schien, auf seinen eigenen zwei Beinen zu stehen. In den Monaten, in denen er die beherrschende Alphaposition erlangte, errang er breite Unterstützung bei den Weibchen. Um seinen Rivalen, Nikkie, unter Kontrolle zu halten, forderte er nur Neutralität vom alten Führer Yeroen. Nikkie dagegen brauchte Yeroens aktive Unterstützung, um überhaupt eine Chance zu haben, die Rangspitze zu erreichen. Yeroens schließliche Entscheidung, sich mit Nikkie zu verbünden, ist verständlich. Die rechte Hand eines neuen Führers zu sein, der vollständig von dir abhängt, gibt dir mehr Ansehen, als sich einem mächtigeren Bundesgenossen anzuschließen, der unvermeidlich versuchen wird, die Privilegien seines hohen Ranges zu monopolisieren. Luits Schicksal ist beispielhaft für die Regel »Stärke ist Schwäche«, bekannt aus der Theorie menschlicher Koalitionen; starke Parteien scheinen Kooperation gegen sich nahezu *einzuladen*.

Obwohl Nikkie zum formalen Alphamännchen gemacht und ergeben von diesem und jenem Mitglied der Gemeinschaft gegrüßt wurde, war sein erstes Jahr in dieser Position schwach. Wie schon früher beschrieben, konnte er nicht verhindern, daß sein Partner, Yeroen, der Erfolgreichste beim Paaren war. Weibchen machten ihre Aufwartungen häufiger bei Yeroen als bei Nikkie; ihre Ergebenheit gegenüber Nikkie war nicht spontan. Nikkies Position wurde beträchtlich gestärkt, als beide, er und Luit, plötzlich aufhörten, ihre sexuelle Eifersucht von Yeroen ausnutzen zu lassen. Über Nacht war das Spiel des alten Männchens aus. Es würde noch gelegentlich kreischen und seine Hand dem einen Männchen entgegenstrecken, wenn das andere sich einem Weibchen näherte, jedoch würden beide derartige Bitten ignorieren. Die Folge war, daß die meisten Paarungen während des zweiten Jahres von Luit und Nikkie vollzogen wurden. Später entwickelte sich ihr »Nichtinterventionspakt« zu einer Art Koalition. Sie stürmten regelmäßig als Team über die Insel und spielten sich Yeroen gegenüber auf, wenn er zu lange und zu dicht bei einem attraktiven Weibchen saß.

Diese Situation bot sich 1979, zu einer Zeit, als ich *Chimpanzee Politics* schrieb. Die Balance in der Männertriade, anfangs durch Yeroen von unten bestimmt, wurde nunmehr durch Nikkie von oben geregelt. Seine Kooperation mit Luit war streng auf den sexuellen Kontext beschränkt, und er blieb von Yeroen abhängig, um seine Dominanz über Luit zu erhalten. Ein entscheidendes Element von Nikkies Strategie war es, einen Kontakt zwischen den beiden anderen Männchen zu verhindern. Einer meiner Studenten, Otto

Die Koalition zwischen Yeroen (*links*) und Nikkie beherrschte mehr als drei Jahre die Arnheim-Kolonie. Der jüngere und stärkere Nikkie war der eigentliche Kopf, er war jedoch völlig abhängig von Yeroen. (Arnheim-Zoo)

Adang, berichtete von sogenannten *Trennungsinterventionen*, wobei ein Individuum den Kontakt zwischen zwei anderen unterbricht, indem es gewöhnlich geradewegs vor ihnen eine Show abzieht, Stöcke und Steine wirft oder droht anzugreifen. Die meisten dieser Interventionen wurden von Nikkie ausgeführt. Er zielte besonders auf Luits Kontakte zu Yeroen, aber auch auf jene zu ranghohen Weibchen. Fraglos kannte Luit die Regeln; Nikkie brauchte nur in seine Richtung zu blicken, und Luit würde sich am Kopf kratzen, in den Himmel schauen und sich still und leise von einem Groomingpartner wegschleichen. Der alte Yeroen agierte häufig als Nikkies Assistent und manchmal als Anstifter dieser Interventionen. Laut heulend würde Yeroen Nikkies Aufmerksamkeit auf einen Kontaktversuch von Luit lenken, und dann würden beide, Schulter an Schulter voranstürmend, die Gruppe, in der Luit gerade saß, auseinandersprengen.

Die ernsten Spannungen, die sich 1980 in der Arnheim-Kolonie entluden, wurden, so meine ich, durch Yeroens wachsende Frustration verursacht. Er hatte Nikkie an die Macht gebracht und ihm geholfen, Luit sozial isoliert zu halten. Aber sobald Sex auf dem Spiel stand, durfte Luit eine Metamorphose von unterwürfig zu selbstbewußt durchmachen, weil Nikkie ihn sehr nachsichtig behandelte. Diese Situationen traten nicht sehr oft auf, da nur Weibchen ohne noch saugende Junge rezeptiv werden, und das auch nur für ca. 14 Tage ihres monatlichen Zyklus. Dennoch, Yeroens Privilegien, die er für seine Unterstützung von Nikkie erhielt, schienen zu schwinden.

Nach zahllosen kleineren Vorfällen, bei denen Paarungen von Luit zu Spannung zwischen den zwei Gruppenführern, Yeroen und Nikkie, führten, wurde der erste wirkliche Angriff am 4. Juli beobachtet. Ein Weibchen namens Krom trug die charakteristische rosa Schwellung zur Schau, die Schimpansenmännchen anzieht. Am Morgen beobachteten wir eine Annäherung zwischen Luit und Nikkie. Als Yeroen Krom sexuelle Angebote machte, näherten sich ihm die anderen beiden Männchen mit gesträubtem Fell. Yeroen ließ vom Weibchen ab, aber stieß Nikkie weg und schlug auf Luit ein. Dann kreischten alle drei Männchen, und Nikkie und Luit bestiegen einander kurz.

Stunden danach saßen alle drei Männchen unter einem Baum beisammen, Krom über ihnen im Geäst. Als Luit begann, zu ihr hochzuklettern, kläffte Yeroen und schaute von Luit zu Nikkie. Hastig kehrte Luit auf den Boden zurück und näherte sich den anderen. Die drei Männchen heulten im Chor. Wenige Minuten später jedoch ging Luit in den Baum zurück. Jetzt brach Yeroen in lautes Gekreisch in Richtung Luit aus, wobei er seine Hand Nikkie entgegenhielt, um ihn um Unterstützung anzubetteln. Nikkie entfernte sich von der Szene. Yeroen reagierte mit einem höchst ungewöhnlichen Überraschungsangriff auf Nikkie; er sprang ihn von hinten an und biß ihn in den

Rücken. Er schien wütend darüber zu sein, daß Nikkie seine Bitte, Luit zu stoppen, ignoriert hatte.

Zwei Tage nach diesem Vorfall, fand ein unbeobachteter Kampf im Schlafkäfig der drei Männchen statt. Angesichts der bei zweien von ihnen vorgefundenen Verletzungen muß dies der heftigste Kampf seit Gründung der Arnheim-Kolonie gewesen sein. Nikkie hatte tiefe Verletzungen an den Spitzen vieler Finger und Zehen, ebenso an seinem Hinterteil und seinem Ohr. In Yeroens Finger und Zehen war gebissen worden; sie waren angeschwollen, und ihm fehlten einige Nägel und die Spitze eines Zehs. Dagegen wies Luit nur einen oberflächlichen Kratzer auf. Ein Kampf zwischen Männchen endet gewöhnlich nicht mit Verletzungen; wenn es dennoch dazu kommt, dann werden Wunden fast ausnahmslos an Händen und Füßen festgestellt. Deshalb war es nicht die Stelle der Verletzungen, sondern ihre Anzahl, die diesen Kampf so ungewöhnlich machte. Hinzugefügt sei, daß keines unserer Männchen jemals vorher einen Teil seiner Finger und Zehen eingebüßt hatte.

Obwohl auf der Basis einer bloßen Zählung der Verletzungen kein Sieger oder Verlierer festgestellt werden konnte, verhielt sich Nikkie deutlich so, als sei er der Verlierer. Bis zu jener Nacht war er ein sehr eindrucksvolles großes Alphamännchen gewesen; nun schaute er klein, niedergeschlagen und bemitleidenswert aus. Selbst wenn es nicht so schien, als sei Luit in den physischen Kampf besonders verwickelt gewesen, so war er doch als neues dominantes Männchen aus dem Kampf hervorgegangen. Wenn dies auch schwer aus der Konstellation »Einer gegen Einen« zu verstehen ist, so leuchtet es ein, wenn das Männchen-Dreieck als Ganzes betrachtet wird. Frühere Jahre hatten eine Fülle von Belegen dafür geliefert, daß Yeroen und Nikkie gegenseitige Unterstützung benötigten und daß Luit die Kontrolle wiedergewinnen würde, sobald ihre Koalition scheiterte. Luit war das erste Männchen, das über Nacht Alphatier geworden war, und das offensichtlich, ohne für die Position kämpfen zu müssen. Meine Interpretation ist, daß der Bruch zwischen Yeroen und Nikkie ein Machtvakuum geschaffen hatte, das sofort von Luit gefüllt wurde. Er wurde Alphatier *aus Unterlassung*.

Die alternative Rekonstruktion des Vorfalls ist, daß Luit eigenhändig die beiden anderen Männchen verletzt und besiegt hat. Aber – wie die nachfolgenden Ereignisse bestätigen – ein derartiges Meisterstück muß als jenseits von Luits physischen Fähigkeiten betrachtet werden.

Ein Statusritual, das Luit als neuen Boß zeigt. Während Nikkie sich verbeugt, richtet sich Luit auf und sträubt das Fell. Als Ergebnis (*gegenüberliegende Seite*) sehen wir auffallend ungleiche Männchen, die in Wirklichkeit jedoch ungefähr gleich groß sind. (Arnheim-Zoo)

Tödliche Gewalt

Die vier erwachsenen Männchen waren seit Mai 1978 gemeinsam in zwei miteinander verbundenen Nachtkäfigen gehalten worden. Das jüngste Männchen, Dandy, konnte sich mehr oder weniger frei für seinen Schlafplatz entscheiden. Für einige Zeitspannen schlief Dandy bei den anderen Männchen, und für andere zog er es vor, für sich zu schlafen (so während der ganzen hier beschriebenen Episode von 1980). Nach dem Kampf zwischen Yeroen und Nikkie beschlossen wir, die drei älteren Männchen für eine Woche aus der Gruppe herauszunehmen und sie nur, wenn Supervision vorhanden war, wieder zu vereinen. Alles verlief gut; die drei Männchen verbrachten die Tage in einer der großen Innenhallen und die Nächte in getrennten Käfigen. Nach

einer Woche wurden sie in die Gruppe zurückgeführt. Nachts hielten wir sie noch getrennt.

Im Laufe der Zeit wurde es jedoch zunehmend schwieriger für die Pfleger Jacky Hommes und Loes Offermans, die Männchen des nachts zu trennen. Yeroen versuchte immer, einen Käfig gemeinsam mit Nikkie zu betreten. Wenn es ihm gelang, regte sich Luit sehr auf, weigerte sich, in seinen eigenen Käfig zu gehen und griff gelegentlich sogar die Pfleger durch die Gitterstäbe an. Wenn andererseits zufällig Luit und Nikkie gemeinsam einen Käfig betraten, zeigte Yeroen die gleiche Reaktion. Es schien, daß weder Luit noch Yeroen ausgeschlossen werden wollten, wenn es die anderen beiden Männchen fertigbrachten zusammenzukommen.

Nach ungefähr sieben Wochen entschieden wir, die Angelegenheit den Männchen selbst zu überlassen. Wenn sie unbedingt zusammen schlafen wollten, so wurde es ihnen gestattet. Andernfalls wurden sie getrennt untergebracht. Diese Entscheidung entband die Pfleger von dem anstrengenden und zeitraubenden Job, die Männchen nur mit Hilfe von Falltüren und einem Wasserschlauch zu isolieren – eine Aufgabe, die manchmal bis in den späten Abend andauerte. Damals vertrat ich die Philosophie, daß Schimpansen die Möglichkeiten innerhalb ihres eigenen Beziehungsgefüges besser einschätzen können als wir menschlichen Beobachter. Vielleicht ist diese Vermutung noch richtig; die dramatischen Konsequenzen aus dem Verlangen der Männchen, die Nächte gemeinsam zu verbringen, und unsere Entscheidung, sie gewähren zu lassen, bedeuten nicht notwendigerweise, daß sie sich der Gefahren nicht bewußt waren.

Während der Zeitspanne zwischen dem ersten ernsten Kampf und dem zweiten verhielt sich Nikkie gegenüber Luit auffallend unterwürfig; manchmal wühlte er für ihn buchstäblich im Dreck. Yeroen zeigte sich viel weniger respektvoll, und wenn Luit sich ihm mit gesträubtem Fell und in dominanter Haltung näherte, setzte er sich imponierend in Szene. Aber sogar Yeroens seltene unterwürfige Grunzer hin zu Luit waren eine große Veränderung, verglichen mit ihren früheren Beziehungen, die durch Nikkies Protektion von Yeroen ausbalanciert worden waren.

Die ersten Tage nach der Wiedereingliederung der Männchen in die Kolonie waren durch intensives Groomen gekennzeichnet. Alle Schimpansen waren in ständig wechselnden Groominggruppen versammelt. Nikkies Verletzungen erregten viel Aufmerksamkeit (mehr als die von Yeroen), obwohl Luit oftmals Weibchen, die zu lange bei Nikkie blieben, vertrieb. Soweit es die Gruppe als Ganzes betraf, war Luits Führung eine bedeutsame Verbesserung. Es herrschten bemerkenswerter Frieden und Ausgelassenheit, sogar unter den älteren Weibchen, die normalerweise nie mit heiserem Schimpansenlachen umherjagen. Luit übernahm die sogenannte Kontrollrolle und fungierte mit großer Autorität und Unparteilichkeit als Schlichter bei Streitigkeiten. Es müssen seine Wachsamkeit gegenüber Spannungen in der Gruppe und seine Gewohnheit, sich eindrucksvoll zwischen die kreischenden Parteien zu postieren, bis sie sich beruhigten, gewesen sein, die denselben Zustand von Harmonie schufen, den wir während seiner früheren Führungsperiode, 1976–1977, beobachtet hatten.

Der Frieden erstreckte sich jedoch nicht auf die Beziehungen zwischen den erwachsenen Männchen. Anzeichen von Spannung und Instabilität blieben bestehen. Es ist schwierig, die veränderte Situation zusammenzufassen. An einem Tag konnten wir in unserem Logbuch vermerken, daß Luit anscheinend eine Koalition mit Dandy (der plötzlich aktiver wurde) bildete: am folgenden Tag sahen wir Luit und Nikkie, wie sie eine gemeinschaftliche Einschüchterungsshow abzogen, indem sie die anderen beiden laut in Panik kreischenden zwei Männchen weiträumig umkreisten, was uns eine zukünftige Luit-Nikkie-Koalition vorhersagen ließ. Es schien so, als probierten die Männchen alle denkbaren Koalitionen zu gegenseitiger Hilfe aus, ausgenommen die Yeroen-Luit-Kombination. Obwohl Luit sehr selbstbewußt auftrat, zeigte er leichte Anzeichen von Vorsicht bei Yeroen. Wenn es vorkam, daß das alte Männchen sich nicht weit von ihm niederließ, so konnte Luit für einige Minuten unbehaglich dreinschauen, bevor er den Schauplatz verließ. Bei mehreren Gelegenheiten hielt ich mich nahe genug auf, um Luit tief seufzen zu hören, sobald er sich in einiger Entfernung von Yeroen wieder setzte. Auch saß er manchmal zusammengekauert, seine Arme verknotet oder zwischen seine Knie gepreßt sozusagen in fetaler Stellung, was überhaupt nicht charakteristisch für ihn war.

Die Chancen für Yeroen schienen dieselben wie in früheren Zeiten, als Luit die Kolonie führte. Sich Luit anzuschließen, brachte wenig Vorteil, und Dandy schien zu jung, um eine ernsthafte Bedrohung für Luit darzustellen; alles, was Yeroen übrig blieb, war, die kaputte Koalition mit Nikkie wiederherzustellen. Unsere Standardkriterien für eine Koalitionsbildung umfassen die Neigung zweier Individuen, bei gegenseitigen Konflikten zu intervenieren, die Richtung dieser Interventionen (für oder gegen), die Anzahl des gemeinschaftlichen Imponierverhaltens usw. Bei allen Messungen war die Nikkie-Yeroen-Koalition beträchtlich schwächer als früher. Yeroen gab sein Bestes, um die Beziehung wieder zu normalisieren. Er konnte vor Enttäuschung kreischen und Luit und Nikkie verfolgen, wann immer sie zusammen gingen. Wenn Luit fort war, konnte er selber versuchen, neben Nikkie zu gehen, zu sitzen oder zu groomen. Aus zwei Gründen waren seine Taktiken nicht immer erfolgreich: Ohne Ausnahme startete Luit ein geräuschvolles Einschüchterungsimponierverhalten, wenn er einen Kontakt zwischen den beiden anderen Männchen wahrnahm, und gewöhnlich gelang es ihm, sie zu trennen. Zweitens: Nikkie selbst vermied häufig den Kontakt mit Yeroen, sogar wenn Luit außer Sichtweite war; er vermittelte den Eindruck, Yeroen nicht leiden zu können und seinen Absichten zu mißtrauen. Mit der Heilung seiner Wunden verschwand jedoch seine ablehnende Haltung allmählich.

Während der Nacht vom 12. zum 13. September färbten sich die Nachtkäfige der Männchen rot mit Blut. Als wir morgens eintrafen, hatten sich die Männchen anscheinend schon versöhnt; sie waren relativ ruhig, und Jacky hatte Probleme, sie zu trennen. Luit strengte sich kräftig an, bei den anderen beiden Männchen zu bleiben, was recht bemerkenswert war angesichts dessen, was sie ihm angetan hatten. Die Tatsache, daß er es tat, zeigt das tiefe Bedürfnis des Schimpansenmännchens »dazuzugehören« – ein Bedürfnis, das angesichts ihrer natürlichen Lebensweise sinnvoll ist, wo einzeln lebende Männchen wahrscheinlich Feindseligkeiten zwischen Gemeinschaften nicht überleben können.

Luit hatte viele tief klaffende Wunden am Kopf, in den Weichen, am Rükken, rund um das Hinterteil und am Skrotum. Besonders seine Füße waren schlimm verletzt (an einem Fuß fehlte ein Zeh, am anderen einige Zehen).

Auch hatte er Bisse in seine Hände davongetragen (etliche Nägel fehlten). Die grauenvollste Entdeckung war, daß er beide Hoden eingebüßt hatte. Alle fehlenden Körperteile wurden später auf dem Käfigboden gefunden. Bei näherer Untersuchung von Luits Hodensack auf dem Operationstisch zeigte sich, daß, entgegen unseren Erwartungen, er nicht weit aufgerissen worden war. Statt dessen gab es eine Anzahl relativ kleiner Löcher. Es war unklar, auf welche Weise die Hoden verschwunden waren.

Der Veterinär des Zoos, Piet de Jong, und sein Assistent arbeiteten dreieinhalb Stunden, um Luits Leben zu retten. Sie säuberten seine Wunden und müssen wohl an die hundert bis zweihundert Stiche gesetzt haben. Am Abend jedoch starb Luit, noch teilweise unter Narkose, in seinem Schlafkäfig. Die hauptsächliche Todesursache war wohl die Kombination von Streß und Blutverlust gewesen. Der Rest der Kolonie hatte zum Zeitpunkt des Todes die Schlafquartiere aufgesucht. Während der Zeit, da Luits Körper in seinem Käfig lag, waren sie völlig ruhig. Am nächsten Morgen hörte man sogar zur Fütterungszeit kaum einen Ton. Erst nachdem der Körper aus dem Gebäude getragen worden war, wurde die vokale Aktivität wieder aufgenommen.

Während seiner kurzen »Regierungszeit« herrschte Luit mit Autorität und Selbstbewußtsein. Doch gelegentlich zehrten die Spannungen mit Yeroen an seinen Nerven, und dann saß er zusammengekauert wie ein Fötus im Mutterleib (*links*), ein großer Unterschied zu seiner sonst für ihn typischen königlichen Haltung (*gegenüberliegende Seite*). (Arnheim-Zoo)

Bei einer Rekonstruktion des zweiten Schlafkäfigkampfes ist es wichtig zu wissen, daß Luit das einzige Männchen war, das ernste Verletzungen davontrug. Nikkie wies überhaupt keinen Schaden auf, wohingegen Yeroen nur kleine Kratzer und Schnitte hatte (zahlreiche, aber nur oberflächliche Verletzungen). Da Luit ein starkes Männchen war, bestimmt stärker als Yeroen und mindestens ebenso stark wie Nikkie, so ist der ungleiche Ausgang des Kampfes vermutlich nur durch ein hohes Maß an Zusammenarbeit zwischen Nikkie und Yeroen erklärbar.

Eine alternative Erklärung, die mir während der Schilderung des Falles gegenüber einer Gruppe Veterinärmediziner vorgeschlagen wurde, ist die, daß die anderen beiden Männchen einen Überraschungsangriff auf den schlafenden Luit geführt hatten. Ein heftiger Stoß oder Biß in die Hoden dürfte ihn für einen Augenblick gelähmt haben; es könnte dann leicht gewesen sein, ihn weiter zu attackieren. Die Frage ist, ob eine solche Lähmung vor Schmerz lange genug angehalten hat. Blut war überall auf den Böden, Wänden, Gitterstäben und sogar auf dem Gitterdach beider Schlafkäfige verschmiert und verspritzt, und das Stroh war in unordentlicher Weise verstreut, was auf einen langwierigen Kampf mit vielen Jagereien und Fluchtversuchen hindeutet. Wenn man die Luit zugefügten Verletzungen und das Durcheinander im Käfig betrachtet, so meine ich, daß die Schlacht mehr als 15 Minuten gedauert haben muß und Luit nicht vollständig bewegungsunfähig gewesen ist.

Am Morgen des 13. September, nachdem Luit zwecks Behandlung isoliert worden war, entließen wir Nikkie und Yeroen wieder in die Gruppe. Sofort kam es zu einem ungewöhnlich wütenden Angriff auf Nikkie durch ein hochrangiges Weibchen namens Puist. Sie war so hartnäckig aggressiv, daß Nikkie in einen Baum floh. Puist hielt Nikkie dort ganz allein für mindestens zehn Minuten fest, wobei sie jedesmal, wenn er versuchte abzusteigen, kreischte und angriff. Puist war immer Luits Hauptverbündete unter den Weibchen gewesen. Sie muß den Kampf verfolgt haben, denn ihr Schlafkäfig ermöglicht einen Einblick in die Männchenkäfige. Später am Tag zeigte die Gruppe ein starkes Interesse an den beiden Männchen, groomten und untersuchten sie. Von diesem Tag an spielte Dandy eine viel wichtigere Rolle als jemals zuvor. Wiederholt suchte er Kontakt zu Yeroen und widerstand Nikkies Trennungsversuchen. Im Verlauf der folgenden Monate beruhigte sich das neue Männchendreieck. Am 14. Oktober stieß Yeroen unterwürfige Begrüßungsgrunzlaute hin zu Nikkie aus, die ersten seit ihrem Kampf in der Nacht vom 6. Juli. Während der folgenden Wochen groomten sie einander wie wild, um, wie es schien, die restlichen Spannungen zu glätten. Die Beziehung zwischen Yeroen und Nikkie wurde so eng wie ehedem, doch nunmehr mit dem vielversprechenden Dandy in der Position ihres gemeinsamen Rivalen.

Die Schattenseite

Als ich an jenem schicksalhaften Samstagmorgen zum Zoo radelte, waren meine Gedanken und Gefühle verworren und hoffnungslos unwissenschaftlich. Jackys hastige Beschreibung per Telefon über den Zustand, in dem sie Luit gefunden hatte, hallte noch in meinen Ohren und ließ mich voller Trauer und Enttäuschung und gleichzeitig mit einem impulsiven Urteil zurück: Yeroen war schuld an allem. Er war und ist noch derjenige, der alles in der Schimpansenkolonie entscheidet. Nikkie, zehn Jahre jünger, schien nur ein Pfand in Yeroens Spielen zu sein. Ich befand mich selbst im Kampf mit diesem moralischen Urteil, aber seit diesem Tag kann ich Yeroen nicht anschauen, ohne in ihm einen Mörder zu sehen. Dennoch sollten solche Empfindungen nicht mit Tatsachen verwechselt werden. Nikkie muß genauso heftig in den Kampf verwickelt gewesen sein wie Yeroen. Auch beinhaltet der Ausdruck »Mörder« den Vorsatz zu töten, was in diesem Fall unmöglich zu beweisen oder zu widerlegen war. Mein emotionaler Zustand besserte sich nicht, als ich Luit inmitten einer Blutlache sitzen sah. Normalerweise Menschen gegenüber zurückhaltend, vertraute Personen eingeschlossen, suchte er jetzt Kontakt und ließ mich seinen Kopf groomen. »Wir hätten nicht zulassen dürfen, daß sie zusammen sind, wir hätten sie nicht zusammenlassen dürfen!«, wiederholten die Pfleger und ich fortwährend. Aber nichts in der Geschichte der Kolonie hatte uns für dieses Drama vorbereitet. Mit Luits Tod trat das Arnheimprojekt in eine neue Phase ein. Einige romantische Gedanken wurden zurückgelassen, ein Gesinnungswandel, der zu einer Zeit auftrat, als auch Feldforscher dabei waren, die Schattenseite der Menschenaffennatur zu entdecken.

Freilandbeobachtungen von Jagd und Räuberei bei Pavianen, Stummelaffen, Buschschweinen, Duckerantilopen und anderen Waldtieren hatten das Bild von den Schimpansen als unseren neugierigen, liebenswerten Vettern bereits untergraben. Der Nachweis von blutigen Kämpfen zwischen Männchen verschiedener Gemeinschaften und von gelegentlichem Kannibalismus an Schimpansenjungen durch Männchen wie durch Weibchen lieferte den Todesstoß. Diese Entdeckungen machten die Schimpansen sogar noch menschenähnlicher, als vorher für möglich gehalten wurde, und für einige Wissenschaftler war die Spezies in unangenehme Nähe zu uns gerückt. Ashley Montagu zum Beispiel versuchte dem Unausweichlichen zu entgehen, indem er in einem Brief an die *New York Times* (2. Mai, 1978) geistreich behauptet, daß »sich unter bestimmten Bedingungen Schimpansen mehr wie Menschen als Menschen wie Schimpansen verhalten«.

An dieser Stelle sind die Berichte von Jane Goodall besonders relevant, weil sie einen Hinweis auf die Art und Weise geben, in der Yeroen und Nikkie möglicherweise gegen Luit kollaboriert haben. Nach der Spaltung der großen Gombe-Gemeinschaft fielen Männchen der Hauptgruppe wiederholt in das Territorium der kleineren Gruppe ein und schafften es, sie durch Tötung von mindestens drei ihrer erwachsenen Männchen zu übernehmen (die anderen verschwanden zur selben Zeit und sind vermutlich ebenfalls umgebracht worden). Jeder der drei beobachteten Angriffe begann überfallartig; mehrere Männchen, die ein benachbartes einzelnes Männchen in der Ferne erspähten, machten sich geräuschlos durch das Unterholz heran. Es folgte ein koordinierter Angriff von ausgedehnter Dauer und extremer Brutalität. Von einem Angreifer zu Boden gedrückt, wurde das hilflose Opfer von den anderen zerstampft, geschlagen, mit Füßen getreten und gebissen. Dann ließen sie das Opfer in einem Schockzustand zurück, bedeckt mit tiefen Wunden. Zwei der Opfer wurden nie wieder gesehen und eines nur einmal, Monate später, in einem ausgemergelten Zustand. Interessanterweise wird in Goodalls Beschreibung dieser Begegnung erwähnt, daß »seine Hoden auf 1/5 der Normalgröße zusammengeschrumpft waren«.

Heranwachsenden und jungen erwachsenen Weibchen ist es gestattet, sich über Territoriumsgrenzen hinweg zu bewegen, insbesondere, wenn sie sich in einem sexuell attraktiven Zustand befinden. Anne Pusey spekulierte, daß die leuchtenden rosa Schwellungen weiblicher Schimpansen potentiellen feindlichen Männchen als Signal auf große Entfernung dienen – ungefähr so, als ob sie mit ihrem Paß winkten. Andererseits müssen ältere Weibchen mit abhängigen Jungen ebenso vorsichtig sein wie umherstreifende Männchen. Die ausgeprägte Fremdenfeindlichkeit von Schimpansen wird an einem aufschlußreichen Zwischenfall einer Konfrontation zwischen erwachsenen Männchen und einem fremden Weibchen nahe der Peripherie des Gebietes der Männchen deutlich. Goodall berichtet, daß das Weibchen auf die Gefahr mit unterwürfigen Lauten reagierte und zu einer freundlichen Berührung eines der Männchen ausholte. Das Männchen jedoch wollte keinen Kontakt. Es entzog sich sofort ihrer Geste, pflückte eine Handvoll Blätter und schrubbte energisch sein Fell an der Stelle, wo sie ihn berührt hatte. Daraufhin wurde das Weibchen eingekreist und angegriffen; ihr Junges wurde gepackt und getötet.

Auch in dem anderen größeren Forschungsgelände, in den Mahale Mountains, ist Infantizid beobachtet worden; aber die japanischen Wissenschaftler waren noch nicht Zeugen todbringender kriegerischer Auseinandersetzungen zwischen Männchen verschiedener Gemeinschaften. Heftige Kämpfe kom-

---

Yeroen. (Arnheim-Zoo)

men vor, und es gibt Anzeichen dafür, daß sie zum Tod führen können: Über Jahre verschwanden gesunde Männchen einer Gemeinschaft einer nach dem anderen, bis ihr Territorium schließlich von zwei anderen Gemeinschaften übernommen wurde.

Angesichts ihrer extremen Territorialität können Schimpansenmännchen fast als Gefangene in ihrer eigenen Gruppe gelten; sie können ihr heimatliches Wohngebiet nicht verlassen, ohne in große Schwierigkeiten zu geraten. Ein wildlebendes Männchen, das sich plötzlich, wie etwa Luit, in einer höchst unbequemen Lage befindet, kann sich nur an die Peripherie des gemeinschaftlichen Wohngebiets begeben. In diesem Niemandsland wird er ein wachsames Auge auf seine Gruppengenossen und das andere auf die Grenzpatrouillen seiner Nachbarn haben müssen. Sowohl am Gombe als auch in den Mahale Mountains sind solche Ausgestoßenen beobachtet worden. Ihr Schicksal ist als »Gang ins Exil« charakterisiert worden. Wenn soziale Spannungen abklingen, können diese Männchen für gewöhnlich in das Kerngebiet zurückkehren, aber in mindestens einem Fall ist dies wohl ein unkluger Schritt gewesen. Ein Ausgestoßener von Mahale wurde beobachtet, wie er in eine Gruppe zurückkehrte, in der das älteste Männchen als unbeständig in seinen Bindungen galt. Bald nach Rückkehr des Ausgestoßenen half ihm das ältere Männchen, die Alphaposition zu erreichen. Wenige Monate später verschwand jedoch das neue Alphamännchen – aus unbekannten Gründen.

Wenn das mysteriöse Verschwinden wilder Schimpansenmännchen auf den Tod infolge von Aggression innerhalb oder zwischen Gemeinschaften hinweist, so ist der Vorfall im Arnheim-Zoo nicht so einzigartig, wie wir anfänglich dachten. Natürlich kann die Gefangenschaftssituation nicht als Ursache ausgeschlossen werden, aber ebensowenig scheint sie als eine Erklärung zu genügen. Einfache Konzepte wie Streß und Überbevölkerung erklären nicht, wie dieselben Männchen unter denselben Bedingungen fast 800 Nächte zusammenleben konnten, ohne daß irgendetwas Dramatisches vorfiel. Außerdem wurden sie keineswegs gezwungen, ihre Nächte gemeinsam zu verbringen. So, wie ich es sehe, schufen die Wohnverhältnisse eine *Gelegenheit*. Sie machten den Angriff möglich, aber sie erklären seine tieferen Ursachen nicht.

Der erste Kampf im Schlafkäfig schien mit einer wachsenden Diskrepanz zwischen Nikkies Abhängigkeit von Yeroen und seiner zunehmenden Anlehnung an Luit in sexuellen Dingen zusammenzuhängen. Indem er Nikkie zur Alphaposition verhalf, hatte Yeroen sowohl Respekt von den Weibchen als auch einen guten Anteil sexueller Aktivität wiedererlangt. Ich bin geneigt, dies als einen »Handel« zu interpretieren, dessen Ausführung von dem alten Intriganten genau überwacht wurde. Als Nikkie es versäumte, seinen Teil des Geschäfts einzuhalten, beendete Yeroen die Kooperation. Plötzlich befanden sich alle drei Männchen in einer mißlichen Lage. Nikkie verlor seine Spitzenstellung; Yeroen schien nur wenige andere Wünsche zu haben, als zu versuchen, die Koalition zu reparieren; und Luit wurde Alpha, aber unsicher in Yeroens Gegenwart. Es gibt keinen Weg herauszufinden, ob der zweite große Kampf ein zielgerichteter Versuch war, diese Probleme durch Tötung eines Rivalen zu lösen, eine Tat blinder Enttäuschung durch Yeroen und Nikkie oder irgendetwas anderes. Dennoch, Tatsache ist, daß sie die Spannungen auflöste.

Selbst wenn Luit überlebt hätte, hätte er wegen seiner Kastration vermutlich eine andere Rolle in der Gruppe übernommen. Dies ist eine höchst ungewöhnliche Verletzungsart. Die umfassende Literatur über Primaten erwähnt nur sehr wenige andere Beispiele, etwa das Gombemännchen mit dem verkleinerten Skrotum und einen Rhesusaffen in Indien, der während eines Angriffs durch vier andere Männchen einen tiefen Riß in einem Hoden davontrug. Ich selbst war einmal Zeuge eines Kampfes zwischen männlichen Javaneraffen, wo ein Männchen einen Gegner von Angesicht zu Angesicht angriff, während ein drittes Männchen ihn von hinten biß, was mit dem Verlust eines Hoden endete. Weiterhin erzählten mir Feldforscher von zwei unabhängigen Ereignissen, bei denen das Bewegungsunfähigmachen eines wilden Pavians zu einem unmittelbaren Überfall auf das leicht dösige Opfer durch Männchen in der nahen Umgebung führte. In beiden Fällen wurden die Aggressoren durch Forscher verjagt, jedoch nicht bevor ihr Opfer tiefe Leistenverletzungen nahe dem Skrotum erlitten hatte.

Ich war nicht in der Lage, einige andere Mitteilungen über Skrotumverletzungen zu bestätigen. Diese Berichte betrafen Primaten in Gefangenschaft, Schimpansen eingeschlossen. In einer Zeit des Engagements für die Rechte der Tiere haben Laboratorien und Zoos nur ein geringes Interesse, derartige Informationen an die Öffentlichkeit zu bringen. Obwohl ich viele Ideale dieser Bewegung teile, ist es bedauerlich, daß sie auf diese Weise den Informationsfluß unterdrücken. Um die Haltung von Tieren zu verbessern, müssen wir über Erfolge, aber auch über Fehlschläge Bescheid wissen. Glücklicherweise erkennt der Direktor des Arnheim-Zoos, Anton van Hooff, dies voll und ganz an und genehmigte ohne Zögern die Publikation von Details über Luits Tod.

Bei Menschen kann die Kastration durchaus einem praktischen Ziel dienen. Sie wurde vollzogen, um Kastraten mit hoher Singstimme zu schaffen, Frauenschänder zu kurieren und bestimmte Sklaven (die sogenannten Eunuchen) von der Zeugung auszuschließen. Am häufigsten jedoch ist die Verstümmelung der Genitalien ein Akt der Gewalt und Unterdrückung. Die Klitorektomie zum Beispiel, noch immer an Millionen Frauen praktiziert, ist der grausamste Ausdruck männlicher Dominanz. Die Operation zerstört die Fähigkeit zu sexuellem Lustempfinden, wodurch die Macht von Vätern und Ehemännern über Töchter und Ehefrauen zunimmt, die geringere Versuchung verspüren, Abenteuer außerhalb des Hauses zu suchen. Niemand weiß, wie dieser Brauch entstanden ist, aber er könnte als Strafe für ehebrecherische Frauen aufgekommen sein. In ganz ähnlicher Weise bedeuten abgetrennte Genitalien, die in den Mund eines Mafiaopfers gestopft werden, daß der Tote einer bestimmten Frau zu viel Aufmerksamkeit geschenkt hat. Daß sexueller Neid zu Angriffen auf die kritischen Organe führen kann, ist im Falle der Menschen vielleicht nicht überraschend, aber Luits Fall folgt demselben Muster. Ob dies eine bewußte Verbindung auf seiten der Angreifer mit einschloß, bleibt ein Geheimnis.

Andere Gelegenheiten, bei denen Menschen Feinde entmannen, ergeben sich im Verlauf von Kriegen und Staatsstreichen. Ein jüngster Bericht kommt aus Surinam. Fünfzehn Leute, die im Verdacht standen, den Sturz der Junta dieses südamerikanischen Landes zu planen, wurden 1982 hingerichtet. Laut Augenzeugenbericht sind einige von ihnen kastriert worden. Als eine ständige Warnung vor dieser Möglichkeit sind viele Sprachen reich an abschreckenden Ausdrücken, die die männlichen Sexualorgane betreffen. Männer sind vertieft in und in Sorge um ihre »Kostbarkeiten«. Ihre allgemeine Bewertung wird durch die elementare Bedrohung verkörpert, wie in dem folgenden Zitat von James Clavells *Noble House*, wo eine Frau in vulgärem Kantonesisch aggressiv zischelt:

»›Ein Wort von mir, und mein Mann wird dir, wenn du nach der Arbeit weggehst, die lächerlichen Erdnüsse, die du Eier nennst, von deinem widerlichen Wanst abquetschen.‹

Der Kellner, bleich: ›Eh?‹

›Heißen Tee! Bring mir heißen Hurentee, und wenn du reinspuckst, wird dir mein Mann in den Strohhalm, den du Ständer nennst, einen Knoten machen.‹«

Im Gegensatz zur Vorstellung von Konrad Lorenz – in seinem Buch *Das sogenannte Böse* – von den Menschen als den einzigen Säugetieren, die Angehörige der eigenen Art töten, betrachten Biologen die Menschheit als relativ friedfertig. Tod infolge von Gewalttätigkeit innerhalb einer Art ist keine alltägliche Erscheinung im Reich der Tiere, aber es kommt sowohl in der Wildnis als auch in Gefangenschaft vor und nicht lediglich als Folge von Unfällen. In seiner Auseinandersetzung mit diesen neuen Erkenntnissen bemerkt E.O. Wilson, daß todbringendes Verhalten erst entdeckt wird, wenn die Beobachtungszeit, die einer Spezies gewidmet wird, die Tausend-Stunden-Grenze überschreitet. Er vermutet, daß man bei einer menschlichen Durchschnittspopulation viel mehr Beobachtungsstunden investieren müßte, um dasselbe Verhalten wahrzunehmen.

Vielleicht sprechen wir ja gar nicht über dasselbe Verhalten. Manchmal wird argumentiert, daß menschliche Aggression kulturell, tierische Aggression dagegen instinktiv bedingt sei. Dies ist eine falsche Dichotomie. Es ist, als versuche man zu entscheiden, ob Pitbullterrier (verantwortlich für einundzwanzig der neunundzwanzig Tode, verursacht durch Hundeangriffe in den USA zwischen 1983 und 1987) so gefährlich sind, weil ihre Grausamkeit angeboren ist oder infolge der Behandlungsweise durch ihre Besitzer. Unstreitig spielen sowohl die Gene als auch das Training eine Rolle; es ist nur einfach leichter, einen Pitbullterrier in eine Todesmaschine zu verwandeln als einen Golden Retriever. Eine entsprechende Argumentationsweise gilt für die menschliche Aggression. Jedes Kind wird mit dem Potential, aggressives Verhalten zu entwickeln, geboren – und bei einigen Kindern ist dieses Potential wahrscheinlich ausgeprägter als bei anderen –, doch das konkrete Ergebnis hängt von der Umgebung des Kindes ab. Wenn also Ethologen behaupten, daß die Menschen eine aggressive Natur besitzen, dann meinen sie, daß Angehörige unserer Spezies aggressives Verhalten ziemlich leicht erlernen. Dies ist nicht dasselbe, als wenn man sagt, daß das Auftreten von Gewalt und Krieg außerhalb unserer Kontrolle liegt. Es gibt reichlich Spielraum für die Kultur, Einfluß zu nehmen: beides, Gewalttätigkeit und Gewaltlosigkeit können gelehrt werden.

Eine Reihe von Experimenten von Albert Bandura und seinen Mitarbeitern zeigte, daß Kinder bereitwillig Aggression nachahmen. Normalerweise werden Kinder, die in einem Raum mit einer großen Puppe und anderen Gegenständen allein gelassen werden, ruhig spielen. Wenn sie allerdings miterleben, wie ein Erwachsener dieselbe Puppe tritt, schlägt und anschreit, werden die Kinder sie daraufhin heftig verprügeln. Sie werden die Beschimpfungen und die Kampfmethoden des Vorbildes kopieren, eigene aggressive Varianten hinzufügen und andere Spielsachen ihrer Wut aussetzen.

Es gibt unzweifelhaft eine starke Lernkomponente bei aggressivem Verhalten. Das gilt für beide: Menschen und Tiere; Nachahmung von Aggression spielt auch bei Schimpansen eine Rolle. Dies wurde auf erschütternde Weise in dem Zeitraum deutlich, der dem fatalen Kampf in Arnheim folgte. Den ersten Hinweis erhielt ich, als ich einen Angriff des erwachsenen Weibchen Tepel auf Dandy miterlebte, der sie durch wiederholtes Imponiergehabe in ihrer Nähe und durch Schlagen ihres Sohnes, Wouter, provoziert hatte. Als Tepel ihn verjagte, muß sie das schrille Bellen der anderen Weibchen ermutigt haben, denn plötzlich steigerte sie ihr Tempo und bemühte sich, ihn zu packen. Zweimal tauchte sie unter Dandy durch und versuchte, ihn zwischen den Beinen zu

Tepel (*links*) springt über ihren Sohn, um ihn gegen eine Attacke von Dandy (*rechts*) zu verteidigen. Dies ist der Anfang eines Prozesses, in dessen Verlauf Tepel versuchte (außerhalb der Reichweite meiner Kamera), Dandy in die Hoden zu beißen. (Arnheim-Zoo)

beißen. Da Dandy viel schneller als jedes Weibchen ist, hatte Tepel keinen Erfolg. Nichtsdestotrotz machten der schrille Ton von Dandys Kreischen und seine panikartige Flucht deutlich, daß diese Kampfmethode ihn vollkommen überrascht hatte.

In den vielen Jahren, in denen ich die Kolonie beobachtete, habe ich nie einen annähernd ähnlichen Angriff wie diesen gesehen. Tepel, die ihren Schlafkäfig mit Puist teilt, hat möglicherweise die Unter-der-Gürtellinie-Technik gelernt, als sie dem Überfall auf Luit zugeschaut hatte. Der Vorfall mit Dandy fand einen Monat nach Luits Tod statt.

Einige Monate später hatte eines der Weibchen eine ungewöhnliche Verletzung am Bauch. Größe und Form wiesen darauf hin, daß sie durch die scharfen Eckzähne eines erwachsenen Männchens verursacht worden war. Der Gebrauch dieser gefährlichen Waffen gegen Weibchen, außergewöhnlich an sich, war bis dahin auf weniger verwundbare Körperteile wie Rücken und Schultern beschränkt gewesen. Es ist unwahrscheinlich, daß diese Bauchverletzung ein bloßer Unfall war; männliche Schimpansen zeigen unglaubliche Bewegungskontrolle, sogar während der wildesten Kämpfe. Neben den beiden oben geschilderten Fällen hat Otto Adang, mein Nachfolger in Arnheim, drei Kämpfe im Außengehege beobachtet, bei denen Männchen Finger- oder Zehenglieder verloren. Dieser Typus dauerhafter Verstümmelung, auch bei einigen wilden Schimpansen beobachtet, war vor 1980 in unserer Kolonie nicht aufgetreten. Mit der Tötung von Luit scheinen wir eine Schwelle überschritten zu haben, hinter der ein höheres Risiko von verletzender Aggression in Kauf genommen wird.

Wahrscheinlich wurden die Menschenaffen selbst auf diesen gefährlichen Wechsel des sozialen Klimas aufmerksam. Ein Hinweis ist die Intensivierung ihrer Friedensbemühungen. Tine Griede verglich Beobachtungen vor Luits Tod mit jenen danach. Sie hatte Daten sowohl von der Häufigkeit von Versöhnungen als auch die Anzahl der »Verzögerungen«. Eine Verzögerung wurde durch Zählen der Annäherungsversuche ermittelt, die frühere Gegner machten, bevor ein Kontakt zustande kam. Abgebrochene oder zurückgewiesene Versuche sind recht häufig; eine Versöhnung kann mehrerer Annäherungsversuche bedürfen. Tine fand heraus, daß in den Monaten nach dem fatalen Kampf Gegner sich nicht nur häufiger versöhnten, sondern auch auf eine weniger zögernde Art als vorher. Vielleicht waren die Schimpansen genauso geschockt wie ihre Pfleger und fest entschlossen, so etwas nicht noch einmal geschehen zu lassen.

Ich ließ in Arnheim eine spannungsfreie, blühende Kolonie von Schimpansen zurück. 1980, in Luits Todesjahr, gab es keine Geburten, aber gegen Ende des nächsten Jahres hatten wir einen Babyboom: drei Neugeborene und drei Schwangerschaften. Bei zwei Weibchen hatte niemand zu hoffen gewagt, daß sie Junge aufziehen, und doch taten sie es. Spin, die mehrere Male ihre Neugeborenen zurückgewiesen hatte, ohne sie auch nur zu berühren, nahm es 1981 an. Puist, ein maskulin ausschauendes Weibchen, das immer verweigert hatte, sich zu paaren – und statt dessen selbst Weibchen bestiegen hatte –, wurde infolge von Nikkies Hartnäckigkeit schwanger. Sie erwies sich als vollkommene Mutter.

Selbstbewußtsein und Schimpozentrismus

Die gräßlichen Geschichten auf den vorangegangenen Seiten über Gewalttätigkeiten bei Schimpansen stammen aus 25 Jahren intensiver Forschung im Gombe National Park, 20 Jahren in den Mahale Mountains und 15 Jahren im Arnheim-Zoo. Gewalttätigkeit ist nicht der Normalzustand im Leben dieser Menschenaffen. Sie existiert als eine unterschwellige, ständige Bedrohung, aber in 99 Prozent der Zeit sorgen Schimpansen für Ruhe an der Oberfläche. Und wenn Aggression tatsächlich eskaliert, so würde ich zögern, das mit dem Fehlen von friedenstiftenden Bemühungen zu begründen. Frieden ist möglicherweise nicht die bevorzugte Entscheidung unter allen Gegebenheiten, und Schimpansen können bewußt die Alternative wählen.

Im allgemeinen gehen diese Menschenaffen mit Konflikten außerordentlich effizient um. Die Geschichten über Gewalt geben nur zu verstehen, daß Schimpansen zwingende Gründe haben, Beziehungen auszubalancieren. Einige speziell zu diesem Zweck angewandte Verhaltensweisen spielen auf die Gefahren bei gescheiterten Friedensbemühungen an. Zum Beispiel befingern Schimpansenmännchen in Augenblicken leichter Spannung häufig gegenseitig ihr Skrotum, eine Geste, die unter Feldforschern respektlos als »ball-bouncing« (Eier-prahlen) bekannt ist. Gibt es einen überzeugenderen Weg, freundschaftliche Absichten zu signalisieren, als durch Berührung dieser verwundbaren Teile? Das Verhaltensmuster ist auch von einer Reihe menschlicher Kulturen bekannt. Stämme in Neu Guinea etwa bedienen sich einer Begrüßungsgeste, bei der das Skrotum mit einer Aufwärtsbewegung kurz berührt wird. 1977 dokumentierte Irenäus Eibl-Eibesfeldt diese Geste in einer Publikation, die diese Reaktionsweise beschreibt, als er einem sechs Jahre alten Jungen ein Stück Zuckerrohr gab: »Er drückte seine große Freude aus, indem er mir seine rechte Hand von hinten zwischen meine Beine schob und dreimal mein Skrotum durch meine Hosen (hindurch) sanft streichelte. Gleichzeitig schenkte er mir ein strahlendes Lächeln.« Das Küssen ist eine weitere erstaunliche Verhaltensweise. Obwohl seine Botschaft gänzlich verschieden von der des Beißens ist, ähneln beide Verhaltensmuster einander (besonders wenn wir das Küssen auf den Mund ausschließen). Zwischen Küssen und ernsthaftem Beißen gibt es ein ganzes Spektrum von unterdrücktem Beißen, Scheinbeißen (so tun als ob), spielerischem Nagen und Liebesbissen. Ich mag den Gedanken, daß der Kuß durch zunehmende Kontrolle der Emotionen und der Kiefermuskeln von seiner Antithese abstammt. Dies würde den letztlichen Widerspruch beim Friedenstiften repräsentieren, einen, wo die Extreme sich berühren. Wie Eibl-Eibesfeldt spekuliert, hat sich der Mund-zu-Mund-Kuß möglicherweise separat entwickelt, über den Transfer von vorgekauter Nahrung von Mutter zu Kind. Bisweilen sieht man diese Füttertechnik bei Menschenaffen, und ebenso kennt man sie von einer großen Anzahl menschlicher Kulturen, die antike Kultur der Griechen eingeschlossen.

Schimpansen haben die Angewohnheit, ihre Finger oder den Handrücken zwischen die Zähne eines dominanten Gruppenmitgliedes zu stecken. Eine freundschaftliche Geste und auch ein Test des Erregungszustandes des Dominanten, der häufig in zweideutigen Situationen angewandt wird. Ich machte selber Erfahrungen damit, als ich psychologische Experimente an zwei juvenilen Schimpansen an der Universität Nijmwegen durchführte. Jeden Tag verbrachte ich Stunden mit ihnen in einem Raum, und gelegentlich ging mir ihre konstante Bosheit auf die Nerven. Sie bemerkten die leichteste Irritation und eilten herüber, um meinen Mund mit ihren großen Händen auszufüllen.

Natürlich biß ich nie zu, aber in der Arnheim-Kolonie habe ich einige Beispiele erlebt, wo bei Beschwichtigungsversuchen die Finger nicht so sanft behandelt wurden. Fast immer waren junge Schimpansen von drei Jahren oder weniger Opfer solcher Bisse, denn es fehlte ihnen wahrscheinlich die Erfahrung einzuschätzen, ob die Geste verläßlich war oder nicht.

Die große Macht rückversichernder Mechanismen bei Schimpansen hat weitreichende Konsequenzen und verleiht ihrer Sozietät eine besondere Dimension. Gewöhnlich betrachten Primatologen einen einzelnen Affen als dominant, wenn seine Gruppengefährten(-innen) den Weg freigeben, sobald er sich nähert. Dieses einfache Kriterium trifft bei Schimpansen nicht zu. Man kann große erwachsene Männchen sehen, die Kindern und Weibchen aus dem Weg gehen, zumindest wenn Nahrung in der Nähe ist. Es ist nicht üblich, sich gegenseitig Nahrung mit Gewalt wegzunehmen; sogar hochrangige Individuen beanspruchen nicht alles für sich selbst. Sowohl im Freiland als auch in Gefangenschaft erlauben sie anderen, Stücke abzureißen, oder geben ihrem Betteln nach, indem sie einen Teil ihrer Nahrung fallen lassen. Großzügigkeit scheint fast obligatorisch zu sein, denn Rangniedere können sich sehr aufre-

Schimpansen teilen Nahrung untereinander. Ein Bündel Äste, das der Gruppe auf der Feldstation des Yerkes Primate Center in der Nähe von Atlanta gegeben wurde, wird zuerst vom ranghöchsten Männchen beansprucht (*links*). Bald nähern sich andere, um auch ein paar Äste zu ergattern.

gen und einen Wutanfall bekommen, wenn ihre Bitten ignoriert werden. Um derartige unangenehme Szenen zu vermeiden, gehen Nahrungsbesitzer – welchen Status sie auch einnehmen mögen – weg, wenn ein besonders gefräßiger Gruppengefährte(-in) sich nähert. Das Aus-dem-Weg-gehen durch Dominante (Ranghohe) und das Wegnehmen der Nahrung durch Subordinierte (Rangniedere) stehen im genauen Gegensatz zu den üblichen Regeln in Affensozietäten.

Schon 1930 führten Henry Nissen und Meredith Crawford ein Experiment mit jungen Schimpansenpaaren in durch Gitter getrennten, angrenzenden Käfigen durch; eines besaß Nahrung, das andere nicht. Zwischen einigen der Versuchstiere beobachteten sie Drohungen und Einschüchterungsverhalten, aber andere teilten die Nahrung im Verlauf von freundschaftlichen Interaktionen, wie Grooming, spielerisches Kämpfen und sanftes Streicheln der Hände, des Gesichts und der Genitalien des anderen. Die charakteristischste Bettelgeste war die vor dem Nahrungsbesitzer ausgestreckte offene Hand. In Arnheim kann man dieselbe Geste gelegentlich nach Konflikten sehen, als eine Einladung an den Gegner, sich wieder zu versöhnen. Die Ähnlichkeit der Gesten und die Rolle, die ein besänftigender Körperkontakt spielt, weisen auf eine Verbindung zwischen Versöhnung und dem Teilen von Nahrung hin.

Ein anderes Beispiel bei Schimpansen, das einem komplexeren Schema folgt, ist ihr Verhalten bei sexuellem Wettbewerb. Bei den meisten Primatenspezies meiden erwachsene Männchen einander und reduzieren die Anzahl der Kontakte, wenn ein attraktives Weibchen dabei ist. Dagegen versuchen die Arnheimmännchen, diese Spannungen durch gegenseitiges Groomen zu bewältigen; trotz sexueller Rivalität sammeln sich die Männchen lieber, als daß sie sich zerstreuen. Es gibt sogar einige Anzeichen dafür, daß eine Art Handelsgeschäft im Gange ist. Nach einer langen Grooming-Sitzung unter den Männchen kann ein Rangniederer das Weibchen einladen und die Kopulation ohne Einmischung von anderen genießen. Diese Interaktionen vermitteln den Eindruck, daß Männchen die »Erlaubnis« zu einer ungestörten Paarung erhalten, wenn sie den Preis in Grooming-Währung bezahlen. Dieses Phänomen ist als *sexueller Handel* tituliert worden. Diese Möglichkeit sollte uns nicht überraschen, denn Schimpansen sind für ihre Geschäftstüchtigkeit berühmt. Experimentelle Untersuchungen zeigen, daß sich die Fähigkeit ohne irgendein spezielles Training einstellt. Jeder Zootierpfleger, der zufällig seinen Besen im Paviankäfig vergißt, weiß, daß er ihn nur zurückerhält, wenn er den Käfig wieder betritt. Bei Schimpansen ist das einfacher. Zeige ihnen einen Apfel, deute oder nicke in Richtung des Besens, dann verstehen sie den Handel und geben den Gegenstand durch die Gitterstäbe zurück.

Ehe sich eine Spezies vom Prinzip des Rechts und der Privilegien in enger

Korrelation zur Dominanz hin zum Prinzip des Teilens und Handelns entwickeln kann, muß sie Konkurrenz unter Kontrolle bringen. Rangniedere müssen aggressive Ranghöhere bis zu dem Punkt, an dem sie tolerant werden, beruhigen können. Dominante müssen äußerste Selbstsucht kontrollieren, um in den Genuß der Vorteile eines Handelssystems zu kommen. Vielleicht repräsentiert der sexuelle Tauschhandel eine der ältesten Formen von »wie du mir, so ich dir«; eine, in der eine tolerante Atmosphäre über beschwichtigendes Verhalten geschaffen wird. Wir beschäftigen uns hier mit komplexen Sachverhalten, denn offensichtlich gehört mehr als guter Wille dazu. Tiere brauchen auch die Fähigkeit, Kalkulationen und Voraussagen zu machen, bevor es sich als nützlich erweisen kann, auf die kurzzeitigen Vorteile eines exklusiven Besitzes zugunsten von langzeitigen Vorteilen dank gegenseitiger Kooperation zu verzichten.

Diese Fähigkeit ist bei den Menschen hoch entwickelt. Unsere primäre Neigung ist noch, Dinge für uns selbst zu behalten, aber wir bauen auch Verteilernetze und Handelsbeziehungen auf, die jedermann mit einem besseren Geschäft zurücklassen, als es ohne Kooperation erreichbar gewesen wäre. Ungeachtet dessen, was Skeptiker über die menschliche Natur sagen, liegen starke Sanktionen auf offenem, krass selbstsüchtigem Konkurrenzverhalten, sogar in den materialistischsten unserer Gesellschaften. Allgemein lernen die Menschen zu geben und zu nehmen. Unsere komplizierten Gesellschaften wären ohne diese Fähigkeiten undenkbar.

Die dafür erforderliche Intelligenz kann sogar bei einigen Affenspezies beobachtet werden. Untersuchungen von Craig Packer, Barbara Smuts und Ronald Noë an frei lebenden Pavianen zeigen, daß ältere Männchen Koalitionen bilden, um jüngere und stärkere Männchen von brünstigen Weibchen zu verdrängen. Die Kooperation ist häufig reziprok; Sieger entschädigen ihren Teamkameraden, indem sie ihn bei späteren Gelegenheiten unterstützen. Im Gegensatz zu Kooperationen unter Schimpansen, die unzweideutig festlegen, wer der Boß der Gruppe sein wird, dient die Zusammenarbeit unter Pavianmännchen dazu, die Bosse daran zu hindern, zuviel für sich selbst zu beanspruchen. Dauerhafte Folgen für die Rangposition sind gering, was durch die Tatsache sichtbar wird, daß Pavianverbände gewöhnlich von jungen erwachsenen Männchen geführt werden, die ohne Helfer arbeiten; ihr Status basiert auf reiner physischer Stärke und Behendigkeit. Diese Bestandteile des sozialen Lebens bei Primaten – Koalitionen, Konfliktlösungen, soziale Toleranz und strategisches Denken – scheinen eng miteinander verwoben; jeder einzelne stimuliert die Entwicklung der übrigen. Intelligenz unterstützt Kooperation; Versöhnung vermehrt Toleranz; Toleranz ermöglicht es, miteinander zu teilen; die Fähigkeit, Handel zu treiben, geht mit weiterer Intelligenzsteigerung

einher usw. Die ganze Reihe von Fähigkeiten muß sich in einer ununterbrochenen Linie kleiner Schritte gemeinsam entwickelt haben, ein jeder den Weg für den nächsten bahnend. Zweifellos haben Schimpansen mehr Schritte dieser Art zurückgelegt als Affen, aber ich sehe keinen abgrundtiefen Unterschied zwischen ihren geistigen Anlagen. Die sich auch auf materielle Güter erstreckenden Fähigkeiten von Schimpansen zu teilen und zu handeln scheinen eine logische Erweiterung des Austauschs immaterieller Vorteile, z.B. sozialer Begünstigungen zu sein, wie uns aus Affensozietäten bekannt ist. Ich betone die Kontinuität, weil erst kürzlich behauptet wurde, daß ein fundamentaler Unterschied zwischen Affen und Menschenaffen besteht. Entsprechend dieser Theorie, die auf Forschung über Selbsterkennen zurückgeht, besitzen nur Menschenaffen und Mensch ein Bewußtsein. Wir wollen diese These untersuchen.

Wenn sie das allererste Mal mit einem Spiegel konfrontiert werden, so lassen sich alle Primaten täuschen; gemeinschaftlich reagieren sie entweder mit Drohungen oder freundlichen Gesten und versuchen, hinter den Spiegel zu schauen. Im Laufe der Zeit kommt jedoch ein wichtiger Unterschied zwischen Menschenaffen und Affen zum Vorschein. Die meisten Affen fahren fort, ihr Spiegelbild als Gefährten oder als Feind zu behandeln, bis ihr Interesse allmählich schwindet. Im Gegensatz dazu beginnen Menschenaffen, den Spiegel zu benutzen, um Körperteile (Zähne, Hinterteil), die sie normalerweise nicht sehen können, zu inspizieren. Auch amüsieren sie sich, indem sie ihrem Spiegelbild Fratzen schneiden oder sich schmücken (z.B. Gemüse auf ihren Kopf legen). Sie können von diesen Aktivitäten ganz gefesselt werden und bewahren ein lebenslanges Interesse an Spiegeln als Werkzeuge oder Spielgeräte. Wolfgang Köhler war der erste, der dieses eindrucksvolle Phänomen 1925 beschrieb; mehr als vier Jahrzehnte später entwarf Gordon Gallup ein brillantes Experiment, um es zu testen.

Das Experiment bestand darin, eine geruchlose, reizlose Farbe über die Augenbrauen eines betäubten Schimpansen, der schon Erfahrungen mit Spiegeln gemacht hatte, zu streichen. Nachdem er sich erholt hatte, begann der Affe, sobald er sein Spiegelbild sah, den hellen roten Fleck abzureiben und genau zu untersuchen. Nachdem er ihn befühlt hatte, wobei der Spiegel ihm den Weg wies, beroch er seine Fingerspitzen und räumte auf diese Weise alle noch bestehenden Zweifel aus. Er hätte keinen Grund gehabt, seine *eigenen* Finger zu beriechen, wenn er das Spiegelbild als ein *anderes* Individuum, das die roten Flecken berührte, interpretiert hätte. Dieses Experiment bewies, daß

Ein junger Schimpanse spielt mit seinem Spiegelbild. Er starrt es an und zerstört es zuweilen, indem er mit seiner Hand im Wasser planscht. (Arnheim-Zoo)

Schimpansen sich selbst erkennen, was ein Konzept von »Selbst« im Unterschied zum »Anderen« erfordert. Nach vielen Wiederholungen an verschiedenen Primatenspezies ist das bisherige Ergebnis, daß neben den Menschen nur Schimpansen und Orang-Utans eine Beziehung zwischen ihren Spiegelbildern und sich selbst herstellen.

Im Jahre 1982 baute Gallup diese Entdeckungen einen Schritt weiter aus. Nachdem er das Selbsterkennen mit Bewußtsein und Einsicht verknüpft hatte, listete er andere sogenannte empirische Verstandesmerkmale auf. Diese umfassen Empathie, die Eigenschaft, vorsätzlich handeln zu können, vorsätzliche Täuschung – und Versöhnungsverhalten. Tatsächlich treten alle diese Fähigkeiten bei Schimpansen zunehmend mehr in Erscheinung, aber heißt das, daß unsere nächsten Verwandten mit den Worten Gallups »eine kognitive Domäne betreten haben, die sie von den meisten anderen Primaten trennt«?

Gehen wir einen Schritt zurück: Bedeutet die Unfähigkeit, sich im Spiegel wiederzuerkennen, daß die geistigen Fähigkeiten fehlen? Michael Fox hat seine Aufmerksamkeit auf die Tatsache gerichtet, daß Siamesische Kampffische und Sittiche sogar bis zum Punkt physischer Erschöpfung fortfahren, ihre Spiegelbilder anzugreifen, zu umwerben und sogar zu füttern, wohingegen Hunde, Katzen und Affen nach einer Weile deutlich das Interesse verlieren. Laut Fox erkennen diese Säugetiere, daß die wahrgenommene Doppelung von ihnen selbst und einem anderen eine Illusion ist. Ist das nicht ein erstes Zeichen von Selbstbewußtsein?

Nicht alle Affen verlieren das Interesse an Spiegeln. Aziut, ein Langschwanzmakak im Identity Research Institute in Indien, spielt ständig mit Spiegeln. Er lernte spontan, sie zu benutzen, um zu sehen, was Menschen oder Hunde derweil hinter seinem Rücken tun. Er richtete die Spiegel sehr präzise aus, so daß er seinen Kopf wenden kann, um die physische Realität mit dem Abbild zu vergleichen. Auch experimentiert Aziut mit dem sich bewegenden Spiegelbild seiner Hand, während er nach Nahrung greift, und manchmal versucht er, zwei einander zugewandte Spiegel zu halten, indem er den einen mit dem Fuß auf dem Boden und den anderen über seinen Kopf hält. Dies sind nicht gerade die Spiele eines Tieres, das von Spiegelbildern an der Nase herumgeführt wird. Wir wollen noch das Beispiel von den erwachsenen Rhesusaffenweibchen, die im nächsten Kapitel behandelt werden, hinzufügen. Ihr Raum besitzt eine Reihe von sechs großen, spiegelnden Beobachtungsfenstern in Deckennähe, mehr als fünf Meter über dem Boden. Zu jeder Geburtensaison erleben wir, wie Weibchen ihr neugeborenes Baby auf den Boden legen, ein paar Schritte gehen und zielgerichtet auf eines der Fenster emporstarren, indem sie ihren Kopf so bewegen, als ob sie ein bestimmtes Spiegelbild suchen. Dann nehmen sie das Baby wieder auf. Sie beginnen damit innerhalb ein bis zwei Tagen nach der Geburt. In dieses Unternehmen werden alle Fenster einbezogen, ausgenommen dasjenige, hinter dem wir gerade stehen.

Ich kann dieses Verhalten nicht erklären. Vielleicht möchten die Mütter einen Blick auf ihr Kind aus einer Entfernung von mehr als zehn Metern werfen, und zwar ohne das Risiko, es zu weit zurücklassen zu müssen. Nie starren sie auf diese besondere Weise auf die Fenster, wenn sie ihre Babies tragen oder wenn das Junge eines anderen Weibchens sich frei bewegt. Sie scheinen ihr eigenes Verhalten (ihre Neugeborenen auf den Boden zu legen) mit dem Spiegelbild in Verbindung zu bringen. Daß sie den Spiegel nicht wie Schimpansen benutzen, um sich ihr eigenes Spiegelbild anzuschauen, mag davon abhängen, wieviel Interesse Affen an sich selbst im Vergleich zu so attraktiven Geschöpfen wie ihren Neugeborenen haben. Fox spekuliert, daß Menschenaffen und Menschen wohl einfach eine höhere Stufe von Narzißmus erreicht haben.

Ohne den Einsatz von Spiegeln ist es viel schwieriger, Informationen über Selbstbewußtsein zu bekommen. Aber Craig Packer beobachtete im Freiland, daß das übertriebene Imponiergähnen von Pavianmännchen, um aller Welt ihre eindrucksvollen Eckzähne zu zeigen, vom Zustand der Zähne abhängt. Unabhängig von ihrem Alter gähnen Männchen mit kaputten oder abgewetzten Eckzähnen weniger als Männchen mit gesunden, großen Zähnen. Wenn sie jedoch keine anderen Männchen in der näheren Umgebung haben, gähnen Männchen mit verkümmerten Zähnen genauso viel wie die übrigen. Packer spekuliert nicht über die Psychologie dieser Gähnhemmung, aber ich wette darauf, daß sie mit einer Form des Selbstbewußtseins einhergeht.

Kurzum: Die Unterschiede im Bewußtsein zwischen Schimpansen und den meisten anderen nichtmenschlichen Primaten scheinen graduell und nicht fundamental zu sein. Die zunehmende Tendenz, die beeindruckenden geistigen Fähigkeiten von Schimpansen auf ein Podest zu stellen, ist von Benjamin Beck als schimpozentrisches Vorurteil bezeichnet worden und ist ebenso irreführend wie der Anthropozentrismus. In den vergangenen paar Jahrzehnten haben Schimpansen Linguisten, Psychologen, Anthropologen und Philosophen frustriert, die simplifizierende Definitionen der menschlichen Einzigartigkeit suchten. Genau wie Menschen und Menschenaffen viele psychologische und geistige Merkmale teilen, so existiert ein Kontinuum zwischen ihnen und der übrigen Primatenreihe. Das gilt für alle möglichen Merkmale, das Versöhnungsverhalten eingeschlossen. Bevor ich Versöhnung als »Verstandesmerkmal« betrachte, das nur bei Hominoiden vorkommt, würde ich erwarten, es in jeder Spezies zu finden, die in gemeinschaftlichen Gruppen mit Langzeitbeziehungen lebt, die es wert sind, nach Streitigkeiten wieder hergestellt zu werden. Die einzigen wirklich notwendigen Fähigkeiten sind individuelles Wiedererkennen und ein gutes Gedächtnis; beide sind bei vielen sozial lebenden Tieren vorhanden, angefangen bei Hyänen bis zu Elefanten, von Delphinen zu Zebras.

Vor diesem Hintergrund mache ich mich nun auf, die Friedensstrategien von Affen zu untersuchen.

3. Kapitel
Rhesusaffen

> Der Kommentar eines Florentiner auf die Frage, ob es besser ist, geliebt oder gefürchtet zu werden: »Ich erwidere, man sollte beides anstreben, das eine und das andere; aber da es schwierig ist, sie zu vereinen, ist es viel sicherer, gefürchtet, als geliebt zu werden, wenn man auf eines der beiden verzichten muß.«
>
> *Niccolò Machiavelli*

Bevor die indische Regierung die Flut Zehntausender von Rhesusaffen in die Laboratorien des Westens unterband, erreichte 1972 eine der letzten Gruppen, die eingefangen und in die Vereinigten Staaten verschifft wurde, das Wisconsin Regional Primate Research Center in Madison. Seit jener Zeit wurden die Affen öffentlich im Vilas Park Zoo zur Schau gestellt und standen zu unserer Verfügung. Die Gruppe wird für Verhaltensstudien und zur Züchtung eingesetzt. Es gibt viele Zuchtkolonien in der ganzen Welt, weil der Rhesusaffe noch der verbreitetste Primat für Laboratorien bleibt. Aus dieser ausdauernden Spezies wurde der erste »Mann« im Weltraum rekrutiert. Wir alle besitzen unsere Rhesus-Blutfaktoren, benannt nach der Spezies. Und hätte es keine Forschung an diesen Affen gegeben, so würde die Menschheit noch an den verheerenden Folgen durch Polio leiden.

Matriarchate und Matrilinien

Die Gruppe in Madison stammte aus Uttar Pradesh, einem Staat im Norden Indiens in der Nähe des Himalaya, wo 90 Prozent der Affen sich in den Dörfern der Menschen, Städten, entlang der Straßenränder und in Hindu-Tempeln aufhalten. Seit Jahrhunderten haben Rhesusaffen in engem Kontakt mit Menschen gelebt, und es ist schwer zu sagen, was ihr »natürliches« Habitat ist. Deshalb erscheint es mir angemessen, die Hauptmerkmale ihrer sozialen Organisation vorzustellen, indem wir uns ein verlassenes Dorf vorstellen, das von Affen übernommen wird.

Dieses fiktive Dorf besitzt eine einzige Straße mit einer Reihe von Häusern, sagen wir, durchnumeriert von 1 bis 10. Jedes Haus ist im Besitz einer Matriarchin, eines älteren Weibchens, dessen Töchter selber Kinder haben. Die gesamte weibliche Linie (Töchter, Enkeltöchter und Urenkeltöchter) wohnen

in Großmutters Haus. Söhne spielen eine Nebenrolle. Sie beginnen schon in jungen Jahren, das Haus zu verlassen, um mit Altersgenossen zu spielen und sich an die wenigen großen Männchen des Dorfes anzuhängen. Wenn sie die Adoleszenz erreichen, tendieren Söhne dazu, das Dorf ganz und gar zu verlassen. Auch erwachsene Männchen kommen gewöhnlich von benachbarten Dörfern und haben zu keiner der Weibchenfamilien eine Verbindung. Das Kommen und Gehen der Männchen hängt von ihren konkurrierenden Kämpfen untereinander und auch vielleicht ihrem Ansehen bei der Weibchengemeinschaft ab. Wenn ansässige Männchen von Männchen außerhalb des Dorfes herausgefordert werden, haben die Weibchen die Wahl, entweder den Status quo zu bewahren oder die Neuankömmlinge zu unterstützen. Erfolgreiche Männchen können durchaus die Straße mit erhobenem Schwanz auf und ab stolzieren und eine Menge Respekt von jedermann/-frau erfahren, aber das Dorf ist im wesentlichen eine Domäne der Weibchen.

Die Matriarchin von Haus Nr. 1 beherrscht die weibliche Population mit eiserner Hand. Jede ihrer Töchter wird dominant über die restlichen Weibchen der Straße sein. Dieser Prozeß beginnt in einem frühen Alter, so daß es nicht ungewöhnlich ist, ein voll ausgewachsenes Weibchen, das von einem sehr kleinen gejagt wird, zu sehen. Wenn das ältere Weibchen wagt zurückzuschlagen, kreischt das Jüngere laut, um ihre Verwandten zu mobilisieren. Dieser Mechanismus funktioniert über die volle Länge der Straße. So stehen alle Weibchen von Haus Nr. 7 hinter ihren Abkömmlingen und folglich in Konfrontation mit den Einwohnern der Häuser 8, 9 und 10. Das Ergebnis ist eine von Generation zu Generation überlieferte *Statustradition* unter den Weibchen. Einige Weibchen werden gleich mit dem entsprechenden silbernen Löffel im Mund geboren, andere nicht.

Was das Dorf anscheinend zusammenhält, das sind die guten Beziehungen zu den Nachbarn. Mitglieder benachbarter Haushalte verbringen gemeinsam mehr Zeit als Weibchen, deren Häuser weiter entfernt liegen. Es gibt natürlich Ausnahmen. Einige ranghohe Weibchen haben gute Freundinnen entlang der Straße, aber im Durchschnitt besteht zwischen Weibchen mit ähnlichem Status mehr Kontakt. Genauso wichtig ist gleiches Alter; Weibchen derselben Altersstufe verkehren lieber mit ihresgleichen. Diese Tendenz ist so auffallend, daß wir vom »Altweibernetz« sprechen.

Diese Dorfanalogie ist schrecklich irreführend, da es fast natürlich anmutet, daß Affenweibchen einem gewissen »Haus« angehören und »Nachbarn« untereinander eine Menge Kontakte haben. In Wirklichkeit gibt es keine

---

Jeder Rhesusaffe hat ein anderes Gesicht und eine einzigartige Persönlichkeit. Dieses junge erwachsene Weibchen heißt Thistle. (Wisconsin Primate Center)

Reihe von säuberlich durchnumerierten Häusern. Was wir sehen, ist eine große Anzahl von Affen, die unaufhörlich umhergehen und -rennen. Auf irgendeine Weise haben sie die Verwandtschaftsgruppe, der jedes Individuum über mehrere Generationen angehört, herausgefunden. Ebenso sind sie sich der hierarchischen Position ihrer eigenen Verwandtschaftsgruppe in bezug auf die übrigen bewußt.

Matrilineare Hierarchien wurden um 1950 von Shunzo Kawamura, Masao Kawai und anderen japanischen Wissenschaftlern entdeckt, die die heimischen rotgesichtigen Makaken (volkstümlich als die Affen bekannt, die »nicht hören, nicht sehen, nicht sprechen«) erforschten. Es gibt viele verschiedene Makakenspezies, der Rhesusaffe ist eine von ihnen. Matrilineare Hierarchien sind jedoch nicht auf das Genus *Macaca* begrenzt; sie wurden auch bei Pavianweibchen und Meerkatzen beschrieben. Man beachte den enormen Unterschied zu der sozialen Organisationsform bei Schimpansen. Schimpansenweibchen organisieren sich nicht in kohäsiven Gruppen mit einer eindeutigen Hierarchie. Schimpansen besitzen ein patriarchalisches System, in dem Männchen den stabilen Kern bilden und die heranwachsenden Weibchen wegziehen. Im Vergleich dazu sind Rhesusaffen eine, wie man sagt, durch Weibchen verbundene Spezies. Junge Weibchen verbleiben bei ihren Müttern und Schwestern, um sich lebenslang in eines der straffsten und kompliziertesten sozialen Systeme, die aus dem Tierreich bekannt sind, zu integrieren.

Rangtransfer

Nach meiner Ankunft in Madison begann ich unmittelbar mit der Identifizierung der Affenindividuen am Primatenzentrum. Diese Aufgabe ist vergleichbar mit der eines Schullehrers, der eine neue Klasse kennenlernt. Der einzige Unterschied besteht darin, daß ich alle Namen selbst erfinden mußte. Jedes in der freien Wildnis geborene Weibchen erhielt einen Namen mit unterschiedlichem Anfangsbuchstaben. Diese Weibchen sind die Begründerinnen der Matrilinien; ihr Alter schwankt zwischen 15 und vielleicht 30 Jahren. Den Nachkommen jeder Matriarchin wurden Namen mit demselben Anfangsbuchstaben gegeben. Nehmen wir zum Beispiel die Abstammungslinie Nr. 1: Orange, benannt nach ihrer leuchtenden Fellfarbe, steht an der Spitze, und ihr folgen ihre Töchter Ommie und Orkid und ihre Enkel Oona, Ochre und Oyster. Wir nennen sie die O-Familie oder einfach die Os. Aber vergessen wir nicht, daß sich das Wort »Familie« auf eine Verwandtschaftseinheit von erwachsenen Weibchen plus ihrer abhängigen Nachkommenschaft bezieht; es hat wenig mit der menschlichen Kernfamilie zu tun. Anders als ein Feldforscher, der sich aufmacht, hatte ich den enormen Vorteil, daß jeder Affe mittels einer Nummer auf seiner Brust markiert worden war – und detaillierte Aufzeichnungen vorlagen, die es mir ermöglichten, Blutsverwandtschaften über drei Generationen zurückzuverfolgen.

Es ist einleuchtend, daß in unserer Madisongruppe die Rangpositionen der Töchter von denen der Mütter abhängen. Mit fast vollständiger Sicherheit können wir voraussagen, welche Position in der Hierarchie ein neugeborenes Weibchen einnehmen wird, wenn sie das Erwachsenenalter erreicht. Anscheinend spielt die Genetik keine große Rolle bei der »Vererbung« eines Ranges. Es ist eine unzweifelhafte Tatsache, daß Hierarchien unter Makakenweibchen praktisch unabhängig von Gewicht, physischer Ausstattung und anderen Kennzeichen kämpferischer Fähigkeiten sind. Die Statustradition ist vornehmlich eine soziale Institution. Jugendliche Mitglieder hochrangiger Abstammung benehmen sich nur dominant, wenn ihre Verwandten in der Nähe sind; ihr Rang ist eher von der Präsenz von Helfern abhängig als von irgendwelchen angeborenen Prädispositionen.

Ein weiterer Anhaltspunkt für die Bedeutung sozialer contra genetischer Faktoren wird beim Babytausch deutlich, der am Wisconsin Primate Center praktiziert wird, um Inzucht zu verhindern. Gelegentlich führen wir einer Gruppe frisches Blut zu, indem wir das eigene Baby eines Weibchens mit einem anderen zur selben Zeit im Center geborenen vertauschen. Wenn das innerhalb der ersten paar Tage mit Babies desselben Geschlechts geschieht, entstehen keine Probleme. Zur Zeit leben drei Affen im Erwachsenenalter in der Rhesusgruppe. Jeder besitzt den Status, den man für die legitimen Nachkommen vorausgesagt hätte. Ein Junges, Orkid genannt, wurde vom Alphaweibchen Orange adoptiert und ist jetzt das zweitranghöchste Weibchen der Gruppe. Junge Weibchen müssen Schlachten schlagen, bevor sie sich auf der vorherbestimmten Rangstufe ausruhen können. Es ist keine leichte Aufgabe, den Widerstand der schwereren und stärkeren erwachsenen Weibchen von rangniederer Abstammung zu brechen. Die Jungen erhalten durchweg die notwendige Hilfe durch Verwandte, aber es wird auch deutlich, daß die Weibchengemeinschaft als Ganzes das Verwandtschaftssystem unterstützt. Jeffrey Walters fand bei seiner Feldforschung an Pavianen, daß heranwachsende Weibchen nicht nur von Verwandten Rückendeckung bekommen, sondern auch von Stammlinien, die oberhalb ihrer eigenen rangieren. Er bemerkte, daß sich »Tiere außerordentlich sträubten, gegen die bestehende oder mutmaßliche Hierarchie zu intervenieren«. Hier haben wir einen interessanten Unterschied zu Menschen und Schimpansen, die sich doch oftmals für den Unterlegenen einsetzen. Auf diese Weise wird einiges an der »Ungerechtigkeit« zurechtgerückt, die hierarchischen Systemen eigen ist, und in Richtung auf eine flexiblere, demokratischere Struktur gelenkt. Im Vergleich dazu ist die Gesellschaft der Rhesusaffen bemerkenswert undemokratisch.

Hilfe von »außerhalb des Hauses« ermöglicht jungen Weibchen, die ihre Mutter verloren haben, ihren vorgesehenen Rang, so als habe diese überlebt, zu behaupten. Walters schildert einige Beispiele, und wir besitzen ebenfalls eins. Ropey ist das einzige in Gefangenschaft geborene Affenweibchen ohne irgendwelche Verwandte in der Gruppe. Noch bevor sie drei Jahre alt wurde, starb ihre Mutter. Nichtsdestoweniger hat sie denselben hohen Rang erreicht, den ihre Mutter innehatte, geradewegs unter der einflußreichen O-Familie. Wie hat sie das geschafft? Jedenfalls nicht mittels physischer Stärke; Ropey ist nur wenig schwerer als 5 kg, wohingegen einige von ihr dominierte Weibchen 9 kg oder mehr wiegen. Wir vermuten, daß ihre Position auf der Rückenstärkung durch die Familien O und B basiert, die unmittelbar unter ihr rangieren. Jemand, der Ropeys Geschichte nicht kennt, würde sie irrtümlich für das Oberhaupt der B-Familie halten, weil sie enge Bindungen an sie hat. Ropey und Beatle, das wirkliche Oberhaupt, sind unzertrennliche Freundinnen, die mehr Zeit miteinander verbringen als irgendeine andere Schwesternkombination in der Gruppe.

Man könnte Ropeys hohe Position auch mit genetischen Einflüssen erklären; zum Beispiel hat sie möglicherweise die starke Persönlichkeit ihrer Mutter geerbt. Doch wie schon oben begründet worden ist, glaubt die Mehrzahl der Primatologen, daß das soziale Umfeld fast alle Antworten auf die Frage des Rangtransfer unter weiblichen Makaken bereithält; Zuchtexperimente sind notwendig, um die Bedeutung genetischer Faktoren zu prüfen. Das sind Langzeitprojekte, von denen etliche derzeit laufen. Den Ergebnissen wird ängstlich entgegengesehen, denn die »Hypothese vom blauen Blut« verläuft ziemlich kontrovers – und nicht nur innerhalb der Biologie.

Stufen der Aggression

Aggression ist ein deutlich sichtbarer Zug im Sozialleben der Rhesusaffen. Sie ist Teil ihres hitzköpfigen, streitsüchtigen Temperaments. Häufigkeit und Wildheit der Attacken unter diesen Tieren sind erstaunlich. Wildlebende Rhesusaffen weisen Narben, Kratzer, ausgefranste Ohren, verstümmelte Finger und andere Spuren heftiger Kämpfe auf. Irwin Bernstein und seine Mitarbeiter am Yerkes Regional Primate Research Center in Atlanta berichteten über ihre Rhesusgruppe von einem Durchschnittswert von achtzehn aggressiven Handlungen pro Affe über eine zehnstündige Beobachtungszeit.

Die Gruppe lebt in einer Feldstation in einem weiträumigen offenen Gehege, flächenmäßig zwanzigmal größer als der Affenkäfig in Madison. Die

Unter Rhesusaffen stellt physische Gewalt nicht wie bei den meisten anderen Primaten eine Ausnahme dar. Ein ranghohes Weibchen beißt ihr Opfer in den Rücken, während sie es auf dem Fütterungsboden festhält, der mit Affenfutter übersät ist. (Wisconsin Primate Center)

Anzahl der Affen unserer Gruppe ist geringer, und unser Käfig besitzt eine mehr vertikale Struktur; dennoch ist die Populationsdichte viel höher als in der Yerkes-Gruppe. Wir beobachteten unsere Affen mit ähnlichen Methoden und fanden exakt dieselbe Aggressionsrate von achtzehn Handlungen über zehn Stunden. Als wir den Vergleich auf physische Aggressionsformen begrenzten (Schlagen, Grapschen, Beißen), stellten wir ebenfalls keinen Unterschied fest.

Diese Ähnlichkeit in den Aggressionsgraden trifft sogar für freilebende Rhesusaffen zu. Jane Teas und ihre Kollegen untersuchten eine Population von fast siebenhundert Affen, die die Anlagen von zwei alten Tempeln in Kathmandu, Nepal, durchstreifen und sich von den zurückgelassenen Spenden der Pilger ernähren. Die Forscher analysierten ihre Daten hinsichtlich des Geschlechts und berichteten von sechzehn aggressiven Handlungen über zehn Stunden, ausgeführt vom Durchschnittsweibchen, und von achtunddreißig beim Durchschnittsmännchen. Lediglich eines unserer Männchen erreicht diesen hohen Grad, und der Durchschnittswert der Weibchen in unserer Gruppe kommt dem von Teas ermittelten sehr nahe. Die Übereinstimmung in den Ergebnissen der drei Studien ist fast zu schön, um wahr zu sein. Doch die Methoden, Verhalten von Affen zu dokumentieren, sind so gut standardisiert, daß ich dem Ergebnis vertraue, selbst wenn es die allgemeine Vorstellung über die Folgen von Überbevölkerung vollkommen widerlegt. Anscheinend hat in stabilen, mit Nahrung versorgten Gruppen eine räumliche Beschränkung *überhaupt* keinen Einfluß auf Aggression. Die Schlußfolgerung ist, daß Gruppenleben eine bestimmte Anzahl von Reibereien unter Rhesusaffen bewirkt, ob sie nun im freien Feld, in einem geräumigen Gehege oder in einem Käfig leben.

Ohne Frage trifft dies nur innerhalb vernünftiger Grenzen zu; wenn Affen eng zusammengepfercht werden, wird Aggression zwangsläufig außer Kontrolle geraten. Doch dies ist in Madison nicht der Fall. Hier leben schätzungsweise fünfzig Affen auf einer halbkreisförmigen Fläche von 100 qm, erweitert durch ein hohes Felsmassiv. Die größte Entfernung von einem Punkt zum anderen beträgt 15 m, die maximale Höhe 6 m. Im selben Gebäude sind noch drei weitere Affengruppen untergebracht, und Fenster auf der zweiten Etage verschaffen den Forschern einen Einblick von oben. Unser Beobachtungsprogramm ist umfassend. Es beinhaltet das Erstellen von Langzeitprotokollen globaler Verhaltenskategorien, wie z.B. Grooming und Koalitionen. Am zeitaufwendigsten ist die Aufnahme von Hunderten sogenannter *gezielter Beobachtungen*, wobei wir uns auf ein Individuum für eine gewisse Zeit konzentrieren und alle seine oder ihre sozialen Interaktionen auf einem Kassettenrecorder festhalten.

Die Tierbeobachtung macht nur einen Teil unserer Arbeit aus. Die Beobachtungen müssen in Computerdaten übertragen und in Tabellen und Graphiken zusammengestellt werden, bevor sie interpretiert werden können. Auch die Verhaltensforschung hat ihre langweilige Seite, genauso wie jeder andere Zweig der Naturwissenschaften. Wenn wir mehr als eine Gruppe beobachten, erkennen Lesleigh Luttrell und ich gut über hundert Tiere individuell. Die Nummern auf der Brust sind während der Beobachtung nicht sehr hilfreich; sie sind bei den sich bewegenden und zusammenkauernden Affen nicht zu lesen. Wir halten die Affen durch Unterschiede im Gesicht, in der Größe und Farbe auseinander. Ich weiß, daß für viele Menschen alle Affen gleich ausschauen, doch je vertrauter man mit ihnen wird, um so mehr Unterscheidungsmerkmale nimmt man wahr.

Die Reproduktionszyklen der Rhesusaffen, sowohl in der natürlichen Umgebung als auch in Gefangenschaft, stimmen zu verschiedenen Jahreszeiten überein. Von September bis Dezember werden alle Weibchen brünstig, erkennbar an der scharlachroten Farbe der Haut an Hinterteil und Beinen. Dies ist eine sehr ereignisreiche Zeit für beide Geschlechter. Das Alphamännchen, Spickles, verliert in jeder Paarungssaison an Gewicht, es fällt innerhalb von 4 Monaten von 13 auf 9 kg. Er ist ein großartiges altes Männchen von vielleicht 25 Jahren, das sich normalerweise langsam fortbewegt und an kalten, feuchten Tagen an Arthritis zu leiden scheint. Zur Paarungssaison versucht er aber, ein wachsames Auge auf alles, was gerade passiert, zu haben und, als ob das noch nicht genügt, umwirbt er die im benachbarten Gehege lebenden Weibchen auch noch. Er beobachtet sie von unterhalb der Tür aus und wirft ihnen, die Lippen geschürzt, besonders schmachtende Blicke zu.

Aggression tritt zu allen Jahreszeiten auf. Männchen werden zu Konkurrenten in der Paarungszeit. Mütter verteidigen Kinder zur Geburtenzeit. Einjährige sind gezwungen, erwachsen zu werden, wenn ihre neuen Geschwister geboren werden, und sie beginnen Weibchen aus rangniederen Familien* herauszufordern. Man kann sich ausrechnen, was eine Rate von 18 aggressiven Akten pro Affe über 10 Stunden für eine Gruppe von fünfzig Individuen

* Es sollte vermerkt werden, daß die in diesem Buch behandelten Primatenspezies sich in ihrer Entwicklungsgeschwindigkeit dramatisch unterscheiden. Die *Kindheit*, eine Periode totaler Abhängigkeit von der Mutter bezüglich Nahrung und Transport, dauert schätzungsweise ein Jahr bei Makaken im Vergleich zu ungefähr fünf Jahren bei Menschenaffen, wie Schimpansen und Bonobos. Das spielerische Stadium der *Juvenilität* dauert bis zum Alter von drei Jahren bei Makaken gegenüber acht Jahren bei Menschenaffen. Dann folgt die *Adoleszenz*, eine Zeit der Geschlechtsreifung und wachsender Unabhängigkeit, die in ihrer Länge großen individuellen Schwankungen unterliegt. Wenn wir die voll ausgewachsene Körpergröße als Kriterium für *Erwachsensein* akzeptieren, so erreichen Makaken diese Stufe mit schätzungsweise sieben Jahren, Menschenaffen mit ca. sechzehn Jahren. Die reproduktiven Fähigkeiten sind jedoch schon einige Jahre vorher voll entwickelt.

bedeutet: nämlich eineinhalb Akte pro Minute. Dieses Bild muß jedoch eingeschränkt werden. Erstens tritt Aggression gewöhnlich explosionsartig auf, wobei sofort viele Individuen einbezogen werden. Es gibt lange Zeitabschnitte ohne Zankereien in der Gruppe und dann einige Augenblicke lang massive Aktivität.

Diese komplexen Ausbrüche, wie Umherjagen und Kreischen, ergeben für das ungeübte Auge keinen Sinn, und doch werden sie im höchsten Maße durch die bestehende Hierarchie und das Netz unterstützender Beziehungen strukturiert. Zweitens bestehen die meisten aggressiven Akte aus bloßen Drohungen. Angriffe von extremer Heftigkeit, einschließlich wütender Beißereien, kommen durchschnittlich einmal alle drei Stunden vor.

Der Rhesusaffe kennt zwei Arten zu drohen. Die eine – mit weit aufgerissenem Maul und starrblickenden Augen – wird im allgemeinen von hochangesehenen Dominanten angewandt. Die andere – mit angelegten Ohren und vorgestrecktem Kinn – zeugt von weniger selbstsicherer Natur. Begleitet von lautem Grunzen ist es typisch für herausfordernde Heranwachsende. Die Reaktion, insbesondere auf den ersten Drohtyp, ist meistens die Flucht. Außerdem kreischen Rangniedere vor Angst, wobei sie ihre bloßen Zähne zeigen. Diese Grimasse kann auch schweigsam verlaufen. Es mag uns wie ein freundliches Grinsen erscheinen, statt dessen ist es ein sehr nervöses. Dieses Signal ist typisch für Rangniedere, wenn sich ihnen ein(e) Ranghöhere(r) nähert.

Der Ausgang von Kämpfen und konkurrierenden Auseinandersetzungen ist vorhersagbar, jedoch nicht mit Bestimmtheit. Ein Individuum, das die meiste Zeit gegen einen bestimmten Gegner gewinnt, kann aus diesem Grund als dominant bezeichnet werden, aber es gibt Ausnahmen. Umkehrungen werden gewöhnlich durch einflußreiche dritte Parteien ins Spiel gebracht. Wenn z.B. ein Weibchen sexuell attraktiv wird, kann ein befreundetes Männchen sie gegen Weibchen, die sie normalerweise dominieren, unterstützen. Der grinsende Gesichtsausdruck ist dagegen *vollkommen* konsistent in seiner Richtung zwischen Individuen. Wenn in einer bestimmten Zeiteinheit A zu B hingrinst, wird B während derselben Zeit niemals zu A hingrinsen. Um auf ein Signal hin immun für Schwankungen in der sozialen Situation zu sein, muß es auf etwas Fundamentalem basieren. Nach meiner Interpretation wird dieser Gesichtsausdruck eingesetzt, um sich zu der bestehenden Hierarchie zu bekennen. Ein bestimmtes Individuum mag eine von zehn Konfrontationen mit einem anderen gewinnen, aber beide wissen sehr wohl, was die Norm und

---

Zwei sechs Monate alte Affen. Da Rhesusaffen jeweils gleichzeitig gebären, haben ihre Jungen immer Spielgefährten desselben Alters. (Wisconsin Primate Center)

was die Ausnahme ist. Der Affe, der meistens verliert, schätzt seinen oder ihren Rang als untergeordnet ein und teilt dies durch unterwürfiges Grinsen mit, wann immer er (sie) dem (der) andere(n) begegnet.

Wir benutzen die Richtung dieses auffallenden Signals als Kriterium der formalen Rangordnung. Es ist offensichtlich, daß Dominanz und Macht gewöhnlich in denselben Händen liegen. Unter Rhesusaffen gibt es nicht annähernd so viel Platz für soziale Manipulation und Einfluß von unten wie in der Hierarchie der Schimpansen. Kaum ein Primat, vielleicht kaum ein Säugetier, setzt Rangunterschiede so rigide durch wie die Rhesusaffen. Dominante bemerken den leisesten Ungehorsam, die geringste Auflehnung und tadeln den Unbotmäßigen mittels einer Drohung oder Bestrafung durch einen Angriff. Zweifellos stimmen sie Machiavelli zu, daß, wenn eine Entscheidung notwendig ist, es vorteilhafter ist, gefürchtet, statt geliebt zu werden. Ich habe sogar gehört, daß Rhesusaffen wegen ihrer Rigorosität in diesen Dingen als die »Hühner der Primatenwelt« bezeichnet werden. Nichtsdestoweniger werden Untersuchungen, die nur ihre Hackordnung in den Mittelpunkt stellen, der Spezies nicht gerecht.

Daß Rhesusaffen nicht nur garstig sind, wird durch ein Experiment von den Psychiatern Jules Masserman, Stanley Wechkin und William Terris belegt. Einigen Affen wurde beigebracht, an Ketten zu ziehen, um Nahrung zu erhalten. Nach Erlernen dieser Reaktion wurde ein anderer Affe in einem benachbarten Käfig untergebracht; jetzt verursachte das Ziehen der Kette zudem, daß der Nachbar einen elektrischen Schlag erhielt. Die meisten Affen verzichteten lieber auf das Ziehen an der Kette und die anschließende Nahrungsbelohnung, als ihren Kameraden leiden zu sehen. Manche gingen sogar so weit und fasteten fünf Tage lang. Die Forscher stellten fest, daß dieses Opfer bei denjenigen Individuen wahrscheinlicher ist, die selbst einmal in der unglücklichen Position des anderen Affen gewesen waren.

Dieses Ergebnis kann Stanley Milgrams berühmten Experimenten gegenübergestellt werden, bei denen Menschen anderen Menschen elektrische Schläge versetzten. Sie erhielten die Aufgabe, Mitversuchspersonen bei unrichtigen Antworten auf Testfragen zu bestrafen. Die Opfer waren nicht wirklich mit elektrischem Strom verbunden, sonst hätten sie wohl nicht überlebt. Dennoch täuschten sie Protest vor, jammerten, trommelten gegen die Wände oder bettelten um Abbruch der Prozedur. Wie sich herausstellte, sind

---

Die typische Drohgebärde von Rhesusaffen: geöffneter Mund und aufgestellte, vorwärtsgerichtete Ohren. Diese beiden Weibchen, die in einem Außengehege auf einer Farm in Wisconsin gehalten werden, verteidigen ihren Schlafkäfig (im Hintergrund) gegen einen sich nähernden Menschen.

Ein juveniler Rhesusaffe der Wisconsingruppe (*gegenüberliegende Seite*) grinst ein furchteinflößendes erwachsenes Männchen an. Man hat spekuliert, daß dieser Gesichtsausdruck als Reaktion auf schädliche Stimuli durch Einziehen der Lippen entstand. Der Originalreflex wird (*oben*) an einem Pavian gezeigt, der einen Kaktus frißt. (Gilgil, Kenia) In sozialen Situationen signalisiert das Grinsen Unterwerfung und Angst; es ist der verläßlichste Indikator für niederen Status unter Rhesusaffen. Bei anderen Spezies, wie den Menschen und Menschenaffen, entwickelte sich dieser Gesichtsausdruck zum Lächeln, ein Signal der Beschwichtigung und Zugehörigkeit, auch wenn ihm noch ein Element der Nervosität anhaftet.

viele Menschen bereit, anderen elektrische Schläge bis zu einigen hundert Volt, mit der Aufschrift DANGER, ERNSTLICHER SCHLAG auf dem Generator, zu verabreichen. Der Unterschied zu der Rhesusstudie ist, daß die menschlichen Versuchspersonen irregeführt worden waren: Ihnen war erzählt worden, daß es das Ziel sei, die Wirkung von Bestrafung auf das Gedächtnis der anderen Person zu untersuchen, wohingegen die tatsächliche Absicht war festzustellen, wie gehorsam sie selbst waren. Der Versuchsleiter war ständig anwesend und fungierte als Autorität. Die Menschen taten einfach das, was von ihnen verlangt wurde, und halfen bei der Untersuchung mit. Bald wurde dieser Test als Eichmann-Experiment bekannt, benannt nach dem Nazi, der Hunderttausende Juden ermorden ließ, aber behauptete, er sei nur ein Werkzeug in den Händen anderer gewesen.

Wir neigen dazu, das Ausmaß zu unterschätzen, in dem Rang und Autorität unser Verhalten beeinflussen. Jedes Jahr beschreibt Elliot Aronson seinen Psychologiestudenten Milgrams Experiment und fragt sie, ob sie gehorchen würden. Nur 1 Prozent geben an: ja, sie würden; ein Wert, ungefähr sechzigmal geringer als der, der in den Untersuchungen von Milgram und anderen festgestellt wurde. Aronson folgerte, daß Worte und Taten nicht immer übereinstimmen, anstatt vielmehr zu glauben, daß seine Studenten besser seien als der Rest der Menschheit.

Die explorative Phase

Einige moderne Lehrbücher vermitteln den Eindruck, daß Wissenschaft mit einer Batterie von Hypothesen beginnt, die objektiv auf Akzeptanz oder Ablehnung überprüft werden. Ich glaube, daß Wissenschaft mit Faszination und Wundern anfängt. Charles Darwin segelte nicht auf der *Beagle*, um eine Theorie zu testen; er kehrte mit den Zutaten dafür zurück. Die explorative Phase, wie sie genannt wird, ist unentbehrlich für kreative Forschung. Die ersten Aufgaben eines Ethologen, der mit der Erforschung einer unbekannten Spezies beginnt, sind: der Versuch, ihr nahezukommen; auf ihrer Stufe zu denken; und, wie der Meister der Beobachtung, Konrad Lorenz, betont, die neue Spezies auch wirklich zu lieben. Im Jahr 1981 wurde ich »Rhesus positiv« und verbrachte Monate damit, mich in den hektischen Lebensstil dieser Primaten zu vertiefen.

Was mir nach Jahren der Schimpansenbeobachtung am meisten auffiel, waren die Geschwindigkeit und die Gradlinigkeit des Verhaltens der Rhesusaffen. Bei den Menschenaffen gibt es eine deutliche Verzögerung zwischen

Impuls und Handlung. Schimpansen tasten die gesamte Situation sorgfältig ab, bevor sie sich in Bewegung setzen. Sie scheinen auch ihre Absichten zu verdecken, was ihnen den Ruf der Unberechenbarkeit und Arglist einbrachte. Das trifft für Rhesusaffen nicht zu; ihre Emotionen spielen sich weitgehend an der Oberfläche ab. Rhesusaffen scheinen im Grund genommen eine transparente Spezies zu sein.

Mit Sicherheit sind Rhesusaffen gescheiter als das Durchschnittshaustier. Jedoch liegt ihre Intelligenz nicht so auf der Hand wie die Fähigkeit von Menschenaffen, Stöcke zusammenzustecken, um eine Banane zu erlangen. Die Intelligenz der Rhesusaffen wird in den praktischen Details des täglichen sozialen Lebens deutlich. Z.B. klettert ein Weibchen namens Beatle auf eine Felsformation, um sich aneinanderkuschelnd zu ihren beiden Schwestern zu gesellen. Dann entdeckt sie das zweithöchste Männchen, Hulk, das unmittelbar hinter ihnen sitzt. Sie zögert; Hulks Reaktionen sind unberechenbar. Sie steigt hinunter und beginnt die auf dem Boden verstreuten Futterkügelchen zu fressen. Minuten später kommt Hulk herunter und sucht nicht weit von Beatle nach Futter. Als sie ihn wahrnimmt, blickt sie sofort von Hulk zu ihren Schwestern und flitzt los, um sich ihnen anzuschließen. Sie bildete eine simple Ableitung: »Wenn er hier ist, kann er nicht länger dort sein.« Wenn man scharf genug beobachtet, kann man Affen die ganze Zeit denken »sehen«.

Individuelle Identifizierungen sind entscheidend. Anscheinend besteht nie Verwirrung darüber, wer nun wer ist. Rhesusaffen verfolgen alle größeren Ereignisse, die ihre Verwandtschaft und Freunde betreffen, genauso wie jene, in die ihre Feinde verwickelt sind. Ein paar Tage nach der Geburt ihres ersten Kindes kauert Ropey mit Beatle zusammen. Das noch sehr kleine Baby ist vollkommen zwischen den beiden Weibchen verborgen. Ommie, eine enge Freundin von beiden, nähert sich und schaut ein bißchen verdutzt. Sie zieht Ropeys Bein weg, um zwischen ihre Freundinnen zu spähen. Als sie das Baby sieht, läßt Ommie das Bein los, schmatzt mit den Lippen* und legt einen Arm um Ropey. Dann schmatzen alle drei mit den Lippen und kuscheln sich eng aneinander. Anscheinend erinnerte sich Ommie, daß Ropey ein Kind hat, und überprüfte, ob es noch da war oder nicht.

Auf dem großen Fütterungsboden macht Orange zwei unerwartete Angriffe. Zuerst beißt sie ein junges Weibchen namens Tuff, und ein wenig später packt sie Beatle. Gewöhnlich bleiben die Ursachen solcher Ausbrüche unbekannt, aber in diesem Fall gibt es einige Hinweise. Ich war Orange gerade

* Lippenschmatzen ist durch eine Reihe schneller Lippen- und Zungenbewegungen gekennzeichnet, die ein Individuum mit jeweils kurzen Blicken auf seinen Partner abgibt. Ein rhythmisches Schmatzen hört man gewöhnlich beim Groomen, aber es kann auch aus der Distanz, begleitet von hochgezogenen Augenbrauen, als visuelles Signal für freundliche Absichten gegeben werden.

eine halbe Stunde lang gefolgt und protokollierte die folgenden Vorfälle mehr als zwölf Minuten vor den aggressiven Ereignissen: »Orange groomt Spickles. Tuff versucht sich gegen den Rücken des alten Männchens zu setzen, aber er schubst sie wiederholt weg, bis sie schließlich aufgibt. Daraufhin kommt Beatle herüber, um Orange zu groomen. Auch sie hat keinen Erfolg, denn jedes Mal, wenn Oranges Hände durch ihr Fell gleiten, wendet sie sich um und droht Beatle. Fünf Versuche werden abgewiesen, ehe Beatle aufgibt.« Diese Aufzeichnung zeigt, daß beide, Tuff und Beatle, den beiden ranghöchsten Individuen Kontakt aufgedrängt hatten, und Orange behielt die Unterbrechung im Gedächtnis und bestrafte anschließend, anstatt während des wichtigen tête-à-tête zu handeln.

Individuelles Wiedererkennen, Gedächtnis und simple Logik unterliegen einer anderen Fähigkeit: der Einsicht eines Affen in sozialen Beziehungen, in die er nicht selbst verwickelt ist. Dies ermöglicht einem Individuum, sagen wir Harry, bei seinen Beziehungen zu Bob und Mike, das Verhältnis Bob-Mike mit einzukalkulieren. Wenn z. B. Bob und Mike Freunde sind, ist es für Harry in Gegenwart von Mike ratsam, freundlich zu Bob zu sein. Wenn die beiden jedoch Feinde sind, kann Harry versuchen, den einen gegen den anderen auszuspielen. Weil Harry drei Beziehungen in Betracht ziehen muß, sprechen wir von *Bewußtseinstriade*. Ein paar Beispiele dieser Fähigkeit dienen dazu zu zeigen, daß Versöhnungsverhalten, auf das ich noch kommen werde, nicht allein steht; es ist Teil eines ganzen Pakets von bemerkenswerten Fertigkeiten. Die Friedensstrategien der Rhesusaffen können nicht ohne Kenntnis der allgemeinen feinen Abstufungen im Sozialleben der Spezies verstanden werden.

Die elementarste soziale Verbindung ist das Band zwischen Mutter und Kind. Das erste Anzeichen dafür, daß andere Affen dieses Band anerkennen, kann man einem Laut entnehmen, der ausschließlich Neugeborenen gilt. Wir nennen es Babygrunzen, aber da es auch wie lautes Räuspern klingt, ist es auch als Hustengrunzen, Glucksen oder Gurgeln bekannt. Während es eine Reihe von Babygrunzern ausstößt, schaut das dritte Individuum abwechselnd zu Mutter und Kind. Wenn das Kind von der Mutter getragen wird, sind die beiden Kommunikationsrichtungen kaum zu unterscheiden. Wenn sich aber das Kind frei, getrennt von der Mutter bewegt, schaut der Babygrunzer zwischen den beiden hin und her und gibt einige Grunzer in Richtung Mutter und andere in Richtung Kind ab. Der dritte Affe adressiert nie ein fremdes Weibchen, egal wie weit entfernt das Kind herumstreunt oder wie viele andere Individuen es umgeben. Die Bedeutung des Rufes ist nicht klar, aber die Absicht ist unzweifelhaft freundlich. Wir interpretieren es anthropomorphistisch als ein Kompliment: »Was für ein hübsches Baby Sie haben!«

Beweise, daß Affen Bindungen zwischen anderen wiedererkennen, liefert ein geniales Experiment von Verena Dasser. Ein langschwänziges Makakenweibchen namens Riche lebte in einer großen Gruppe in Gefangenschaft, von der es kurzzeitig isoliert wurde, um seine Reaktionen auf Farbdias seiner Primatenfreunde(innen) zu testen. Während dieser Tests schaute Riche auf drei Bilder gleichzeitig; jedes Bild portraitierte einen der vielen Affen ihrer Gruppe. Das mittlere Dia zeigte immer ein erwachsenes Weibchen. Das Kind dieses Weibchens wurde auf einem der beiden anderen gezeigt. Es war nicht leicht vorherzusagen, welches ihr Kind war, da das Bild links oder rechts erscheinen konnte. Riche war schon früher mit Hilfe verschiedener Bilder trainiert worden, passende Paare auszuwählen. Jetzt war es ihre Aufgabe, auf dieselbe Weise Mutter-Kind-Kombinationen zu selektieren. Sie machte fast nie einen Fehler und bewies, daß sie eine deutliche Verbindung zwischen zwei der drei Individuen auf dem Bildschirm sah.

Konnte es sein, daß Familienähnlichkeit zwischen den fotografierten Affen der Schlüssel gewesen war? Nein, denn die Ähnlichkeit zwischen Verwandten ändert sich nicht mit dem Alter der Fotos, und doch blieben Tests mit alten Bildern erfolglos. Das gibt nur Sinn, wenn Riche auf der Basis von individuellem Wiedererkennen arbeitete. Das Aussehen eines Affen verändert sich sicherlich über Jahre und erschwert die Identifikation, je länger die Aufnahme zurückliegt. Verena Dasser schloß aus Riches Erfolg bei Bildern neueren Datums, daß sie, nachdem sie wußte, wer wer ist, ihr Wissen über das soziale Gefüge der Gruppe anwandte, um Mutter-Kind-Paare auszuwählen.

Da Affen einander auf der Basis von Familienbindungen klassifizieren, wollte ich unbedingt herausfinden, wie sich eine natürliche Adoption in unserer Rhesusgruppe auswirken würde. Nach dem Tod seiner Mutter wurde ein dreimonatiges männliches Junges namens Kashew allmählich in die H-Familie der Matriarchin Heavy (fraglos ein großes Weibchen) integriert. Heavys Haltung gegenüber Kashew entwickelte sich mit der Zeit: Sie groomte ihn und tolerierte seine Gegenwart, bis sie ihn dann aufnahm und saugen ließ (obwohl sie wahrscheinlich gar keine Milch hatte). Es dauerte jedoch drei Monate, bevor wir Heavy zum erstenmal ihren Adoptivsohn herumtragen oder ihn gegen andere verteidigen sahen. Es dauerte noch viel länger, fast ein Jahr, ehe die anderen Gruppenmitglieder Kashew als Mitglied der H-Familie zu behandeln begannen. Die erste Gelegenheit ergab sich, als Ropey und Orange gemeinsam Kashew angriffen. Unmittelbar danach fielen die zwei dominanten Weibchen, Seite an Seite, über Heavy und ihre erwachsene Tochter her, die, sich beide des Vorganges bewußt, geblieben waren, um ihrerseits zu drohen.

Dieses Phänomen, die *Generalisierung* von Aggression gegen ein Individuum auf den gesamten Familienkreis, ist unter Rhesusaffen alltäglich. Z. B. geht ein Weibchen, das ein anderes Weibchen bedroht und jagt, wiederholt zur

Tochter ihrer Gegnerin, um auch ihr zu drohen. Zunächst ist es nicht sicher, ob sie generalisiert, denn eine andere Erklärung ist, daß sich diese Tochter ihr möglicherweise genähert oder etwas anderes getan hat, um die Aufmerksamkeit der Angreifenden auf sich zu ziehen. Aber dann macht sich die Angreiferin plötzlich zu einer Gruppe kuschelnder, schlafender Affen auf, springt in ihre Mitte und packt einen der Unschuldigen. Es stellt sich heraus, daß es die Schwester ihrer Gegnerin ist.

Während einer zielgerichteten Beobachtung einer alten Matriarchin namens Nose, sehe ich, wie ihre Tochter auf dem Boden von Hulk angegriffen wird. Nose sitzt weit entfernt, hoch über der Szene neben meinem Beobachtungsfenster. Wohlweislich rührt sie sich nicht. Dann beginnt Hulk sich umzuschauen, prüft genau die Affengruppen, die sich auf der Felsenformation versammelt haben. Schließlich erspäht er Nose, springt auf und jagt sie.

Nach einem Kampf zwischen zwei Weibchen macht eine der beiden vier der fünf Familienmitglieder ihrer Gegnerin ausfindig und droht ihnen. Das fünfte ist der juvenile Sohn der Schwester ihrer Gegnerin. Er hängt mit dem Kopf nach unten am Dach und spielt mit seinen Altersgenossen. In dieser Position sind Individuen schwer zu identifizieren. Doch ein paar Minuten nach dem Vorfall flitzt das Weibchen zum Dach, um den einen noch fehlenden Verwandten zu jagen. Dieselben Taktiken sind bei freilebenden Meerkatzen und Bonobos beobachtet worden. Nach einem Zusammenstoß zwischen zwei Pavianmännchen ist es nicht ungewöhnlich, daß einer die Lieblingsfreundin seines Rivalen heraussucht und seine Spannungen an ihr austobt. Für Barbara Smuts war etwas Vertrautes an dieser Form der Rache: »Wenn wir X nicht bekommen können, dann sind wir hinter jemandem her, der X etwas bedeutet.« Die Untersuchung an Meerkatzen in Kenia ist besonders überzeugend, da sie eine große Anzahl sorgfältig dokumentierter Fälle beinhaltet. Dorothy Cheney und Robert Seyfarth fanden heraus, daß bei Kämpfen unter Angehörigen verschiedener Familien dieselben beiden Familien auch im Verlauf des Tages oft aneinandergeraten, aber – und das ist entscheidend – nicht notwendigerweise dieselben Individuen. Ihre Verwandten sind ebenfalls zu Gegenspielern geworden. Anscheinend beobachten diese Affen genauestens die Kampfabläufe und verübeln es der gesamten Familie des Gegners, der ihre eigene angegriffen hat. Laut Cheney und Seyfarth zeigt die Ausdehnung der Spannung zwischen zwei Individuen auf den Rest ihrer jeweiligen Matrilinien, daß Meerkatzen eine genaue Kenntnis nicht nur von ihren eigenen Verwandtschaftsbeziehungen, sondern auch von denen der anderen haben. In menschlichen Gesellschaften ist die Generalisierung von Aggression ganz alltäglich, sowohl im Kleinen, vergleichbar den oben beschriebenen Affenbeispielen, als auch im Großen. Sie nimmt extrem gefährliche Ausmaße an, wenn ganze religiöse oder ethnische Gruppen für die Taten einiger weniger unter ihnen verantwortlich gemacht werden; bis zu den Tagen der Ermordung Indira Gandhis in Indien 1984 durch zwei Sikh-Leibwächter, als die Todesopfer der vom hinduistischen Mob niedergemetzelten Sikhs landesweit auf über tausend anstieg. Die nützliche, in sich harmlose Fähigkeit, Bindungen zwischen anderen zu begreifen, kann gerade dazu benutzt werden, unschuldige Menschen zu brandmarken, zu ächten und sogar zu vernichten.

Stillschweigende Versöhnungen

Das feudale Familiensystem der Rhesusaffen beeinflußt nicht nur Aggression, sondern auch das Stiften von Frieden. An erster Stelle steht die Bewahrung des Familienzusammenhalts um jeden Preis. Zweitens geben ein oder zwei einflußreiche Familienmitglieder den Ton an hinsichtlich der Beziehungen zu einer anderen Familie. Wenn sie sich im Kriegszustand mit ihr befinden, wird sich der Rest der Sippe anschließen; wenn sie Frieden schließen, ruhen sich auch die übrigen aus und nehmen normale Beziehungen wieder auf. Ich verbrachte viel Zeit damit, Vorgänge dieser Art zu verfolgen. Versöhnen sich Rhesusaffen nach Kämpfen? Es kommt darauf an. Wenn Küssen und Umarmen die Kriterien sind, können sich diese Affen nicht mit Menschen und Schimpansen messen. Intensive Versöhnungen zwischen früheren Gegnern treten wohl auf, jedoch hauptsächlich nach ernsten Spannungen innerhalb der Verwandtschaftseinheit oder unter guten Freunden. Die zwei Töchter von Orange, Ommie und Orkid, fechten einen bösen Kampf aus, der bald die ganze Familie einbezieht. Alle Os sträuben ihr Fell. Orange verbündet sich mit Orkid, der jüngeren Tochter. Es genügt ihnen nicht, einander zu beißen, die Schwestern entladen ihre Spannungen auch, indem sie Zuschauern drohen. Die Episode endet mit einem Angriff von Ommie und Orange auf ein altes Weibchen, währenddessen Ommie zu Orange hin mit den Lippen schmatzt. Als der Kampf vorbei ist, starte ich meine Stoppuhr.

Innerhalb einer Minute umkreisen Ommie und Orange einander. Ommie präsentiert ihrer Mutter ihr Hinterteil, wird jedoch ignoriert. Dann beginnt sie sehr vorsichtig, den Rücken von Orange zu groomen. Während der zweiten Minute schließt sich Orkid, ihre Hauptgegnerin, ihr an und groomt ihre Mutter von der anderen Seite. Bald danach bricht das Eis. Die drei Weibchen umarmen sich und schmatzen in fast krampfartigen Anfällen mit den Lippen. Normalerweise dauert dies nur einige Sekunden; aber diesmal fängt nach jeder Pause eines der drei Weibchen wieder an und die anderen fallen mit ein. Die

Eine harmonische Versöhnung innerhalb der O-Familie nach einem ernsten Kampf zwischen den Schwestern Orkid (*links*) und Ommie (*rechts*). Orange sitzt zwischen ihren beiden Töchtern und stößt freundliche Grunzer aus, während Ommie zu Orkid hin mit den Lippen schmatzt. Dafür schmatzt Orkid mit den Lippen zu Oranges Kind. Obwohl die Weibchen miteinander beschäftigt sind, vermeiden sie den direkten Augenkontakt. (Wisconsin Primate Center)

O-Familie schmatzt zwei Minuten lang mit den Lippen. Das alte Weibchen, ihr letztes Opfer, schmatzt ein paar Mal aus einiger Entfernung. Es dauert einundzwanzig Minuten, bevor dieses Weibchen wagt, sich der Kuschelgruppe anzuschließen. Die O-Familie bleibt für nicht weniger als dreiundvierzig Minuten zusammen.

Die zwei rangmittleren Familien, die Gs und die Ts, führen oft langwierige Gefechte ohne physische Gewaltanwendung, die unentschieden ausgehen. Bei einer solchen Gelegenheit jagte die G-Matriarchin, Gray, ein viel größeres T-Weibchen, Tail, als dieses Schutz bei Orange sucht. Tail hat kürzlich ein Kind bekommen, was ihr ermöglicht, mit hochrangigen Weibchen Verbindung aufzunehmen. Oranges Gegenwart hemmt deutlich Grays Aggression. Gray setzt sich nicht weit von Tail, groomt sich und blickt wiederholt zu ihrer

Ein erwachsenes Weibchen (*rechts*) hebt ihren Schwanz, um ihr Hinterteil dem zweithöchsten Männchen zu präsentieren, der sie gerade quer durch den Käfig gejagt hat. Das Männchen ignoriert ihren anfänglichen Versuch, erlaubt ihr jedoch später, ihn zu groomen. Ein Jungtier folgt der Szene – und kann von ihr lernen. (Wisconsin Primate Center)

Gegnerin. Das Groomen scheint Gray zu beruhigen. Es vergeht mehr als eine Minute, ehe sie wieder aufschaut; aber jetzt ist Tail verschwunden! Gray steht auf zwei Beinen, um einen guten Überblick über die Gruppen zu bekommen, die sich um sie herum auf dem Boden zusammendrängen. Sie bewegt sich sogar auf zwei Beinen von einer Gruppe zur anderen und sucht systematisch. Zufällig findet sie Tail, die bei ihrer Mutter sitzt. Gray geht hinüber und streckt sich vor ihrer früheren Gegnerin, den Rücken ihr zugewandt, aus. Beide, Tail und ihre Mutter, akzeptieren diese Einladung und groomen Gray.

Nicht alle Versöhnungen ereignen sich so umgehend nach der Auseinandersetzung. Z. B. jagt und beißt das drittranghöchste Männchen Hulk Mopey, der normalerweise sein bester Kumpel ist. Danach sitzen sie auf Gitterstäben der sich gegenüberliegenden Wände, so weit von einander entfernt, wie es das Gehege erlaubt. Sie kehren sich den Rücken zu. Soweit ich es beurteilen kann, schaffen sie es, sich eine Stunde lang nicht anzuschauen. Dann nähert sich Hulk, und beide Männchen besteigen sich abwechselnd. Junge Männchen eilen dazu, so als ob sie die Versöhnung nicht verpassen möchten. Sie setzen sich mit Hulk und Mopey zu einem, wie wir ihn nennen, Männerclub zusammen. (In jungem Alter beginnen unsere Männchen, sich getrennt von den Weibchen zusammenzutun, alle gemeinsam als ein einziger Haufen. Nur Spickles schließt sich ihnen nie an.)

Ommie, die Tochter von Orange, hat das Alter erreicht, um Erwachsene der hochrangigen B-Familie herauszufordern. Sie jagt und packt Boss, die erfolgreich zurückschlägt, bis Orange interveniert. Aus dem unterwürfigen Verhalten von Boss wird deutlich, daß sie sich mehr um ihre Beziehung zu Orange als zu Ommie sorgt. Boss ignoriert das jüngere Weibchen und bleibt für den ganzen Nachmittag in wenigen Metern Abstand bei Orange, wohin diese auch geht. Boss schmatzt aus einiger Entfernung mit den Lippen zu Orange und gibt laute Babygrunzer von sich, als Oranges jüngstes Kind sich losmacht; sie droht rangniederen Affen, wobei sie um Oranges Unterstützung wirbt, indem sie ihr ihr Hinterteil präsentiert und so fort, nahezu drei Stunden lang. Ohne einen Kontakt zwischen den beiden Weibchen zu erleben, gehe ich nach Hause. Vielleicht hat Boss ja guten Grund, so vorsichtig bei ihrer Annäherung zu sein: Es widerspricht allen Regeln, gegen ein O-Mitglied zurückzuschlagen, und Orange ist nicht gerade als nachsichtige Persönlichkeit bekannt.

Während der Geburtensaison erleichtert die Gegenwart von Kindern den Kontakt zwischen gegnerischen Weibchen. Obwohl Boss mit ihrer Babygrunztechnik in obiger Geschichte nicht erfolgreich war, klappt es manchmal doch. Z.B. Orange droht und jagte Heavy. Heavy kommt zurück, richtet Babygrunzer zum Alphaweibchen und ihrem Kind, das gerade den Maschendraht erklettert. Ein wenig später kommt Heavys eigenes Kind in Oranges Nähe. Nun ist Orange an der Reihe, Babygrunzlaute von sich zu geben. Das ist das Signal für Heavy, sich zu nähern. Beide Weibchen stellen das zappelnde Junge auf den Kopf, untersuchen es genauestens, wobei sie Lippenschmatz- und Babygrunzlaute austauschen. Ihre Spannungen sind vergessen.

Beinah zufällige Versöhnungen sind für Rhesusaffen typisch; oft tun sie so, als ob nichts geschehen sei. Dieser Eindruck resultiert aus ihrer Neigung, in alle Richtungen zu schauen, nur nicht in das Gesicht des früheren Gegners. Der menschliche Beobachter wird wahrscheinlich recht verwirrt werden, denn die Regeln des Blickkontakts unter diesen Affen sind von den unseren ganz verschieden. Sowohl Menschen als auch Menschenaffen vermeiden Blickkontakt in gespannten Situationen und suchen ihn, wenn sie bereit zur Versöhnung sind. Dagegen schauen Rhesusaffen einander während des Konflikts geradewegs in die Augen. Dominante schüchtern Rangniedere ein, indem sie sie unverwandt anstarren. Da anhaltender Blickkontakt in ihrer Kommunikation verhängnisvoll ist, ist es logisch, daß sie ihren Blick bei freundlichen Annäherungen, Versöhnungen inbegriffen, sorgsam abwenden.

Das Ergebnis ist eine Palette von »Entschuldigungen«, um sich der anderen Partei nach ernstlichen Auseinandersetzungen anzunähern: Spickles jagt Hulk, ohne ihn zu fangen, weil Hulk viel schneller als das alte Männchen ist. Als Hulk fünf Minuten später einen Schluck aus dem Wasserbehälter nimmt, kommt Spickles sofort herüber, um mit ihm zu trinken, wobei sich ihre Köpfe berühren.

Boss hat ihrer Freundin Tip gedroht und sie aus einer zusammenhockenden Gruppe herausgedrängt. Nach diesem Vorfall nähert sie sich einige Male Tip, aber ihre Gegnerin zieht sich jedes Mal zurück. Boss beginnt, Fliegen zu jagen, und greift mit schnellen schnappenden Handbewegungen in die Luft. Dies ist eine übliche Technik. Während sie damit beschäftigt ist, bewegt sie sich näher und näher auf Tip zu, ohne sie anzuschauen. Sie fängt Fliegen direkt vor Tip und hinter ihrem Rücken. An einer Stelle muß sie sich auf Tip stützen, um ein besonders hoch fliegendes Insekt zu erreichen. Dieser Kontakt wird beibehalten und führt schließlich dazu, daß Tip ihre Freundin Boss groomt.

Die verbreitetste »Entschuldigung« ist der sogenannte Kontaktgang. Ein Individuum bewegt sich im Käfig zielgerichtet von Punkt A zu Punkt B, um auf dem Weg seinen oder ihre(n) frühere(n) Gegner(in) zu »finden«. Tip jagt Kopje, das rangniederste Weibchen, die Käfigdecke entlang. Kopje befindet sich in den letzten Tagen ihrer Schwangerschaft. Nach der Verfolgung ruht sie sich für sechs Minuten aus und keucht schwer nach der anstrengenden Flucht. Tip rückt oberhalb von Kopje auf der Felsenformation bis auf einen Meter heran. Mindestens zwanzigmal pro Minute blickt Kopje über ihre Schulter, um Tips Verbleib zu kontrollieren. Dann steigt Tip ab und passiert Kopje so nahe, daß ihre Fellhaare sich streifen. Dieser Kontakt entspannt Kopje sofort. Sie steigt ebenfalls ab und frißt nicht weit von Tip auf dem Boden.

Kontaktgänge scheinen eine besänftigende Botschaft zu überbringen, nicht in der Hinsicht, weil etwas passiert, sondern weil nichts passiert. Der (die) Dominante kann während das Ganges leicht den (die) Rangniedere(n) packen. Statt dessen setzt er (sie) den Weg friedlich fort. Dieselbe Botschaft von »Schau, ich werde dir nicht weh tun!« wird übermittelt, wenn er (sie) sich ganz nahe und direkt vor den Augen des (der) Rangniederen für einen kurzen Augenblick hinsetzt, bevor er (sie) wieder aufbricht. Derartige Interaktionen werden vielleicht zutreffender als Spannungsunterbrechungen denn als Versöhnung beschrieben. Meiner Meinung nach sind Rhesusaffen nicht gerade geschickt im Versöhnen, wohl aber lassen sie auf vielen subtilen Wegen einander wissen, wann ein Konflikt beendet ist.

Beide Ebenen der Versöhnung kann man auch bei Menschen beobachten. Ich nenne sie *implizite* und *explizite Versöhnungen*. Der erste Typ, bei dem der vorausgegangene Konflikt nicht erwähnt wird, entspricht dem bei den Rhesusaffen. Man trifft seinen Kollegen, mit dem man gestern Krach hatte, und tut so, als ob nichts geschehen wäre. Man holt Kaffee, spricht übers Wetter oder beginnt eine Diskussion über die Arbeit. Auch der Kollege erwähnt den Vorfall nicht, doch indem er normal reagiert – nicht zu gleichgültig und nicht zu enthusiastisch –, zeigt er, daß er ohne Groll ist oder zumindest im Moment bereit ist, sich so zu verhalten.

Einmal war ich Zeuge eines dramatischen Vorfalls zwischen zwei Frauen bei einer wissenschaftlichen Tagung. Eine der beiden leitete einen Workshop, wobei sie, nach einer mehr als lebendigen Gruppendiskussion, eine jüngere Frau beiseite nahm, um sie wegen ihrer starken Erregtheit zu rügen. Die zweite Wissenschaftlerin fühlte sich außerordentlich gedemütigt. Sie war so verwirrt, daß sie Magenschmerzen bekam und für den Rest des Tages bleich und mitgenommen ausschaute. Als ich sie am nächsten Abend auf dem Marktplatz der kleinen deutschen Stadt traf, schien sie in besserer Verfassung zu sein. Wir gingen zusammen spazieren; offensichtlich habe ich einen Blick für Situationen dieser Art entwickelt, weil ich der erste war, der bemerkte, daß sich ihre frühere Gegnerin, mit anderen Leuten eifrig im Gespräch, in einiger Entfernung näherte. Die zwei trafen sich in der Mitte der Straße – ich vermute, die Spannung war nur für diejenigen sichtbar, die wußten, was sich zwischen ihnen ereignet hatte. Die ältere Frau kam näher und beugte sich hinunter, um den farbenfrohen Gürtel der Jüngeren zu berühren. Er sei wundervoll, rief sie. Ihre Blicke waren sich bis zu diesem kurzen Groomingkontakt nicht begegnet. Anschließend plauderten sie über Restaurants und andere Trivialitäten, anfangs steif und später in mehr lockerer Form. Obwohl ihr früherer Zusammenstoß nicht Teil des Gesprächs war, so muß er ihnen doch die ganze Zeit über durch den Kopf gegangen sein.

Eine explizite Versöhnung ist die, wenn die Parteien *ausdrücklich* den vorausgegangenen Konflikt erwähnen. Sie entschuldigen sich oder versuchen, jegliches Mißverständnis auszuräumen. Der Wortwechsel kann wie ein neuerlicher Konflikt aussehen, denn die alten Unstimmigkeiten werden nie ganz beseitigt.* Für eine gleichberechtigte Beziehung ist es charakteristisch, einen Kompromiß zu erreichen, wobei beide Parteien sich die Verantwortung teilen. In einer Beziehung mit starkem Ranggefälle jedoch nimmt gewöhnlich der Rangniedere die meiste Schuld auf sich. Wenn nicht, wird der Konflikt voraus-

* Überbleibsel der Feindschaft können nonverbal in Form einer Angriffshemmung zum Ausdruck kommen. Menschen – besonders Kinder, aber auch vertraute Erwachsene – können einander einen Schubs, einen Knuff oder einen leichten Kick ins Bein geben, wenn sie sich annähern. Die Geste ist anscheinend scherzhaft, aber die Botschaft ist: »Genau das würde ich gern mit dir machen!« Auch bei Affen und Menschenaffen können solche Scheinbestrafungen beobachtet werden.

sichtlich eskalieren, da der (die) Dominante seine oder ihre Autorität gefährdet sieht.

Es ist einleuchtend, daß der höchste Ausprägungsgrad in unserer eigenen Gesellschaft erreicht wird, denn wir allein besitzen die Sprache, um Dinge, die uns trennen, zu diskutieren. Wenn jedoch zwei Schimpansen, die sich normalerweise nie küssen oder umarmen, genau dieses kurze Zeit nach einem bedeutenden Kampf tun, so ist es schwer, dies nicht als einen expliziten Vorgang der Wiedergutmachung anzusehen. Sie haben es nicht nötig, auf das hinzuweisen, was zwischen ihnen vorgefallen ist; ihr Verhalten ist so außergewöhnlich, daß es für einen unzweideutigen Bezug auf die Vergangenheit steht. In diesem Sinn unterscheidet es sich von der Mehrheit der Kontakte in Rhesusgruppen, wo sich frühere Gegner mal so mal so verhalten oder Entschuldigungen signalisieren, wenn sie sich dem anderen nähern wollen. Es muß hinzugefügt werden, daß auch Menschen, unabhängig von ihren Fähigkeiten, anscheinend meistens diesen impliziten Weg wählen. Das ist weniger peinlich – und wenn es klappt, ist es für viele unserer Beziehungen ausreichend.

Strenge Beweise

Wenn ein dressierter Bär mit einem Mann ringt, dann geht das als Anekdote von Mund zu Mund. Wenn es hundertfach bei verschiedenen Bären und verschiedenen Männern stattfindet, dann ist man in der Lage, einen schlüssigen Vergleich zwischen den kämpferischen Fähigkeiten anzustellen. Die Wissenschaft zieht eine scharfe Linie zwischen anekdotenhaften und strengen Beweisen. Eine Anekdote ist eine einmalige Beobachtung. Es ist ein eindrucksvoller, flüchtiger Blick auf ein vermutliches Phänomen, jedoch ohne die Schlußfolgerung, daß sein Auftreten mehr als Zufall war. Ein strenger Beweis ist das Ergebnis wiederholter Beobachtungen unter verschiedenen Bedingungen.

Indem ich erkläre, wie Beweise gesammelt werden, begebe ich mich zum – wie Außenstehende oftmals annehmen – langweiligen Teil der Wissenschaft: zur Statistik, zu kontrollierten Variablen, zu alternativen Hypothesen usw. Die Affen werden zu unpersönlichen Objekten der Forschung – gewissermaßen ihres Fleisches und Blutes beraubt. Aber die Suche nach abstrakter Wahrheit hat auch eine aufregende Seite. Sie zwingt uns zu expliziten Annahmen und zu kritischer Betrachtung ursprünglicher Interpretationen. Es ist eine Herausforderung. Wenn das Beobachten von Affen einem erstaunten Blick zum Mond gleicht, so ist Forschung an Affen einer Mondexpedition ähnlich.

Die vorangegangenen Geschichten über Generalisierung und Versöhnung bei Rhesusaffen liegen irgendwo zwischen Anekdoten und strengen Datenerhebungen. Die Beobachtungen sind nicht einzigartig, da sie wiederkehrende Ereignisse beschreiben. Andererseits beweisen sie nicht viel. Beispielsweise erwecken Kontakte, die auf Aggression folgen, den Eindruck von Zufälligkeit, weil sie zufällig *sind*. Deshalb geht es im nächsten Abschnitt um systematischere Beobachtungen – Kontrolldatenerhebungen inbegriffen, die für die Wissenschaft entscheidend sind.

Für meine Kontrolldaten mußte ich Kontakte zwischen ehemaligen Gegnern mit normalen Kontakten vergleichen. »Normale« Aktivität wird gewöhnlich so gemessen, daß Tiere nach einem festen Zeitplan beobachtet werden. Für meine Zwecke war es jedoch besser, jede nach einer aggressiven Begegnung gemachte Beobachtung mit einer Kontrollbeobachtung gewissenhaft zu vergleichen. Nehmen wir an, Ropey und Heavy kämpfen um 14 Uhr 10. Ihr Verhalten würde zweimal festgehalten werden: erstens, die dem Vorfall unmittelbar folgenden zehn Minuten; sodann am nächsten Tag wiederum für zehn Minuten, beginnend wieder um 14 Uhr 10, jedoch dieses Mal ohne vorausgehende Aggression. Der Vorteil dieses Verfahrens ist, daß die Kontrolldaten dieselben Individuen betreffen, zur selben Tageszeit und während derselben Jahreszeit. Es ist deshalb wahrscheinlicher, daß Unterschiede in den beiden Datenerhebungen aus dem spezifischen Faktor resultieren, an dem wir interessiert sind: dem vorausgegangenen aggressiven Vorfall.

Dieses Projekt nahm Deborah Yoshihara, eine Technikerin, und mich monatelang in Anspruch. Wir wandten beide Beobachtungsmethoden auf nahezu sechshundert gegnerische Paare an. Ihr Verhalten könnte in dreifacher Weise durch den vorangegangenen Konflikt beeinflußt werden:

Auflösung. Die traditionelle Vorstellung von Aggression besagt, daß sie Tiere veranlaßt, einander auszuweichen, und zur Auflösung führt. Wenn das wahr wäre, würden wir im Anschluß an aggressive Konflikte weniger Kontakte als während der Kontrollbeobachtungen vorfinden.

Keine Wirkung. Die sogenannte Nullhypothese besagt, daß meine Vorstellungen von Versöhnung alle imaginär sind. Unter dieser Hypothese erwarten wir keine Unterschiede zwischen den Beobachtungen.

Versöhnung. Die dritte Möglichkeit ist, daß Rhesusaffen Versöhnung suchen oder wenigstens irgendeine Form der Spannungsreduktion. Wenn das wahr wäre, würden wir mehr Kontakte unmittelbar nach einem Konflikt als während der Kontrollperioden erwarten.

Die ersten beiden Hypothesen erwiesen sich als falsch. Auf Aggression erfolgte häufig Kontakt: 21 Prozent der Paare nahmen nach ihrem Konflikt freundschaftlichen Kontakt auf, wohingegen es nur 12 Prozent in den Kontrollperioden taten. Gegner, die die physische Kontaktaufnahme unterließen, saßen häufiger als gewöhnlich nahe beieinander. Es war ziemlich eindrucksvoll, so viele frühere Gegner eng zusammen vorzufinden, da nämlich Konflikte, die auf bloßen Drohungen beruhten, von der Untersuchung ausgeschlossen worden waren. Alle Begegnungen besaßen einen gewissen Anteil an Jagereien, ein Verhalten, das zumindestens kurzfristig nicht gerade Nähe fördert.

Sind diese Ergebnisse für uns schlagend genug, um folgern zu können, daß Versöhnung vorkommt? Es gibt eine versteckte Gefahr. Theoretisch ist es möglich, daß Aggression eine Welle freundschaftlicher Kontakte verursacht, die viele Gruppenmitglieder erfaßt, unabhängig davon, ob sie Gegner waren oder nicht. Einen solchen allgemeinen Wechsel der Aktivitäten möchten wir auf Grund seiner Zufallsnatur nicht als Versöhnung bezeichnen. Jedoch wurde diese Theorie abgelehnt. Unsere Daten zeigten, daß Kontakte *spezifisch* zwischen Antagonisten auftraten. Unsere Folgerung heißt, daß Rhesusaffen von Individuen, mit denen sie eine aggressive Auseinandersetzung hatten, angezogen werden. Es geht nicht darum, beruhigenden Kontakt unter seinesgleichen zu suchen; gerade der frühere Feind ist der bevorzugte Partner.

Zu meiner Überraschung fanden wir dieselben Unterschiede nach dem Geschlecht wie bei Schimpansen: Männchen-Männchen- und Männchen-Weibchen-Kämpfe wurden häufiger geschlichtet als Kämpfe zwischen Weibchen. Es war nicht einmal so, daß die hohen Werte der Männchen überraschend waren; was mich störte, waren die niedrigen Werte der Weibchen. Erinnern wir uns an die Erklärung der Geschlechtsunterschiede bei Schimpansen. Schimpansenmännchen können es sich nicht leisten, Groll zu hegen; in einem im höchsten Maße konkurrierenden System flexibler Koalitionen müssen sie sowohl mit Rivalen als auch mit Freunden in Kontakt bleiben. Schimpansenweibchen führen ein mehr einzelgängerisches Leben, widmen sich ihren Jungen und ein paar guten Freundinnen; bei ihren friedenstiftenden Bemühungen können sie wählerischer vorgehen. Der erste Teil der Argumentation ist, etwas modifiziert, ebenso auf Rhesusaffen anwendbar. Aber ich sehe nicht, wie der zweite für Rhesusweibchen, die sich selbst in solch großen kohäsiven Gruppen organisieren, gelten kann.

Eine alternative Erklärung der Geschlechtsunterschiede ist, daß es hier mehr um Rang als um Geschlecht geht. Möglicherweise tritt das »Reparieren« gestörter Beziehungen besonders an der Spitze der Hierarchie auf, wo bei einer Spannungseskalation das Risiko größer ist. Die Tatsache, daß Männchen gewöhnlich die höchsten Rangpositionen besetzen, würde den Eindruck erwecken, daß Versöhnung geschlechtsgebunden ist. Ich plante ein Experiment, um Einflüsse durch Rang und Geschlecht auszuschalten. Ich brauchte dafür eine große Anzahl neuer Affen, denn es ist unser Grundsatz, nicht mit der Zuchtgruppe zu experimentieren.

Den neuen Individuen waren die Grundprinzipien sozialen Lebens bekannt. Die übliche Aufzuchtpraktik im Laboratorium des Wisconsin Primate Center läßt junge Affen die ersten neun Monate in einer Gruppe mit ihrer Mutter und anderen Mutter-Kind-Paaren verbringen; danach werden sie in sogenannten Altersgenossengruppen gemeinsam mit Affen ihres Alters untergebracht. Einen Teil des Aufbaus meines Experiments borgte ich mir von einem Kollegen, David Goldfoot. Sowohl er als auch der Direktor unseres Centers, Robert Goy, haben jahrelang über hormonale und soziale Ursprünge der Geschlechtsunterschiede im Verhalten von Affen gearbeitet. Eines dieser Programme vergleicht gemischt- und gleichgeschlechtliche Gruppen – das heißt, soziale Gruppen, die sich aus beiden Geschlechtern, und solche, die sich nur aus Männchen oder nur aus Weibchen zusammensetzen. Die letztgenannte Situation offenbart, wie sich Weibchen in einer nicht von Männchen beherrschten Hierarchie verhalten.

Ich stellte sechs gleichgeschlechtliche Gruppen mit jeweils vier Affen zusammen: drei Männchengruppen und drei Weibchengruppen. Die Gruppenmitglieder waren sich untereinander fremd. Da Erwachsene zu sehr zum Kampf tendieren, wenn sie erstmalig zusammengebracht werden, nahm ich Affen bis zum Alter von drei Jahren. Die Gruppenformation war für beide Geschlechter ähnlich. Innerhalb von Minuten bildeten zwei der Affen eine Koalition gegen den Rest. Das zweitrangige Individuum war gewöhnlich das aggressivste. Er oder sie verbrachten die ersten Tage häufig damit, die Koalition zu sichern, indem er oder sie eifersüchtig alle freundschaftlichen Kontakte und Spiele zwischen dem Alphamännchen und den anderen störte. Nachdem sich diese Situation gegen Ende der ersten Woche stabilisiert hatte, begann ich zu experimentieren.

Zu einer bestimmten Zeit arbeitete ich jeweils mit einer Gruppe; ich warf ein Apfelviertel in den Käfig und nahm das darauffolgende Verhalten eine halbe Stunde lang zu Protokoll. Bei den Kontrolltests ging ich in derselben Weise vor: Betreten des Raumes, Öffnen und Schließen der Käfigtür, Hinsetzen – nur, daß die Affen nicht irgendeine Extranahrung erhielten. Meine Idee war es, einen kurzen Moment der Spannung und Konkurrenz zu erzeugen, um zu sehen, ob eine Zunahme an positivem Verhalten wie Grooming, Spiel oder Kuscheln folgte. Ich erwartete ein derartiges restauratives Verhalten häufiger in den Männchen- als in den Weibchengruppen, vorausgesetzt, daß nicht Rangunterschiede für den zuvor festgestellten Geschlechtsunterschied in den großen gemischten Gruppen verantwortlich gewesen waren.

Die erste Reaktion auf das Apfelstück war bei allen Gruppen identisch:

aggressive Konkurrenz. Über 95 Prozent der Konflikte bestanden aus bloßen Drohungen und Jagereien. Bemerkenswert, daß jeder Ranghohe von jedem Rangniederen das Apfelstück gewaltsam einforderte, außer zwischen Alphas und Affen mit zweithöchstem Rang. Die Folge dieser Hemmung war, daß beim Wettstreit um Nahrung alle Spitzenduos gleich erfolgreich waren. Die Position des Alphamännchens schien von der Koalition mit dem zweitrangigen Affen abzuhängen, was bedeutete, daß die zwei sorgsam auf gutes Miteinander bedacht sein mußten. Zu viel Selbstsucht auf Alphaseite könnte ihren oder seinen Partner frustrieren und die auf gegenseitiger Unterstützung aufgebaute Beziehung in Gefahr bringen. Dies schien eine vereinfachte Version der Probleme zu sein, auf die der Schimpanse Nikkie und sein listiger Partner Yeroen gestoßen waren.

Ein Alphamännchen, Dick, versuchte erfolglos, die Nahrung durch einen Trick zu ergattern. Als Victor, sein Gegenspieler, das Apfelstück erlangt hatte, folgte ihm Dick auf den Fersen, drohte ihm, aber griff nicht an. Nach vier Minuten schien Dick aufgegeben zu haben. Während der sechsten Minute schmatzte er mit den Lippen in die Richtung von Victor, der mit dem Fressen begonnen hatte. Dick, mit hochgehobenem Schwanz, präsentierte sein Hinterteil. Victor reagierte wie gewöhnlich auf diese freundliche Geste: er bestieg ihn. Als aber Victor auf ihm war, wirbelte Dick abrupt herum und grapschte nach dem Apfelstück. Während des kurzen Kampfes gelang es Victor, die Nahrung zu behalten, und Dick konnte nur noch seine Finger lecken.

Das Ergebnis der vielen Apfeltests, die ich durchführte, bestätigte meine Erwartungen. Nach der anfänglichen Aggression und dem Verzehr des Apfelstücks verbrachten die Männchen eine Menge Zeit gemeinsam. Sie waren aktiv um gute Stimmung bemüht, zeigten größeren Zusammenhalt und häufigeres Groomen als während der Kontrolltests. In den Weibchengruppen war dies nicht der Fall; Weibchen hatten eher weniger Kontakt als gewöhnlich. Diese Ergebnisse lieferten keinen Beweis für die Idee, daß der Rang, nicht das Geschlecht, der entscheidende Faktor sein könnte. Vorerst schließe ich deshalb daraus, daß ein angeborener Geschlechtsunterschied in der Psychologie des Friedenstiftens bei Rhesusaffen existiert.

Klassenstruktur

In der freien Wildbahn gleicht die Gruppenzugehörigkeit von Makakenmännchen einer Drehtür. Männchen kommen und schließen sich einer Gruppe an, bleiben für ein paar Jahre, dann ziehen sie zu einer anderen Gruppe weiter oder leben für eine Weile allein. Wenn auch seinem Eintritt in eine Gruppe oft Widerstand geleistet wird, so muß der Neuankömmling gute Beziehungen zum festen Kern aufbauen, sowohl zu den Männchen als auch zu den Weibchen. Um nicht am Fuß des Totempfahls zu enden, muß er zwei Dinge gleichzeitig tun: Freundschaften schließen und sich behaupten. Diese Ziele sind, ohne sich abwechselnd zu schlagen und sich die Hände zu schütteln, schwer zu verbinden. Obwohl sich dieses Problem von dem des Schimpansenmännchens unterscheidet (denn dieses verbleibt in seiner Stammgruppe), hat es dieselbe Art von Opportunismus zur Folge. An Rivalen muß man sich heranmachen, auf Siege muß Beschwichtigung folgen. Die versöhnliche Haltung, die in unserer Untersuchung deutlich wird, spiegelt dieses Erbe vom umherziehenden Makakenmännchen wider.

Wir müssen noch herausfinden, wie Rhesusweibchen es schaffen, in einer derart hoch organisierten Gesellschaft zu leben, ohne nennenswerte Energie in Versöhnungstechniken zu stecken. Wieder lautet die Antwort, daß es Weibchen nicht an den Fertigkeiten zur Versöhnung mangelt, daß sie sie aber selektiver als Männchen einsetzen. Ein Anzeichen ist die hohe Zahl von Versöhnungen zwischen Müttern, Töchtern und Schwestern in der großen Gruppe. Aber mir war das Ausmaß, in dem Weibchen ihre Friedensbemühungen kanalisieren, nicht vollends klar, bis wir mit den sogenannten Trinktests begannen.

Die klassischen Dominanztests beginnen damit, daß man Tieren vierundzwanzig Stunden oder länger Nahrung und Wasser entzieht. Anschließend werden sie mittels einer einzigen Quelle versorgt, wie zum Beispiel mit einem Trinknippel, der nur von einem Individuum in Anspruch genommen werden kann. Ohne Frage erzeugt dieses System eine außerordentlich spannungsgeladene, intolerante Atmosphäre. Die Tiere kommen einer nach dem anderen zum Trinken. Die einzige Aufgabe des Beobachters ist, die Reihenfolge des Eintreffens zu protokollieren. Dieses bequeme Verfahren ist kritisiert worden, weil es uns einen eindimensionalen Blick auf das soziale Leben beschert. Das saubere hierarchische Modell, das wir sehen, ist unsere eigene Schöpfung, den Tieren durch die Situation aufgezwungen. In freier Wildbahn sind Nahrung und Wasser über Raum und Zeit verteilt. Mit Ausnahme von seltenen Dürreperioden müssen Affen nicht vierundzwanzig Stunden warten, um ihren Durst zu stillen, und sie trinken Seite an Seite aus Pfützen oder Wasserläufen.

Ich beschloß, in unserer großen Rhesusgruppe die natürliche Situation nachzuahmen. Forschung über Versöhnungen hat ihre Grenzen, sie kann nur Informationen über Individuen liefern, die regulär kämpfen. Außerdem sind vom Standpunkt einer Friedensstrategie die interessantesten Beziehungen diejenigen, bei denen Aggression selten auftritt. Um eben solche Beziehungen zu dokumentieren, entwarf ich einen neuen Dominanztest, der eine Wahl zwischen Konkurrenz und sozialer Toleranz anbot. Ich ziehe diesen Testtyp vor, weil er die Gruppe nicht in eine ebenso belastende wie unnatürliche Situation bringt wie die klassischen Tests.

Die Wasserversorgung wurde nur für drei Stunden abgestellt. Anschließend wurde ein Becken mit Wasser bereitgestellt, groß genug, daß vier Erwachsene oder acht Heranwachsende gleichzeitig trinken konnten. Das Kommen und Gehen folgte keinem regelmäßigen Muster. Die Affen kamen in immer wechselnden Kombinationen an, einige Individuen stießen andere beiseite, manche tranken fröhlich miteinander. Lesleigh Luttrell und ich nahmen ungefähr fünfzig Tests mit einigen tausend Begegnungen zwischen Erwachsenen rund um das Wasserbecken per Video auf. Es ergaben sich vier Typen von Interaktion: zwei Affen trinken gemeinsam (26 Prozent); ein Affe trinkt und ein anderer sitzt daneben (15 Prozent); ein Affe meidet einen anderen (51 Prozent); und ein Affe schließt einen anderen durch Aggression aus (8 Prozent).

Die formale Hierarchie der Gruppe kann zweigeteilt werden; ich bezeichne die Hälften als Ober- und Unterklasse. Diese Begriffe beinhalten nicht, daß

Während sich mehrere Affen der Unterklasse das Trinkwasserbecken teilen, passen zwei auf, ob etwa Ranghohe nahen. (Wisconsin Primate Center)

eine Affenkategorie per se besser oder überlegener ist, sondern lediglich, daß es einen Unterschied in den Privilegien gibt. Die Entstehung dieses Unterschiedes liegt irgendwo in der Geschichte der Gruppe verborgen.

In unserem Experiment hatten alle Individuen der Oberklasse Vorrang vor denen der Unterklasse. Innerhalb jeder Klasse war jedoch die Trinkordnung praktisch rangunabhängig. Für das Alphamännchen, Spickles, war es überhaupt nicht ungewöhnlich, nach einem halben Dutzend anderer Affen der Oberklasse einzutreffen. Er hatte keine Mühe, das Becken, wann immer er wollte, für sich zu beanspruchen; anscheinend hatte er es einfach nicht eilig, andere auszuschließen. Zwischen Angehörigen derselben Klasse war es üblich, sich das Becken zu teilen, ob sie nun verwandt waren oder nicht, aber es war selten unter Angehörigen verschiedener Klassen. Weibchen mittleren Ranges schienen besonders unfähig zu sein, einander zu dulden; Weibchen der unteren Oberklasse zeigten sich sehr intolerant gegenüber Weibchen an der Spitze der Unterklasse. Dennoch erwies sich die Trinkordnung innerhalb jeder Klasse als flexibel und unproblematisch, und es schien so, als ob die Klassen infolge der Konkurrenz zwischen Weibchen an den Klassengrenzen voneinander fern gehalten wurden.

Diese Klassen sollten nicht als separate Untergruppen betrachtet werden. Bei freundschaftlichem Umgang und Groomen tritt die Klassenaufteilung überhaupt nicht zu Tage; viele Weibchenbindungen kreuzen die Klassengrenzen. Vielleicht ähnelt die soziale Struktur der von freilebenden japanischen Makaken. Japanische Primatologen unterscheiden eine Anzahl konzentrischer Ringe um das Herz einer Gruppe. In ihrer Terminologie könnte unsere Oberklasse als zentraler Teil und die Unterklasse als peripherer Teil der Gesellschaft bezeichnet werden. Wir in Wisconsin sind die ersten, die eine derartige geschichtete Rangordnung bei einer *gefangenen* Primatengruppe entdeckt haben. Ist unsere Gruppe einzigartig? Ich glaube es kaum. Wahrscheinlicher ist, daß eine unterschiedliche Verteilung von sozialer Toleranz unserer Aufmerksamkeit entgangen ist, weil traditionelle Trinktests für nichts anderes als Konkurrenzstreben Raum lassen.

Als mir diese Trennungslinie zwischen unseren Weibchen bewußt wurde, kehrte ich wieder zu den Daten über Versöhnungen zurück. Bis zu diesem Punkt hatte sich der Vergleich zwischen den Geschlechtern mit der Gesamtmenge der Konflikte von Männchen und Weibchen befaßt. Als ich die Daten der Weibchen auf der Basis der Klassenstruktur trennte, verschwand der Geschlechtsunterschied nahezu. Konflikte innerhalb jeder Weibchenklasse, sogar unter nichtverwandten Weibchen, wurden ebenso häufig geschlichtet wie Konflikte unter Männchen. Die Wahrscheinlichkeit einer freundlichen Versöhnung war nur gering, sehr gering, nach Angriffen von Oberklassenweibchen auf Unterklassenweibchen. Wenn wir die Teile des Versöhnungspuzzles zusammenfügen, wird deutlich, daß ein Geschlechtsunterschied bestehen bleibt. Männchen beginnen in neuen Situationen, wie bei den für die Apfeltests vorübergehend geschaffenen Gruppen, unmittelbar an ihren Beziehungen zu arbeiten, indem sie die Sache im Anschluß an Spannungen ausbügeln. Weibchen sind wahrscheinlich mehr an Langzeitbindungen interessiert, die mehr Zeit brauchen, um sich zu entwickeln – vielleicht Jahre. In einem gut bewährten sozialen Netz, wie es die große Zuchtgruppe darstellt, konzentrieren sich die Weibchen auf bestimmte Interessensbereiche; sie versöhnen sich grundsätzlich mit ihren Verwandten und Angehörigen ihrer eigenen sozialen Klasse. So scheinen beide Geschlechter das zu tun, was ihnen in der natürlichen Umgebung, wo Männchen von Gruppe zu Gruppe ziehen und Weibchen für ihr ganzes Leben in festen Gemeinschaften verbleiben, am besten nützt.

Der einzige Teil dieses Schemas, der noch aufgeklärt werden muß, ist, ob soziale Klassen tatsächlich »Interessensbereiche« repräsentieren. Dieser Gedanke wird durch das intolerante Verhalten der Weibchen an den Klassengrenzen bestärkt, aber der eigentliche Beweis muß aus Beobachtungen von Koalitionen kommen, in denen Weibchen einander unterstützen. Existiert innerhalb der Klassen mehr Solidarität als zwischen den Klassen? Geht die Oberklasse als ein geschlossener Machtblock gegen die Unterklasse vor? Nach unseren Untersuchungen ist das in der Tat der Fall. Die Selektivität weiblichen Versöhnungsverhaltens ist strategisch motiviert: Rhesusweibchen versöhnen sich nach Kämpfen vorrangig mit Individuen, die sie zur Kooperation in einer Welt der Konkurrenz brauchen.

Als ich erstmalig über die bemerkenswerte soziale Schichtung unserer Affengruppe auf einem internationalen Kongreß berichtete, warnte mich ein Kollege öffentlich vor dem Begriff »soziale Klasse«. Er hinterfragte weder meine Ergebnisse noch meine Schlußfolgerungen, sondern war lediglich besorgt, daß die Terminologie mißbraucht werden könnte. Konservativ denkende Menschen könnten solche Beobachtungen anführen, um existierende Klassenunterschiede in menschlichen Gesellschaften zu rechtfertigen – ungefähr nach folgendem Prinzip: »Wenn Affen Klassen bilden, dann müssen sie naturgegeben sein.« Die Marxisten würden sich schrecklich aufregen und wieder einmal die Biologie als reaktionäre Wissenschaft brandmarken.

Um dies zu verhindern, könnte ich natürlich neutral von den oberen und unteren Teilen der Hierarchie sprechen, oder einfach von den oberen und unteren Affen. Diese Terminologie würde jedoch die Tatsache verschleiern, daß eine Teilgruppe Privilegien unter sich auf eine relativ tolerante Weise teilt, während sie den Rest der Gruppe von eben diesen Privilegien ausschließt. Wie auch unsere Versöhnungsdaten zeigen, gibt es mehr Nachgiebigkeit zwischen Affen derselben Kategorie. Nur das Schlagwort »soziale Klasse« fängt diese Aspekte der Situation ein. Wenn es nicht erlaubt ist, den naheliegendsten Begriff zu verwenden, so ist es fast, als ob man die Bewegung der Vögel als »durch die Luft ziehen« beschreiben muß, weil das Wort »fliegen« von irgendeiner Fluggesellschaft beansprucht wurde. Die Flugmuster von Vögeln und Flugzeugen sind nicht identisch, ebenso wie die Klassenstrukturen von Affen und Menschen nicht identisch sind; aber dies ist kein ausreichender Grund, eine unterschiedliche Sprache für jeden einzelnen Fall zu erfinden.

Anstatt sogenannte gefährliche Worte zu vermeiden und uns damit mit einem leeren und bedeutungslosen Vokabular im Stich zu lassen, müssen wir Biologen vielmehr den falschen, simplifizierenden Gebrauch unserer Forschungsergebnisse in der Politik aufdecken. Ich hätte dieses Buch nicht geschrieben, wenn ich nicht glaubte, daß das Studium des Tierverhaltens Licht auf die Wurzeln unserer eigenen Gesellschaften wirft. Es hilft uns, die Lage der Menschheit ins rechte Licht zu rücken. Doch keine der vielen zu lernenden Lektionen liefert uns *Normen* für unser eigenes Verhalten. Die Menschen besitzen große Flexibilität in der Art und Weise, wie sie ihre Gesellschaften strukturieren, jeweils abhängig von der Erziehung, die sie ihren Kindern geben, und den Gesetzen und Einrichtungen, die sie schaffen. Was von Bedeutung ist, ist nicht, ob unsere sozialen Einrichtungen »natürlich« (was immer das sein mag) sind, sondern ob sie gut funktionieren und den Menschen von Nutzen sind. Nur durch sorgsames Abwägen werden wir wissen, was das Beste für uns ist.

All dieses sage ich, um klarzustellen, daß ich nicht der Meinung bin, die Klassenstruktur in unserer eigenen Spezies gutzuheißen, wenn ich den Begriff auf Rhesusaffen anwende. Dennoch erkenne ich wohl Ähnlichkeiten, wie zum Beispiel das Tabu im traditionellen indischen Kastensystem, über die Klassen hinweg die Nahrung zu teilen. Die Rationalisierung dieses Tabus war »Reinheit«; das bedeutet, daß Angehörige der höheren Kaste Verunreinigung riskierten, wenn sie Wasser aus Gefäßen von Angehörigen niederer Kasten annahmen oder mit ihnen rauchten oder sogar, wenn sie zu nahe bei ihnen standen. Auch Gewalt gegen Angehörige anderer Kasten wurde unterschiedlich abgeurteilt; Strafen für Mörder reichten von zwölf Jahren bis straffrei, je nachdem, ob man einen Brahmanen oder einen Unberührbaren umbrachte. Daß es in der Tat keine Versöhnung mit Unterklassen-Opfern in unserer Rhesusgruppe gibt, stellt eine gewichtige Parallele dar.

Ohne Frage existieren auch bedeutende Unterschiede, wie zum Beispiel die religiösen und ideologischen Systeme, die die Menschen um ihre Klassensysteme herum bauen, die Arbeitsteilung und die Anhäufung von Reichtum, und die Möglichkeit für Menschen, in eine Klasse durch Heirat aufzusteigen. Dies wird möglicherweise per Gesetz verboten (wie kürzlich noch im südafrikanischen Apartheitssystem), aber in den meisten Gesellschaftsschichten wird Heirat zwischen den Klassen mißbilligt, aber nicht verboten.

Die Leiter hinaufsteigen

Von allen in einer freilebenden Hutaffenpopulation auf Sri Lanka geborenen Affen sterben neun von zehn, bevor sie das Erwachsenenalter erreicht haben. Bei freilebenden Rhesusaffen stellt sich die Situation kaum besser dar. Unsere viel gesünder gehaltenen Affen dürfen nicht im Dschungelparadies leben, aber sie müssen nicht bemitleidet werden. Freiheit bedeutet nicht notwendigerweise Glücklichsein. Die erstaunlich hohen Todesraten von Affen in freier Natur werden durch Hunger, Krankheit und Raubtiere verursacht. Die Überlebenschancen sind am schlechtesten für Nachkommen von Weibchen niedrigen Ranges. Freilebende Affen am unteren Ende der Hierarchie werden dominiert und von den Nahrungsquellen verjagt, was viel Elend, Mühsal und Streß zur Folge hat.

Die Ergebnisse sind kürzlich durch Beobachtungen an baumlebenden Javaneraffen bestätigt worden. Nachdem ich das Waldgelände auf Sumatra, wo diese Untersuchung durchgeführt wurde, besucht hatte, weiß ich, wie schrecklich schwierig das Beobachten dieser Affen ist. Der Regenwald ist dunkel, das Blätterdach dicht und hoch, und die bräunlich-grünen Affen verschmelzen perfekt mit ihrer Umgebung. Zwei holländische Biologen, Maria van Noordwijk und Carel van Schaik, verbrachten Jahre unter den Sumatra-Makaken – und auch unter Orang-Utans, Tigern und Millionen von Parasiten. Sie fanden heraus, daß hochrangige Affen gewöhnlich in vorderster Reihe zu finden sind, wenn sie, beladen mit reifen Früchten, auf Bäume steigen. Diese Affen erlangen ohne große Mühe Nahrung hoher Qualität, was ihnen mehr Zeit zum Ausruhen und Groomen einbringt. Rangniedere Weibchen sind gezwungen, umherzuziehen und fern vom Haupttrupp nach Futter zu suchen, was vermutlich das Risiko erhöht, Raubfeinden zum Opfer zu fallen. Diese Weibchen verschwinden oftmals aus unbekannten Gründen, und ihre Kinder haben eine niedrige Überlebensrate.

An der Spitze der sozialen Leiter zu stehen, ist für ein wildes Affenweibchen nicht bloß eine angenehme, bequeme Position: sie determiniert ihre Lebenszeit und die Reproduktion.Die Tatsache, daß dominante Weibchen erfolgreicher in der Aufzucht von Nachkommen sind, bedeutet, daß sich ihre Gene in der Population verbreiten. Merkmale – wie z. B. soziale Fähigkeiten

und Ehrgeiz –, die diesen Weibchen wohl geholfen haben, ihrer Stammlinie eine Spitzenposition zu sichern, werden von einer großen Anzahl Affen ererbt. Und gefangene Rhesusweibchen führen eben dieses Erbteil vor. Sie messen dem Status große Bedeutung bei, viel mehr, als man angesichts des Nahrungsüberflusses und des Fehlens von Raubfeinden erwarten dürfte. Die Folgen der Evolution über Millionen von Jahren werden nicht in ein paar Generationen ausgelöscht.

Für Männchen stellt sich die Situation ein wenig anders dar, weil die Vorteile eines hohen Ranges auch in Gefangenschaft bedeutsam bleiben. Man nimmt allgemein an, daß männliche Dominanz sich in der Währung sexueller Privilegien auszahlt. Auf welche Weise dies den männlichen Reproduktionserfolg beeinflußt, ist schwer festzustellen. Es ist relativ leicht, den sexuellen Zugang eines Männchens bei Weibchen zu messen. Seine tatsächliche Reproduktion kann jedoch nur mit Hilfe von Vaterschaftstests, basierend auf Blutgruppen oder anderen genetischen Werten, ermittelt werden. Diese Methode wird sowohl in den Laboratorien als auch im Feld zunehmend angewandt. Eine der ersten eingehenden Untersuchungen betraf unsere eigene Gruppe.

Das sexuelle Verhalten in der Gruppe wurde seit fast einem Jahrzehnt von Forschern am Wisconsin Primate Center beobachtet. Gleichzeitig sammelten Marty Curie-Cohen und seine Kollegen in der Abteilung für Genetik Blutproben von allen in der Rhesusgruppe geborenen Kindern und ebenso von ihren Müttern und möglichen Vätern. Die Anzahl der erwachsenen Männchen und ihre Rangordnung wechselten mit den Jahren. In jeder Paarungszeit wurde beobachtet, daß das dominanteste Männchen viel häufiger kopulierte als andere Männchen. Dennoch war dieses Alphamännchen nicht immer derjenige, der die meisten Nachkommen zeugte. Aufsteigende zweit- oder drittrangige junge Männchen zeugten oft mehr Kinder. Vielleicht war ihre Sexualität zurückhaltender; oder ihr Sperma war möglicherweise fruchtbarer als das älterer Männchen. Was auch immer der Grund sein mag, so scheint sich die Reproduktion vornehmlich über Männchen zu vollziehen, die entweder hochrangig sind oder die Möglichkeit erkennen lassen, dieses in naher Zukunft zu werden.

Die gegenwärtige Situation in der Gruppe stellt keine Ausnahme dar. Spickles ist zuständig für das »öffentliche« Paaren. Er kopuliert vor aller Augen und stößt auf dem Höhepunkt mehrere Male gut vernehmbare Bellaute aus. Männchen Nr. 2, Hulk, paart sich nie, wenn Spickles ihn sehen kann, und macht

Die Hierarchie unter Rhesusaffen ist so streng, daß Ranghohe sogar den Inhalt der Backentaschen eines Rangniederen für sich beanspruchen können. Hier unterwirft sich ein juveniles Tier der Inspektion. (Wisconsin Farm Group)

Ein Weibchen (*rechts*) schläft auf einer der Stangen nahe der Käfigdecke, nicht gerade der bequemste Platz. Ihrer kopfüber herunterhängenden Tochter macht es anscheinend nichts aus. Während Spannungsperioden versuchen rangniedere Individuen sich abzusetzen, um Problemen zu entgehen. Diese Familie rangiert ganz unten in der Hierarchie. (Wisconsin Primate Center)

sicherlich nicht auf sich aufmerksam, wenn er sich paart. Es ist amüsant, sein Heimlichkeitsgetue zu beobachten, besonders angesichts der politischen Komplikationen, die durch die für ihn sexuell so attraktive Orange verursacht werden.

Das Spitzendreieck der Gruppe, Spickles-Orange-Hulk, kann wie folgt charakterisiert werden. Mr. Spickles wird als eine soziale Institution von den Weibchen gestützt, angeführt von Orange. Es ist ungewiß, ob Spickles angesichts seines Alters sich gegen jüngere Männchen ohne weibliche Rückendekkung behaupten kann, deshalb scheinen seine Bindungen an Orange entscheidend für die Stabilität seiner Position zu sein. Die beiden verbringen nicht weniger als 9 Prozent ihrer Zeit mit gegenseitigem Groomen, ein erstaunlicher Schnitt, wenn wir bedenken, daß der Grooming-Anteil für andere Männchen-Weibchen-Paare weniger als 0,5 Prozent beträgt. Beide Alphaindividuen unterstützen einander in Konfliktsituationen: Sie beherrschen als Team die Gruppe.

Dennoch ist ihre Solidarität nicht perfekt. Orange unterstützt Spickles gegen seinen Hauptrivalen, Hulk, gerade so lange, wie das alte Männchen nur droht oder jagt. Bei den seltenen Gelegenheiten, wo Hulk tatsächlich angegriffen wurde, hat Orange ihn verteidigt. Trotzdem hilft sie Männchen Nr. 1, den Status quo aufrechtzuerhalten, ohne ihm allerdings zu erlauben, Männchen Nr. 2 physisch zu verletzen. Verständlicherweise trachten beide Männchen nach guten Beziehungen zu ihr, und obwohl Spickles zweifellos erfolgreicher im Kontaktherstellen ist, gestattet Orange Hulk, ein gut Teil der Zeit mit ihr und ihrer königlichen Familie zu verbringen.

Da es nicht in der Natur der Rhesusaffen liegt, längerwährende Koalitionen zu bilden, muß sich Orange keine Sorgen um eine einträchtig herrschende Koalition machen, die sie ausschließt. Folglich dominiert sie nicht nur völlig die gesamte Weibchenpopulation, sie ist auch Teil des zentralen Dreiecks und hat den meisten Einfluß. Selbst in der Rhesusgesellschaft spiegelt die Rangordnung nicht vollständig die Machtbeziehungen wider: Orange hat einen formal niedrigeren Status als Spickles (sie grinst ihn ängstlich an und geht seinen Angriffen aus dem Wege), aber gleichzeitig ist sie sehr wohl in der Lage, ihn aufzubauen oder ihn zu erledigen. Ich schränke diese Behauptung ein wenig ein, denn es ist immer schwer zu beurteilen, was hinter den Kulissen einer stabilen sozialen Situation vorgeht. Die genaue Beschaffenheit solcher Einflüsse wird nur aufgedeckt werden, wenn die Position einer der drei Affen an der Spitze von innerhalb oder außerhalb der Triade bedroht wird. Das ist bis heute nicht passiert.

Die einzigen größeren Schwankungen in der Hierarchie des Trupps während der letzten sechs Jahre wurden durch ein Weibchen mittleren Ranges, durch Tip, verursacht. Ende 1981 zeigte Tip noch regelmäßig vor ihrer Mutter und ihrer älteren Schwester unterwürfig die Zähne. Im Februar des nächsten Jahres begannen sich die Verhältnisse zu ändern. Bei mehreren Gelegenheiten appellierte Tip, wenn sie von ihrer Schwester gejagt wurde, bei hochrangigen Weibchen und Hulk um Hilfe. Sie präsentierte ihnen ihr Hinterteil, während sie ihre Gegnerin androhte und kreischte. Manchmal führte das zu einem echten Kampf mit Tip als Angreiferin. Zweimal mußte ihre Schwester zur Behandlung von Verletzungen zeitweilig aus der Gruppe genommen werden.

Die unmittelbar im Rang über der T-Familie stehende Familie wurde mit in die Auseinandersetzung einbezogen, und die Beziehungen zwischen ihrer Matriarchin, Gray, und Tip begannen, bedenkliche Risse zu zeigen. Gray drohte Tip häufig an, insbesondere, wenn sich Tip jemandem näherte, der sie gewöhnlich unterstützt. Diese Probleme wurden durch ein gemeinschaftliches aggressives Vorgehen gegen Tips Schwester gelöst; eine Entladung, die eine starke Bindung zwischen Tip und Gray erzeugte. Oftmals unterbrachen sie ihre Teilnahme an den Attacken, um einander zu groomen, während die arme Schwester weiterhin von den Helfern, die Tip mobilisiert hatte, verfolgt wurde. Die Versöhnung mit Gray und die Unterstützung durch Gray rangierten auf Tips Prioritätenliste höher als das Wohlergehen ihrer Verwandten. Weder groomten sich die beiden T-Schwestern während dieser Monate, noch saßen sie nah beieinander oder grinsten gar der anderen unterwürfig zu.

Die formale Dominanz wurde im Juli 1982 wiederhergestellt, als Tips Schwester erstmals die Zähne entblößte. Obwohl lärmende Streitereien weiterhin auf der Tagesordnung standen, hörte die physische Auseinandersetzung zwischen den Schwestern auf. Doch Tips ambivalente Beziehung zu Gray dauerte an: Einmal waren sie nahe daran zu kämpfen; gleich darauf suchten sie einen Sündenbock. Jetzt ließ Tip ihre Schwester allein und konzentrierte sich statt dessen auf ihre Mutter. Das führte zu bösen Zankereien, in deren Verlauf Tip erfolgreich Unterstützung von allen G-Weibchen anwarb. Gegen Ende 1982 unterwarf sich Tips Mutter ebenfalls formal. Meine Interpretation dieses ganzen Prozesses ist, daß Tip geschickt Grays Tendenz zu »generalisieren« ausgenutzt hatte. Grays Spannungen mit Tip wurden einfach in Aggression gegen den Rest der T-Familie gelenkt, was genau Tips Bedürfnissen entsprach.

Für ein paar Monate bestanden noch Spannungen innerhalb der T-Familie; sie beruhigten sich aber im Frühling des folgendes Jahres. Als ich eines Morgens ankam, bemerkte ich aus einiger Entfernung, wie zwei Weibchen Baby-

---

Orange groomt Spickles. Die beiden Alphatiere verbringen eine beachtliche Menge Zeit miteinander und beherrschen die Gruppe als ein Team. (Wisconsin Primate Center)

Tip zeigt das typische Drohgesicht von Affen, die die bestehende Ordnung herausfordern. Die Ohren angelegt, das Kinn aufwärts gerichtet, grunzt sie ihren Gegner an. In den Jahren stieg Tip im Rang über eine ganze Reihe von Weibchen auf, einschließlich ihrer Mutter, die aus Protest kreischt (*nächste Seite*), nachdem sie von ihrer ehrgeizigen Tochter angegriffen wurde. (Wisconsin Primate Center)

Mr. Spickles gähnt, ein Zeichen von Anspannung, denn Hulk hockt geradewegs über ihm. Hulk mag zwar in einer besseren körperlichen Verfassung sein, aber ihm fehlt es an Erfahrung und an der Unterstützung durch Weibchen, die Spickles Machtposition festigt. (Wisconsin Primate Center)

grunzer austauschten und gegenseitig ihre Babies berührten. Dann groomten sie einander. Nichts Ungewöhnliches für den Durchschnittszoobesucher, aber höchst bedeutsam in meinen Augen. Die Weibchen waren Tip und ihre erwachsene Schwester. Fast zwei Jahre des Grolls hatten ein Ende gefunden. Von nun an nahm der Kontakt innerhalb der T-Familie allmählich zu. 1984 bildeten die Ts eine der kohäsivsten Matrilinien mit den stärksten inneren Bindungen der Gruppe. Mit Tip fest an der Spitze kehrte der Frieden wieder ein.

Dies ist nicht das Ende von Tips Geschichte. Wie zu erwarten war, legte sich Tip anschließend mit den dominanten G-Weibchen an und führte tägliche Gefechte mit ihnen. Grays älteste Tochter hatte, und hat noch, eine ganze Menge Schwierigkeiten mit Tip und ihren mächtigen Helfern. (Die alte Gray selbst starb 1983 eines natürlichen Todes.) Auch in diesem Kampf zeigen sich Tip und ihre Gegner(innen) niemals die Zähne oder groomen einander. Es ist interessant, dies mit dem Verhalten der Schimpansen zu vergleichen. Der gemeinsame Punkt ist, daß Dominanzkämpfe eine Unterbrechung der formalen Beziehungen mit sich bringen, das bedeutet, einen absoluten Stillstand in der Statuskommunikation, solange der Prozeß nicht entschieden ist. Der große Unterschied ist, daß es, während rivalisierende Rhesusaffen alle freundschaftlichen Begegnungen einstellen, zwischen den Schimpansenmännchen in Arnheim in derartig spannungsgeladenen Zeiten häufig zu Versöhnungen kam, die mit einer tatsächlichen *Zunahme* im Groomen endeten. (Ich beziehe mich nicht auf den kürzlichen fatalen Vorfall, sondern auf die Kämpfe früherer Jahre.) Anscheinend handelt es sich wieder um eine Art der Konfliktlösung und eine kompensatorische Maßnahme, die bei diesen Menschenaffen eine höhere Stufe als bei Rhesusaffen erreicht hat.

Tips Aufstieg geht bemerkenswert langsam voran, und es ist unklar, wie und wann er enden wird. Oberflächlich gesehen, mag es anscheinend nicht viel Unterschied machen, ob sie im Rang siebzehnte oder dreizehnte sein wird. Wenn es aber, angesichts der Klassenstruktur, Tip gelingt, die G-Weibchen auszustechen und im Rang zu übertreffen, dann wird sie in einer Position gerade unterhalb des unteren Randes der Oberklasse sein, von der aus sie sich vielleicht jener Klasse anschließen kann. Dies würde einen ziemlich bedeutenden Schritt innerhalb der Hackordnung darstellen: Sowohl Tip als auch ihre Nachkommen würden in den Genuß der entsprechenden Solidarität und Toleranz der Gruppenelite kommen. Von allen Weibchen niedrigeren Ranges hat sie bei weitem die besten Grooming-Beziehungen zu den Weibchen der Oberklasse. Irgendwie scheint sie die richtigen Schritte zu unternehmen. Mehrere hochrangige Männchen und Weibchen sind ihr behilflich, und sogar ihre Schwester verwandelte sich vor kurzem in eine ihrer Helferinnen.

Weiß Tip, was sie tut? Weiß sie, auf welchem Wege sie ist? Obwohl es

Nachdem Tip ihre Verwandtschaftsgruppe fest dominierte, kehrte wieder Frieden in der T-Familie ein. Hier groomt Tip ihre alternde Mutter. (Wisconsin Primate Center)

unmöglich ist, Gewißheit zu erlangen, möchte ich wohl, daß sie es weiß. Es ist schwierig, die flexiblen Strategien nichtmenschlicher Primaten zu erklären, ohne anzunehmen, daß sie sich über die Folgen ihres Verhaltens bewußt sind. Diese Perspektive mag berechtigt erscheinen, doch die traditionelle Betrachtungsweise von Tieren ist eine ganz andere. Vor mehr als fünfzig Jahren bemerkte Solly Zuckerman, daß »subhumane Primaten keinen wirklichen Begriff von den sozialen Situationen haben, deren Teil sie selbst jeweils bilden«. Insbesondere hat der amerikanische Behaviorismus zu einem mechanistischen Bild der Tiere in der Wissenschaft beigetragen. Tiere wurden als pelzige Billardkugeln gesehen, die blindlings umherrollen und deren Kurs durch die Gesetze der Physik oder, in der Terminologie des Behaviorismus, durch Reiz-Reaktions-Ketten bestimmt werden.

Tip (*rechts*) grinst unterwürfig und zieht sich angesichts der mit geöffnetem Mund drohenden Orange und Ommie (*links*) zurück, an die sie sich anschließen wollte. Tips zunehmende Verbindung zu hochrangigen Affen stößt noch auf Widerstand. (Wisconsin Primate Center)

Stuart Altmann spielte diese Sichtweise für die Dominanzbeziehungen von Primaten durch. Indem er des Teufels Advokat spielte, verglich er solche Beziehungen mit dem ständigen Grinsen übers ganze Gesicht. Sie sind eine Abstraktion, sagt er, und existieren nur im Geist der Forscher. »Sind Dominanzbeziehungen wichtig? Natürlich sind sie es, aber für die Forscher, nicht für ihre Forschungssubjekte.«

Wir wollen ein paar Phänomene zusammenfassen, die möglicherweise Licht auf dieses Problem werfen:

– Das Angstgrinsen ist ein Signal, das kein Rhesusaffe jemals einem Untergeordneten gibt, auch wenn er gelegentlich in einer Konfrontation unterliegt. Das Signal muß vielmehr von einer Einschätzung der Langzeitbeziehung abhängen und nicht nur das Ergebnis eines vorübergehenden Konflikts reflektieren. Mit anderen Worten, Rang ist keine Abstraktion; in ihrer Kommunikation beziehen sich Affen auf die zwischen ihnen bestehenden Statusunterschiede.

– Weibchen, die sich im Rang nahe der Grenze ihrer Klasse befinden, sind bemerkenswert intolerant gegenüber Weibchen auf der anderen Seite jener Grenze. Dies läßt ein Bewußtsein von der Schichtung der Gruppe vermuten.

– Rhesusaffen generalisieren von einem auf alle Angehörige einer Verwandtschaftseinheit. Es gibt weitere Anzeichen für ein triadisches Bewußtsein, das heißt, ein Verständnis für die Beziehungen zwischen anderen.

– Rhesusaffen erinnern sich an die Individuen, mit denen sie gekämpft haben. Ob sie sich mit ihnen versöhnen, hängt von den geknüpften Bindungen und der Klassenzugehörigkeit ab.

Streng genommen beweist diese Liste nicht, daß Affen wissen, worum es in ihrem Verhalten geht. Der Punkt ist, daß ihre Handlungen verständlicher werden, wenn wir *annehmen*, daß sie Einblick in das soziale Netz haben, in welchem sie leben. Indem wir sie als Lebewesen mit reichem sozialen Wissen und einem eigenen Willen betrachten, ist es uns erlaubt, Daten zu interpretieren, die sonst keinen Sinn ergeben würden. So spreche ich hier eher über einen theoretischen Rahmen als über eine bewiesene Position. Dieser Rahmen, bekannt als *kognitive Ethologie*, ist stimulierender und fruchtbarer als die klassische Sichtweise von Tieren als Roboter in einem Spiel, das sie kaum verstehen. Entgegen der arroganten Denkweise, daß wir menschlichen Forscher besser die Bedeutung des Verhaltens nichtmenschlicher Primaten ergründen, als sie selbst es tun, werde ich die Vermutung nicht los, daß es genau umgekehrt ist. Es kostet mich Tausende von Stunden des Wartens und Beobachtens, um zu einem tieferen Verständnis ihres sozialen Lebens zu gelangen, welches meiner Einschätzung nach aber oberflächlich bleibt, verglichen mit dem Verständnis, das die Affen selbst von sich besitzen.

Andererseits gibt es keine Anzeichen dafür, daß Affen einen vollständigen Abriß ihrer sozialen Organisation in sich tragen. Mag sein, daß sie ihre soziale Hierarchie gründlich kennen, aber das garantiert nicht den Besitz irgendeines Konzeptes von Hierarchie. »Das vollständige Bild existiert nicht in seinem Geist; er ist in ihm und kann das Ganze nicht von außerhalb sehen«, schrieb Bronislaw Malinowski 1922. Er bezog sich auf die Einwohner der Trobriand-Inseln, aber ich las seine Feststellung als für Affen, nicht für Menschen zutreffend. »Sie kennen ihre eigenen Motive, wissen um den Zweck individueller Handlungen und welche Gesetze auf sie angewendet werden, aber wie, davon einmal abgesehen, sich die gesamte kollektive Institution gestaltet, geht über ihr geistiges Vermögen.« Zweifellos hat der Anthropologe das geistige Vermögen der Trobriander unterschätzt. Menschen können einen Überblick über ihre Gesellschaft erreichen, und sie tun es auch, und es gibt keinen Grund zu glauben, daß diese Fähigkeit von einem Volk zu einem anderen variiert. Das muß nicht heißen, daß Menschen diesen Überblick bewußt bei allem, was sie tun, in Betracht ziehen. Andererseits handeln wir meistens, wie andere Primaten auch, auf der Basis intuitiver Kenntnis unserer unmittelbaren sozialen Umgebung.

4. Kapitel
Bärenmakaken

> Die rote Gesichtsfarbe, begrenzt auf die Bereiche um Augen und Nase, schaut seltsam pockennarbig und dunkel gefleckt, ja fast krankhaft aus. Ein Kehlkopfsack mit einem Kehllappen und ein fetter, spärlich mit Fell versehener Bauch sind weitere »Schönheitsmerkmale«, die das alte Männchen zu einem der häßlichsten aller Primaten machen. Auch fehlt ihm der eindrucksvoll dämonische Charakter des Drills und des Mandrill, und desgleichen zeichnet sich auch die Seele des Bärenmakaken weder durch Temperament noch Energie aus. Statt dessen sind sie recht phlegmatisch.
>
> *Alfred Brehm*

Wenn ich einen Skeptiker von der Existenz von Versöhnungen unter Affen überzeugen müßte, würde ich ihn weder zu den Schimpansen noch zu den Rhesusaffen mitnehmen. Schimpansen, mit ihrem langen Erinnerungsvermögen, lassen sich bei allem, was sie tun, Zeit. Ungeübte Beobachter haben Schwierigkeiten, sich auf zwei ehemalige Antagonisten für mehr als ein paar Minuten zu konzentrieren, und werden durch Ereignisse verwirrt, die nicht unmittelbar miteinander in Beziehung stehen. Andererseits sind bei Rhesusaffen Versöhnungen nach Kämpfen oftmals für Menschen zu subtil, um in ihrer Bedeutung erfaßt zu werden. Wir haben zwar Beweise für eine Verbindung mit der vorausgegangenen Aggression, und ich bin überzeugt, daß Versöhnungen zwischen Rhesusaffen für sie selbst höchst bedeutsam sind; aber unglücklicherweise ist, wie ich schon sagte, mein Gast ein Skeptiker. Deshalb würde ich ihn mit zu den Bärenmakaken nehmen.

Unsere Schönheiten

Von den Primaten, die in diesem Buch behandelt werden, schließen Bärenmakaken auf eine Weise Frieden, die am klarsten prognostizierbar und am offensichtlichsten ist. Ich kann das Auftreten einer Handvoll, vielleicht sogar eines Dutzends unzweifelhafter Fälle an einem einzigen Nachmittag garantieren. Bärenmakaken sind in hohem Maße versöhnungsbereit, und zwar innerhalb ein oder zwei Minuten nach einer Konfrontation und oftmals mit viel Lärm; man kann es einfach nicht verpassen!

Nach dem Lesen von Alfred Brehms wenig schmeichelhafter Beschreibung des Bärenmakaken sind möglicherweise nur wenige Leute geneigt, ihre Zeit mit der Beobachtung ebendieser Affen zu verbringen. In einer Hinsicht hatte Brehm recht; auf den ersten Blick schauen Bärenmakaken tatsächlich etwas, sagen wir, ungewöhnlich aus. Das ist der Grund, warum nur wenige Zoos die Spezies zur Schau stellen. Doch jeder, der die Bärenmakaken besser kennt, ist von ihrer charmanten Persönlichkeit hingerissen. Ihr Aussehen war Anlaß ständiger Witzeleien zwischen meiner Frau und der chinesischen Forscherin RenMei Ren, die die Bärenmakakengruppe viele Stunden am Tag beobachtete; jedes Mal, wenn Catherine unsere Anlage besuchte, warf sie den Affen Häßlichkeit vor; RenMei ging dann buchstäblich in die Luft, und um sie zu verteidigen, sagte sie: »Nein, nein, sie sind wunderschön!«

Es ist ungewöhnlich leicht, die Individuen auseinanderzuhalten. Die Fellfarbe kann alle Töne von Grau, Braun oder Rötlich bis zu Schwarz annehmen. Das Gesicht ist mit unregelmäßigen Flecken und Sprenkeln, in einem für jedes Individuum einzigartigen Muster, übersät. Auch sind die Gesamtfärbung und der Gesichtsausdruck höchst variabel. Von allen mir bekannten Primaten, die Menschen eingeschlossen, sind die Bärenmakaken die Spezies mit den größten individuellen Unterschieden im Aussehen. Einige der Namen unserer Affen spiegeln das wider: Das Alphaweibchen, Goldie, hat ein weiches orangenes Gesicht und hellbraunes Fell; das zweite Weibchen, Wolf, hat ein schwarzes Gesicht mit markanten Augenbrauenwülsten und einem langhaarigen grauen Fell; die Matriarchin der größten Verwandtschaftseinheit, Silver, hat ein tomatenrotes Gesicht voller Runzeln und, einzigartig in der Gruppe, ein weißes Fell. Die Färbung und der Körperbau von Goldie, Wolf und Silver sind so verschieden, daß man denken könnte, daß durch Kreuzung in Gefangenschaft Unterarten geschaffen worden seien. Das ist nicht der Fall; eine Variation dieser Art tritt nachweislich innerhalb wilder Gruppen auf.

Das Bärenmakakenweibchen besitzt einen plumpen, birnenförmigen Körper, das Männchen hingegen ist muskulös mit breiteren Schultern. Nur erwachsene Männchen sind mit langen, scharfen Eckzähnen bewaffnet. Beide Geschlechter bewegen sich ziemlich langsam; sie sind für das Gehen, nicht fürs Klettern gerüstet. Ihre ausdrucksvollen Gesichter ziehen wegen des im Verhältnis zum übrigen Körper großen Kopfes sofort die Aufmerksamkeit auf sich. Es schaut fast so aus, als ob ein Menschenaffenkopf auf

---

Joey, ein vierjähriges Männchen, zeigt das für Bärenmakaken charakteristische gesprenkelte Gesicht. (Wisconsin Primate Center)

einen Affenkörper aufgesetzt wurde. All das und zudem das Fehlen eines Schwanzes sind der Grund, warum in früheren Zeiten die Tierhändler Werbung für Bärenmakaken als »Schimpansenpygmäen« machen konnten.

In diesem Kapitel werden die Bärenmakaken mit Rhesusaffen und nicht mit Menschenaffen verglichen werden. Hinsichtlich der biologischen Distanz stehen Bärenmakaken von der Evolutionslinie, die Menschen und Menschenaffen hervorbrachte, weit entfernt, dem Rhesusaffen aber und anderen Angehörigen des Geschlechts *Macaca* sehr nahe. Der Bärenmakak stellt gewissermaßen eine Anomalie innerhalb dieses Geschlechts dar, es ist aber zweifellos die beste Klassifikation dieser Spezies. Interessanterweise existieren trotz seiner nahen Verwandtschaft zum Rhesusaffen enorme Verhaltensgegensätze zwischen den beiden Makaken. Ich werde die Gegensätze auf Kosten der Ähnlichkeiten hervorheben, da ich gern das breite Spektrum des sozialen Verhaltens vermitteln möchte.

Ich möchte mit einer populären Meinung, der ich *nicht* zustimme, beginnen. Gemeint ist das »Phlegma« des Bärenmakaken, wie es Brehm nannte. Ursprünglich bezog sich das Wort auf eine Körperflüssigkeit, die, wie man im Mittelalter glaubte, Trägheit und Apathie verursacht. Heutzutage bedeutet Phlegma solche Eigenschaften wie Gemütsruhe und Gelassenheit. Eine ähnliche Meinung über Bärenmakaken äußerten die Psychiater Arthur Kling und J. Orbach, die sie – ausgerechnet – mit lobomotisierten Rhesusaffen verglichen. Sie beobachteten ein sanftes Wesen, eine natürliche Gelehrigkeit und das Fehlen jeglicher Arglist. In der Tat ist das in den Labors häufig der Fall. Bärenmakaken kämpfen und beißen nicht so viel wie Rhesusaffen, deshalb können die Tierpfleger erwachsene Weibchen einfach einsammeln, ohne sie mit Hilfe eines Netzes einfangen zu müssen. Die Weibchen scheinen zu erkennen, daß mit Widerstand nichts gewonnen werden kann. Aber wenn wirklich etwas Wichtiges auf dem Spiel steht, kann sich ihre Haltung dramatisch ändern – und dann sind Bärenmakaken gefährlicher als Rhesusaffen.

Wir wissen wenig über ihr Leben in der freien Natur, in Indochina und im südlichen China, aber mehrere Berichte behaupten, daß Bärenmakakenmännchen sich an der Peripherie ihrer Gruppe postieren, um andere vor Gefahr zu warnen und sie zu beschützen. Das ist nicht gerade eine überraschende Strategie für eine auf dem Boden lebende Spezies, der es an Schnelligkeit für eine erfolgreiche Flucht mangelt. Bärenmakakenmännchen sind größer und stärker als Rhesusmännchen und scheinen sich besser zu koordinieren. Ihnen wird nachgesagt, daß sie Farmern, die sie von den Feldern jagen, Kämpfe liefern und Jäger derart heftig angreifen, daß einige nicht lebend wiederauftauchten. Im Jahre 1955 sollen nach einem unbestätigten Bericht die Schreie eines von einem Jäger erschossenen Affen den Großangriff eines ganzen Trupps ausgelöst haben, in dessen Folge der Mann »buchstäblich in Stücke gerissen wurde«.

Mireille Bertrand, eine französische Ethologin, die die Bärenmakaken in Thailand beobachtete, fühlte sich einmal durch das Herannahen einer laut bellenden Gruppe ernstlich bedroht. Sie glaubt, daß Bärenmakaken einander mit Aggression anstecken können, wenn sie im Chor Laute von sich geben und auf diese Weise Mut schöpfen. Glücklicherweise erreichten sie bei Bertrand diesen Punkt nicht; sie verharrte bewegungslos zwölf Minuten lang und zeigte weder Feindseligkeit noch Furcht. Auch in Gefangenschaft zeigen in Gruppen lebende erwachsene Männchen eine fanatische Beschützermentalität. Ihr Phlegma verschwindet, sobald man eines der cremefarbenen Jungtiere zu fangen versucht. Wir haben gelernt, vorsichtig zu sein, wenn wir unsere Gruppe

Bärenmakakenjungtiere sind während der ersten sechs Monate cremefarben, danach wird ihr Fell allmählich dunkel. Verglichen mit Rhesusjungen entwickeln sie sich langsamer und bleiben für eine längere Zeit abhängig. Dieses zerbrechlich ausschauende Jungtier ist schon vier Monate alt. (Wisconsin Primate Center)

aus dem Innenkäfig in die Außenanlage jagten. Wenn eines der Männchen nicht bereit war, sich zu bewegen und in einer sehr bestimmten Pose verharrte, so hieß das, daß wir ein Jungtier übersehen haben mußten, das irgendwo in einer Ecke hinter ihm zurückgeblieben war. Dann verließen wir den Käfig und ermöglichten dem Jungtier, sich den anderen, gefolgt vom Männchen, anzuschließen. Manchmal nehmen sie Jungtiere sogar auf, um sie nach draußen zu tragen.

Kurzum: Das Bild von Bärenmakaken als lethargischen und reizlosen Tieren gilt nicht für Menschen, die mit ihnen vertraut sind. Sowohl Brehms Beschreibung als auch der Gedanke, daß eine Gehirnläsion ein Rhesustemperament in das eines Bärenmakaken verwandeln könnte, sind Beleidigungen der Spezies. Bärenmakaken besitzen eigene starke, komplexe Persönlichkeiten. Sie sind hochintelligent, und obgleich sie meistens von sanftem Temperament sind, sprühen sie vor Leben und Energie.

Orgastische Versöhnungen

Spezies neigen dazu, diejenige Forschung auf sich zu lenken, die sie verdienen. Wir untersuchen Aggression bei Rhesusaffen, Intelligenz bei Schimpansen und Gesang bei Gibbons. Im Fall der Bärenmakaken richten wir das Vergrößerungsglas auf ihr Sexleben. Das ist angesichts der unglaublichen Potenz dieser Spezies und der Art und Weise, wie sexuelle Elemente das Gruppenleben von Aggression bis hin zur Versöhnung durchdringen, verständlich.

– Für ein Männchen ist es ganz normal, zehnmal an einem Tag zu kopulieren. Sam, ein Männchen in einer großen Gefangenschaftskolonie ist der Weltmeister; er vollzog einmal neunundfünfzig Paarungen innerhalb von sechs Stunden, jede mit einer Ejakulation.

– Beide Geschlechter können das sogenannte Orgasmusgesicht auf dem Höhepunkt des Verkehrs zeigen; Männchen zeigen es praktisch jedes Mal, Weibchen durchschnittlich einmal bei sechs Paarungen. Die Lippen nach vorn geschoben, kreisförmig geöffnet, stößt der Affe eine Reihe langgezogener, stimmhafter Atemzüge aus. Dasselbe Verhalten, zusammen mit Körperkonvulsionen, ähnlich denen eines ejakulierenden Männchens, kann man bei Weibchen sehen, die sich während einer gefühlsbetonten Versöhnung umarmen.

– Nach einer heterosexuellen Kopulation bleiben die Partner einander verbunden – fast wie Hunde –, doch kann man sie falls erforderlich trennen; normalerweise wird das Männchen derweil ständig von einer großen Anzahl

Mephisto paart sich mit Cinnamon. (Wisconsin Primate Center)

anderer Affen belästigt, die nach ihm schlagen oder an seinem Fell ziehen, aber sich nicht um das Weibchen kümmern.

– Ein großer Teil des sexuellen Verhaltens der Spezies ist vom Zyklus der Weibchen unabhängig, das keine äußeren Anzeichen aufweist. Auch die Jahreszeiten besitzen wenig oder keinen Einfluß auf Sex und Reproduktion.

– Männchen können ein Weibchen mit einer Mischung aus aggressivem und sexuellem Verhalten schikanieren. Genau das machen sie bei Spannungen in der Gruppe, insbesondere dann, wenn ihre Position gegenüber anderen Männchen demonstriert werden muß. Auf dieselbe Weise schikanieren Männchen fremde Weibchen. Bertrand brachte zwei neue Weibchen in eine Gefangenschaftsgruppe ein und beobachtete: »Dieses erzwungene Aufsteigen könnte als schlichte Vergewaltigung betrachtet werden, da das Weibchen offensichtlich nicht empfängnisbereit und auch nicht willig war. Während sie sich weiterhin zusammenkauerte, hob das Männchen gewaltsam ihr Hinterteil hoch, schüttelte und biß sie sogar, auch ignorierte er ihre Schreie und Appelle, doch endlich abzusteigen.«

– Sexuelle Elemente sind auch beim Rückversicherungs- und Grußverhalten hervorstechend. Bärenmakaken gehen hierbei nicht so weit wie Bonobos, die im nächsten Kapitel beschrieben werden, aber ihre Versöhnungen haben entschieden mehr Sex-Appeal als die der meisten anderen Primaten.

Obwohl sich meine Arbeit nicht spezifisch mit sexuellem Verhalten befaßt, ist es schwierig, dieses Thema zu umgehen, wenn man Bärenmakaken beobachtet. Außerdem erfahre ich sozusagen jeden Tag etwas darüber, weil einige

Ein rätselhaftes Phänomen ist das häufige Stören der kopulierenden Paare durch andere Gruppenmitglieder. Während Mephisto (*Mitte*) und Silver in der nachkopulativen Bindungsphase sind, eilen vier erwachsene Weibchen und ein juveniles Tier herbei. Mephisto droht einem von ihnen mit geöffnetem Mund, kann sich aber, bis die Bindung unterbrochen wird, kaum selbst verteidigen. (Wisconsin Primate Center)

der namhaftesten Spezialisten in diesem Bereich enge Kollegen von mir sind. Die oben angeführten Daten stammen größtenteils von Koos Slob und Kees Nieuwenhuijsen (letzterer ist einer meiner früheren Studenten von Arnheim) von der Erasmus-Universität in Rotterdam. Hier am Wisconsin Primate Center arbeitet im Büro neben mir David Goldfoot, der in Zusammenarbeit mit Slob und anderen der erste war, der einen sexuellen Höhepunkt bei Primatenweibchen nachwies, wobei Bärenmakaken seine Forschungssubjekte waren.

Goldfoot hatte eine bedeutende Entdeckung gemacht, denn bisher hatten viele Männer der Wissenschaft – von Frank Beach bis Desmond Morris, von David Barash bis George Pugh – angenommen, daß der weibliche Orgasmus den Menschen vorbehalten sei. Während die Leute bereitwillig die Idee akzeptieren, daß Primatenmännchen sexuelle Lust erleben, werden viele skeptisch, wenn dasselbe auch von Weibchen behauptet wird. Diese Ansicht läßt den bis zu Beginn des Jahrhunderts vorherrschenden puritanischen Glauben widerhallen, wonach nur Männer Sex genießen. Nachdem wir diese irrige Meinung aufgegeben haben, zögern wir anscheinend immer noch, den weiblichen Orgasmus als ein weitverbreitetes und natürliches Phänomen zu betrachten. Anzunehmen, daß weibliche sexuelle Erregung auf unsere eigene Spezies begrenzt ist, heißt zugleich, die tiefen biologischen Wurzeln männlicher Erregung zu verleugnen.

Die offizielle Argumentation lautet, daß Befriedigung für Primatenweibchen irrelevant ist; sie sei für das Auftreten von Kopulation nicht notwendig, da Männchen genug Appetit für zwei haben. Nach Meinung des Anthropologen Donald Symons in seinem Buch *The Evolution of Human Sexuality* ist sexueller Genuß möglicherweise für Weibchen sogar dysfunktional, eine Störung, wenn es dadurch die Kontrolle über sich selbst verliert. (»Wenn der Orgasmus eine dermaßen lohnende Erfahrung wäre, um zu einem autonomen Bedürfnis zu werden, dann ist es denkbar, daß er eine effektive Handhabung der Sexualität durch die Frau untergraben könnte.«) Symons argumentiert, daß erfolgreiche Reproduktion von den Weibchen eine sorgfältige Auswahl ihrer Paarungspartner fordert. Da dies für die Reproduktion der Männchen weniger wichtig ist, können sie sich austoben. Ich glaube, wir sollten nie eine Theorie jenseits beobachtbarer Fakten aufstellen. Weibliche Primaten sind mit einer Klitoris ausgestattet, einem Organ mit nur einer bekannten Funktion. Außerdem sind Weibchen in sexuellen Dingen durchaus nicht passiv. Sie suchen aktiv Verkehr mit Männchen und tun dies auch häufiger, als dies für die Reproduktion unbedingt notwendig wäre. Ohne physische Belohnung wäre dies schwer zu verstehen. Für mich wäre es dasselbe, als ob man Hunger als treibende Kraft anerkennt und gleichzeitig bezweifelt, daß Essen Spaß macht.

Goldfoot teilte die orgastische Reaktion in drei Bereiche ein: die subjektive

Erfahrung, das offenkundige Verhalten und die physiologischen Veränderungen. Ohne Frage sind nur die beiden letzten Aspekte bei Affenweibchen meßbar. Er installierte Geräte, um die Herzfrequenzen und die Uteruskontraktionen zu messen und zeichnete das Verhalten mit Video auf. Bei Anwendung der für Menschen entwickelten Kriterien von Masters und Johnson zeigten Affen einen sexuellen Höhepunkt während der Besteigungen. Genau in dem Moment, wo auf dem Gesicht des Weibchens der kreisförmig geöffnete Mund erschien und kehlige Laute ausgestoßen wurden, verzeichneten die Geräte eine plötzliche Steigerung ihrer Herzfrequenz, von 186 auf 210 Schläge pro Minute, und zudem starke Kontraktionen des Uterus.

Eigentlich betraf dieses Experiment das Rückversicherungsverhalten. Die Partner des Weibchens waren andere Weibchen. Weibliche Bärenmakaken besteigen einander nur in Zeiten großer Aufregung, die hier durch gemein-

Das Halten des Hinterteils ist eine häufige, versöhnliche Geste. Dopey (*Mitte*) klappert mit den Zähnen, als sie die Hüften ihres präsentierenden Gegners (*rechts*) umklammert. Yolinda (*links*) wurde im vorangegangenen Kampf von Dopey unterstützt und schmiegt sich nun an ihre Beschützerin. Beachtenswert, daß jeglicher Augenkontakt fehlt. (Wisconsin Primate Center)

same Unterbringung von sechs Weibchen hervorgerufen wurde, die normalerweise getrennt lebten. Dies verursachte eine Welle von Aggressionen, gefolgt von einer Reihe Besteigungen, als ob etwas von der aggressiven Erregung in sexuelle Erregung transformiert worden war. Die Körperhaltung beim Aufsteigen war dieselbe wie die, die wir nach Kämpfen in unserer sozialen Gruppe gesehen hatten. Es ist nicht ein echtes Aufsteigen, wie wenn ein Männchen mit seinen Füßen die Fußknöchel eines Weibchens packt und seine Hände auf ihre Schultern legt. Statt dessen ist es ein Verhaltensmuster, das wir *Hinterteilhalten* nennen: Ein Partner zieht den anderen auf seinen oder ihren Schoß, wobei er (sie) hinter ihm (ihr) sitzt und die Hüften des (der) anderen fest umklammert. Die entstehende Tandemstellung entspricht vollkommen der eines einander liebenden Männchen-Weibchen-Paares, das sich nach einer Kopulation niedersetzt. Es ist mehr eine Umarmung von hinten als ein Aufsteigen.

Kurzgesagt: Es kann gezeigt werden, daß die sexuelle Stellung, die Bärenaffen häufig während einer Versöhnung annehmen, von physiologischen Anzeichen eines Orgasmus begleitet ist. Das besagt nicht, daß ein sexueller Höhepunkt bei jeder Versöhnung erreicht wird. Ein Grund, dieses zu bezweifeln: Das Stoßen des Beckens und der Orgasmusgesichtsausdruck waren in unserer großen Gruppe bei den Ritualen des Hinterteilhaltens nicht üblich. Statt dessen gingen diese Kontakte normalerweise mit Zähneklappern (ein schnelles Öffnen und Schließen des Mundes bei entblößten Zähnen), Lippenschmatzen oder hohen grellen Schreien einher. Der Grad sexueller Erregung ist möglicherweise geringer als der im Experiment verzeichnete. Gelegentlich beobachten wir eben doch ein Orgasmusgesicht bei einer Versöhnung. Es gleicht einer Offenbarung, daß die Natur Bärenmakaken mit einem eingebauten Antrieb ausgerüstet hat, sich mit ihren Feinden zu versöhnen.

Zwei Makaken

RenMei Ren ließ ihren Ehemann und (erwachsene) Kinder zurück, nahm ein Forschungsjahr von der Universität in Beijing und schloß sich unserem Team 1984 an, um neue Techniken der Verhaltensforschung zu erlernen. Sie ließ sich von dem Familienleben unserer Bärenmakaken faszinieren und beschloß, die Versöhnungsstudie zu übertragen, die wir früher bei Rhesusaffen durchgeführt hatten. Ich hatte mir hierfür immer jemanden gewünscht, denn vorausgegangene Beobachtungen hatten mich überzeugt, daß Bärenmakaken eine wahre Goldmine für die Friedensforschung darstellen. Für den Anfang brauchten wir einige simple Vergleichsdaten von Bärenmakaken und Rhesusaffen. Lesleigh Luttrell und ich sammelten Hunderte gezielter Beobachtungen und führten Trinktests an beiden Spezies durch.

Die Gruppen sind in benachbarten, identischen Gehegen untergebracht, aber die Bärenmakakengruppe ist nur halb so groß wie die Rhesusgruppe. Sie umfaßt zwei erwachsene Männchen, zwölf erwachsene Weibchen, ein heranwachsendes Männchen und eine wachsende Anzahl unreifer Nachkommen. Das älteste Männchen wird wegen seines teuflischen schwarzen Gesichts und

Mephisto geht sehr fürsorglich mit Jungtieren um und gewährt ihnen gelegentlich einen Ritt. (Wisconsin Primate Center)

der leuchtend roten Färbung um seine Augen herum Mephisto genannt. Dennoch ist er freundlich veranlagt und in der Gruppe sehr beliebt. Verglichen mit Spickles und anderen mir bekannten Führern bei den Rhesus, nimmt Mephisto eine zentralere Position ein. Während sich dominante Rhesusmännchen so ziemlich aus den Angelegenheiten der Weibchen heraushalten, unterbricht Mephisto Auseinandersetzungen zwischen Weibchen und versäumt nie, Jungtiere in Not zu beschützen. Dementsprechend stellt er eine wichtige Zuflucht für in Bedrängnis geratene Gruppenmitglieder dar. Nach größeren Auseinandersetzungen wird Mephisto immer von einigen der Gegner gegroomt, häufig sogar von beiden Seiten. Jeder erkennt seinen Einfluß an.

Wie alle Makaken bilden auch Bärenmakaken matrilineare Hierarchien. Während ihre formale Rangordnung (ausgedrückt durch unterwürfiges Grinsen, Zähneklappern und andere gegenseitige Statussignale) ebenso klar anerkannt wird wie bei den Rhesusaffen, wird sie doch weniger streng durchgesetzt. Wenn z. B. Goldie zu Honey, einem jungen erwachsenen Weibchen,

Drohend rückt Wolf (*links*) Dopey auf den Pelz. Sie bleibt standhaft und starrt auf ihn zurück.

droht, darf Honey dem unerschrocken standhalten und den Blick des Alphaweibchens erwidern. Wenn Goldie zu Dopey, einem der älteren Weibchen, droht, kann Dopey sogar zurückdrohen. Die Folge ist eine Konfrontation, in der sich beide Rivalinnen, die Gesichter nahe einander zugewandt, mit grimmigen Mienen geradewegs in die Augen starren. Ohne den Augenkontakt zu unterbrechen, kann Goldie dann Dopeys Hand ergreifen und ihr einen Scheinbiß verabreichen, wobei sie ihren geöffneten Mund auf Dopeys Handgelenk preßt. Diese allgemein übliche Geste ist einzigartig für diese Spezies. Es ist kein echter Biß – obwohl manche Forscher ihn als solchen verzeichnen –, denn er endet nie auch nur mit der leichtesten Verletzung. Auf diese symbolische Bestrafung erfolgt selten Widerstand. Es passiert regelmäßig, daß eine Rangniedere ein angespanntes Unentschieden löst, indem sie ihr Handgelenk für einen rituellen Biß *anbietet*!

Für einen Rhesusaffen wäre eine solche Handlungsweise eine sehr dumme Sache. Wenn ein dominantes Rhesusweibchen, wie z. B. Orange, ein Rangniederes androht, ist das oberste Gebot: Distanz. Nähe ist gefährlich; eine Extremität (Bein oder Arm) zum Beißen anzubieten, wäre Selbstmord. Gegenseitiges Drohen tritt wohl zwischen Rhesusaffen auf, aber nur aus sicherer Entfernung – und selbstverständlich nicht gegenüber Superdominanten, wie z. B. dem Alphaweibchen. Die meisten ihrer Konfrontationen sind völlig einseitig; die eine Partei ist aggressiv und die andere unterwürfig. Aggression wird zwischen Rhesusaffen nur ein Drittel so häufig im Vergleich zu Bärenmakaken erwidert. Wenn in einem Trinktest ein dominanter Rhesusaffe sich mit Drohmiene einem Wasserloch nähert, so verlassen Rangniedere zu 96 Prozent gehorsam die Stelle. Rhesusaffen bestrafen nichtreagierende Rangniedere ohne Gnade. Bei den Bärenmakaken werden drohende ranghohe Tiere nur halb so häufig gemieden. Viele Drohungen werden ignoriert.

Manchmal wundere ich mich, wieso das möglich ist. Warum drohen, ohne die Bedrohung mit Sanktionen abzudecken? Was ist der Sinn einer Drohung, die nicht ernst genommen wird? Wie auch die Antworten lauten, die Beziehungen zwischen Bärenmakaken sind eher gleichberechtigt, verglichen mit denen unter Rhesusaffen. Das wird auch in entspannten Situationen spürbar. Zum Beispiel werden 70 Prozent der mehr als zehntausend freundschaftlichen Annäherungen, die in der Rhesusgruppe aufgenommen wurden, von den dominanten Individuen unternommen und nur 30 Prozent von Rangniederen. Rangniedere Affen sind ängstlich; ihre Passivität ist eine einleuchtende

Ein Juveniles akzeptiert passiv einen Scheinbiß von einem erwachsenen Weibchen. Diese Bisse sind hochritualisiert: Ihnen geht immer eine Drohung voraus, und sie werden gezielt auf ein Handgelenk oder ein Bein gerichtet. (Wisconsin Primate Center)

Methode, Schwierigkeiten zu vermeiden. Im Gegensatz dazu sind rangniedere Bärenmakaken selbstbewußter, und Kontaktaufnahmen sind fast gleichmäßig zwischen Ranghohen und Rangniederen (Dominanten und Subordinierten) verteilt. Alle Unterschiede zwischen den beiden Spezies deuten auf eine Lockerung der Hierarchie unter Bärenmakaken hin, deren Gruppenleben von beträchtlicher Nachsicht und Toleranz geprägt ist.

Vor diesem Hintergrund führte RenMei Ren ihre Untersuchung über Versöhnungsverhalten durch. Anfangs beobachteten wir beide gemeinsam, um sicherzustellen, daß dieselben Kriterien wie in der Rhesusstudie angewendet werden. Normalerweise ziehe ich es vor, die Methoden auf die jeweils zu untersuchende Spezies zuzuschneiden. Bärenmakaken laufen und springen weder beim Spiel noch bei Kämpfen noch klettern sie sehr viel. Sie schlurfen eher in Reichweite voneinander umher. Es wäre deshalb logisch gewesen, die in der Rhesusstudie angewandte Definition von Aggression aufzugeben, die nämlich erforderte, daß ein Affe einen anderen über mehr als zwei Meter verfolgt. Aber dies hätte unseren Vergleich verfälscht. Eine Verfolgung vergrößert die Distanz zwischen Gegnern, was wiederum die Chancen einer anschließenden Versöhnung beeinträchtigt. Damit wir völlig vergleichbare Ergebnisse erhalten, wurden endlose Stunden des Wartens investiert, um genügend Beispiele von Bärenmakaken aufzuzeichnen, die sich mit dem Jagen viel Mühe gaben! Zum Schluß besaßen wir Daten von 670 gegnerischen Paaren. Ihr Verhalten nach dem aggressiven Vorfall wurde zehn Minuten lang aufgenommen und zur Kontrolle nochmals am nächsten Tag.

Bei Anwendung desselben Zehn-Minuten-Beobachtungsfensters hatten wir vorher festgestellt, daß Rhesusaffen durchschnittlich bei einem von fünf Konflikten Kontakt zu früheren Gegnern suchen. Bei den Bärenmakaken fanden wir einen wesentlich höheren Wert. Sie verhalten sich so nach einem von zwei Konflikten – in 56 Prozent der Zeit, um genau zu sein. Versöhnungen treten gewöhnlich innerhalb ein oder zwei Minuten auf und unterscheiden sich deutlich von normalen Kontakten. Am charakteristischsten ist die Darbietung des Hinterteils und das Hinterteilhalten durch den Partner.

Während der vollendete Tandemsitz bei weniger als 1 Prozent der Kontrollkontakte vorkommt, tritt er bei mehr als 20 Prozent der Versöhnungen zwischen ehemaligen Gegnern auf. Andere typische Verhaltensweisen sind Küssen (ein Affe drückt seine oder ihre Lippen auf den Mund des(r) anderen, häufig mit etwas Lecken und Riechen verbunden), Zähneklappern und die Untersuchung des Genitals (mittels Mund und Finger und durch Beriechen des dargebotenen Genitalbereichs). Wir folgern daraus, daß Friedenstiften zwischen Bärenmakaken sowohl häufiger als auch expliziter als zwischen Rhesusaffen auftritt.

Die physische Nähe in einer Bärenmakakengesellschaft wird bei einer Vielzahl von Situationen sichtbar. Nachdem es von seiner Mutter zurückgewiesen wurde, kehrt ein Juveniles zu ihr zurück, wobei es in ihrer unmittelbaren Nähe mit den Zähnen klappert. (Wisconsin Primate Center)

Sogenannte Zufallskontakte entsprechen nicht dem Lebensstil von Bärenmakaken. Diese Makaken scheuen sich selten, einander ins Gesicht zu schauen, ob sie nun von hohem oder niederem Rang sind, und wenn sie sich Feinden nähern wollen, sind sie nicht auf »Entschuldigungen« angewiesen. Einer meiner Studenten untersucht jetzt gerade einen anderen hochentwickelten Aspekt: *allgemeines* Friedenstiften. Kim Bauers studiert die vokalen Ausdrucksformen, die von den melodiösen gurrenden Rufen einsamer Bärenmakakenjährlinge bis zu dem ohrenbetäubenden Kreischen bei Kämpfen reichen. Die Spektrographie veranschaulicht die Struktur der Rufe, und die Beobachtung der Situation, in der sie abgegeben werden, hilft ihre Bedeutung zu bestimmen. Es kommt vor, daß bestimmte Grunzer eine bevorstehende Versöhnung ankündigen, wohingegen lautes Winseln auf die Tatsache selbst aufmerksam macht. Diese Signale hören wir nur nach größeren Auseinandersetzungen.

Zum Beispiel laufen die vier erwachsenen Töchter von Silver und die Matriarchin selbst hinter Yolinda her, einem niederrangigen Weibchen. Mephisto beschützt Yolinda, indem er eine Mordsshow zwischen ihr und ihren Angreiferinnen veranstaltet; Honey, Yolindas beste Freundin, wird auch mit verwickelt. Nach einem chaotischen Gekreische beruhigt sich die Gruppe. Zwei Minuten vergehen, bevor Stella, eine der S-Schwestern, in eine Ecke des Käfigs geht und eine Reihe tiefer Grunzlaute ausstößt. Zwei ihrer Schwestern folgen ihr. Yolinda und Honey gehen parallel zu ihnen in dieselbe Richtung. Stellas Grunzern schließen sich die anderen in einem gleichtönenden Chor an. Das Grunzen verwandelt sich in ein hohes Winseln, als sich Yolinda Stella präsentiert. Wir beobachten das Hinterteilhalten bei den Beteiligten des verflossenen Kampfes in den unterschiedlichsten Kombinationen, mit Freunden und Gegnern gleichermaßen. In einem Fall wird zwischen drei Weibchen eine »Eisenbahn« gebildet, wobei jede das Hinterteil der anderen auf ihren Schoß zieht. Angezogen durch den Tumult, nähern sich Silver und die anderen Gruppenmitglieder der Szene.

Solche Beobachtungen vermitteln den Eindruck, daß Bärenmakaken über spezielle Laute verfügen, um andere wissen zu lassen, daß der Frieden wiederhergestellt ist – vielleicht ein einzigartiges Merkmal dieser Spezies. Obwohl über ihren natürlichen Lebensraum wenig bekannt ist, stelle ich mir diese Affen immer vor, wie sie auf dem Waldboden durch das dichte Laubwerk streifen. In einer Umgebung, wo es schwer ist, Ereignissen visuell zu folgen, ist es sinnvoll, den Rest der Gruppe durch Laute von wichtigen Entwicklungen zu informieren, wie z.B. vom Ende einer Auseinandersetzung. Auf diese Weise können alle einbezogen werden, die sich angesprochen fühlen, und die Stimmung in der Gruppe wird sich beruhigen.

Der Unterschied zwischen allgemeiner und privater Versöhnung sollte nicht mit dem zwischen expliziter und impliziter Versöhnung verwechselt werden, die im vorigen Kapitel behandelt wurde. Während implizite Versöhnungen nichtöffentlich sein können, können explizite zweifellos geheimgehalten werden. Kinder schreiben manchmal ihren Freunden nach einem Streit auf dem Schulhof kleine Mitteilungen, womit sie sagen möchten: »es tut mir leid« oder »laß es uns vergessen«. Dies sind explizite Friedensangebote – obwohl Augenkontakt vermieden wird –, aber gleichzeitig auch geheime (es sei denn, der Lehrer fängt einen der Zettel ab und liest ihn laut vor, was ohne Frage eine glänzende Methode ist, den Plan zunichte zu machen).

In menschlichen Gesellschaften sind öffentliche Versöhnungen mit Personen des öffentlichen Lebens verknüpft. Im Jahr 1982 streckte Harald Schumacher, der Torwart des westdeutschen Fußballteams, den populären französischen Spieler, Patrick Battiston, durch einen gezielten Tritt zu Boden, was vielen Fernsehzuschauern den Eindruck von Vorsätzlichkeit vermittelte. Battiston verlor drei Zähne, hatte zwei gebrochene Rippen und litt an einer Gehirnerschütterung; er blieb wochenlang im Krankenhaus. Wenn man französische Zeitungen las, so mochte man denken, daß sich Deutschland und Frankreich wieder im Krieg befinden. Um die Emotionen zu beruhigen, wurde eine Pressekonferenz angesetzt, die beide Helden vorstellte. Battiston akzeptierte Schumachers Entschuldigungen mit einem Händeschütteln, und beide erklärten den Zusammenstoß für einen Unfall.

In jüngster Zeit haben uns die Medien Versöhnungen von größerem Ausmaß nahegebracht – oder besser: Schritte hin zu Versöhnungen, denn es wäre naiv zu denken, daß tiefe Wunden nach einem einzigen Treffen auf oberster Ebene heilen. Es gab die vielpublizierte Geste des französischen Präsidenten François Mitterrand, der 1984 Hand in Hand mit dem deutschen Kanzler Helmut Kohl an den Gräbern von Verdun stand. Einige Journalisten überbetonten die Bedeutung dieses Treffens und erwähnten nicht, daß Verdun für Soldaten des Ersten Weltkriegs steht und nicht des Zweiten. Eine andere historische Begegnung fand 1986 in Rom statt, als Johannes Paul II. als erster Papst überhaupt eine Synagoge besuchte. Er drückte offen seine Mißbilligung des Antisemitismus in Vergangenheit und Gegenwart aus und nannte die Juden »Brüder« der Christen. Zweifellos war dies ein bedeutsamer Schritt, obwohl die Juden empfanden, daß das Schuldeingeständnis hinsichtlich der Passivität der Kirche während des Holocaust expliziter hätte formuliert sein können. Die Vergebung schwerwiegender Greueltaten ist ein derart langsamer Prozeß, daß Reste der Feindschaft erst vollständig verschwinden, wenn es bedeutungslos geworden ist. Es überrascht uns deshalb nicht, daß die Bürgermeister von Karthago und Rom in aller Freundschaft zusammenkamen, als sie kürzlich einen

Friedensvertrag unterzeichneten – 2131 Jahre, nachdem die römische Armee Karthago zerstört hatte.

Komplexität und Reichweite solcher internationalen Ereignisse sind natürlich mit den beschriebenen Versöhnungen bei Affen nicht vergleichbar, aber sie stimmen in einem Prinzip überein: Die Versöhnung wird dem Rest der Welt mitgeteilt. Die Welt der Bärenmakaken ist begrenzt und klein; die unsere entspricht jetzt ungefähr der Größe des Planeten. Unabhängig von der Größe des sozialen Netzes ist es für jederman(frau) essentiel zu wissen, in welche Richtung sich Feindschaften entwickeln. Friedenstiften in aller Öffentlichkeit ermöglicht allen Parteien, einschließlich der nur am Rande betroffenen, ihre Einstellung zu korrigieren; Harmonisierung bringt wohltuende Schwingungen um das Epizentrum eines Konflikts hervor.

Einträchtige Umarmung

Bärenmakaken ähneln männlichen Schimpansen insofern, als sie den Prozeß der Versöhnung in ein Statusritual verwandelt haben. Zu 94 Prozent der Zeit ist es der Rangniedere, der präsentiert, und der Ranghohe, der das Hinterteil hält. Dominante dürfen auch an einem Arm oder Bein zerren, um einen Scheinbiß zu versetzen – nicht mit einem Drohgesicht (das würden wir als einen neuen Streitfall zählen), aber eben einen Scheinbiß. Der Prozeß des Friedenstiftens verdeutlicht, wer wen dominiert. Verglichen mit dem Rhesusaffen, der Dominanz eher durch das Kampfresultat selbst als durch die nachfolgende Versöhnung ausdrückt, findet hier eine interessante Akzentverschiebung statt. RenMei betrachtete das Präsentieren des Hinterteils als eine formale Entschuldigung und die Geste des Hinterteilhaltens als Annahme derselben. Denn aus ihrer Sicht ist es normalerweise der Rangniedere, der um Verzeihung bittet. Jedoch laufen nicht alle Versöhnungen reibungslos nach diesem Muster ab. Indem sie sich abwenden, können sich dominante Affen weigern, ein Präsentieren anzuerkennen. Noch schlimmer sind Fälle, wo ein Dominante(r) seinem oder ihrer Rivalen(in) ein Hinterteilhalten aufzudrängen versucht. Ein(e) unkooperative(r) Rangniedere(r) fängt dann eventuell wie verrückt zu kreischen an, wenn der (die) Dominante weiterhin an seinem Hinterteil stößt und zerrt, wodurch der Streit von neuem beginnt, häufig auf einer höheren Eskalationsstufe. Der Mechanismus der konditionalen Rückversicherung scheint hier zu greifen. Gemeint ist, daß eine Entspannung der Beziehung von beiden Parteien eine Einigung über ihren unterschiedlichen Rang erfordert. Nach dieser Regel wird meistens verfahren, doch zu 6 Prozent präsentieren tatsächlich dominante Individuen. Wir wissen auch, daß sie mehr als ein Drittel der Versöhnungen initiieren. Nehmen Dominante gelegentlich die Rolle des Rangniederen an, um ihre guten Absichten kundzutun? Bedauern sie vielleicht ihre früheren Taten? Sind sie zu weit gegangen oder unvernünftig gewesen?

Genauso wie ranghohe Bärenmakaken die Flexibilität besitzen, sich gegenüber ihren Opfern gelegentlich zu »entschuldigen«, was wir noch nicht ganz

Mephisto (*rechts*) zetert und hält dabei Wallys Hüften nach einem Streit zwischen Weibchen, bei dem die zwei Männchen verschiedene Weibchen unterstützten. Wally stößt tiefe Grunzer aus. Monate nach diesem Vorfall wurde Wally das Alphamännchen. Von da an war die Rollenverteilung beim ritualisierten Hinterteilhalten genau umgekehrt. (Wisconsin Primate Center)

verstehen, so können Rangniedere eine aggressive Rolle annehmen, ohne automatisch als Herausforderer des Status quo zu gelten. Es gibt ein Beispiel, das einen flüchtigen Eindruck von der Intelligenz dieser Affen vermittelt.

Während der Rest der Gruppe sich in dem kleinen Innenkäfig zusammenkauert, schleichen sich Joey, das drittranghöchste Männchen, und Honey zu einem Rendezvous in den Außenkäfig. Joeys sexuelle Aktivitäten werden von den beiden älteren, dominanten Männchen nicht toleriert. Auf dem Höhepunkt ihrer heimlichen Kopulation zeigt Joey das Orgasmusgesicht und stößt einen Grunzer aus, den ersten einer langgezogenen Reihe von Grunzern, die Männchen gewöhnlich während der Ejakulation von sich geben. Sofort wendet Honey ihren Kopf, um Joey mit starrem Blick anzudrohen, worauf die Paarung stillschweigend beendet wird. Vielleicht ist Honey wegen Joeys Grunzern besorgt, die sie hätten verraten können. Diese Interpretation erhielt wenige Tage später Unterstützung, als sich die zwei wieder unter ähnlichen Umständen trafen. Als sie kopulierten, wandte sich Honey um, noch bevor Joey irgendwelche Laute von sich gegeben hatte, starrte in sein Gesicht und berührte kurz seinen Mund mit ihrer Hand.

Wenn Honey und Joey Rhesusaffen gewesen wären, wäre die Sache anders ausgegangen. Wenn ein dominantes Rhesusweibchen dem Männchen droht, mit dem sie gerade kopuliert, so täte er gut daran, sich sofort aus dem Staub zu machen. Wenn das Weibchen von niederem Rang ist, wird ihre Drohung eine verwirrende Wirkung haben. Wer würde ein Männchen mitten im Verkehr herausfordern? Ich war niemals Zeuge einer derartigen Situation, aber wage zu vermuten, daß das Männchen den Kontakt abbrechen würde, um das Weibchen zu jagen. Wie auch immer, die Drohung des Weibchens würde nicht als bloße Warnung aufgefaßt werden, so wie es zwischen Joey und Honey geschah. Unter Rhesusaffen sind Drohgesten viel zu sehr Ausdruck von Rang, und die Rangordnung ist zu heikel, um eine solche Flexibilität zu gestatten.

Unglücklicherweise ist unsere Vorstellung vom Gruppenleben der Primaten lange Zeit vom Beispiel der Rhesusaffengesellschaft geprägt worden, denn diese ist und war die am intensivsten untersuchte Spezies. Jetzt erkennen wir, daß diese Nahkämpfer keineswegs die Musterprimaten sind, für die wir sie hielten, und daß jede Spezies ihre eigenen Variationen zum Thema soziale Organisation entwickelt hat. Außer den bisher besprochenen Variationen – das eigentümliche Sexleben, hohe soziale Toleranz und häufige Versöhnungen – müssen zwei andere Verhaltenscharakteristika bei Bärenmakaken erwähnt werden.

Vor allen Dingen sind diese Affen hingebungsvolle Groomer. Der Durchschnittserwachsene in unserer Gruppe verbringt 19 Prozent seiner oder ihrer Zeit mit Groomen, verglichen mit nur 7 Prozent in der Rhesusaffengruppe.

Der Champion unter den Bärenmakaken ist Cinnamon, die mehr als ein Drittel ihrer Zeit dieser peinlich genauen Tätigkeit widmet.

Weiterhin weisen Bärenmakaken eine hohe Aggressionsrate auf. Für erwachsene Rhesusaffen verzeichnete ich achtzehn aggressive Handlungen über zehn Stunden pro Individuum; bei Bärenmakaken liegt der Durchschnitt bei achtunddreißig. Nach allem, was wir über die Spezies wissen, mag dieser Wert ziemlich rätselhaft scheinen. Doch der wesentliche Punkt ist die extrem niedrige Wahrscheinlichkeit einer Eskalation. Nur eine von jeweils tausend Konfrontationen führt zu bösen Beißereien, wodurch die Eskalationsrate achtzehnmal niedriger als die der Rhesusaffen liegt. Die hohe Aggressionshäufigkeit bei Bärenmakaken wird durch die geringe Intensität dieser Aggressionen, die selten mit Gewaltanwendung enden, mehr als ausgeglichen.

Der Gesamteindruck vermittelt eine umfassende Aktivität in allen sozialen Bereichen. Einerseits wird viel gegroomt und andererseits auch viel gezankt. Bärenmakaken wechseln fortwährend zwischen Freundlichkeit und gelinder Feindseligkeit ab, ganz wie eine lebendige menschliche Familie am Abendbrottisch. Die Rhesusgesellschaft ist disziplinierter: Aggression ist Aggression, Rangniedere sind wohlerzogen, und unsichtbare Zäune trennen die Matrilinien. Bei Bärenmakaken ist all dies höchst unklar. Zum Beispiel ist Ver-

Eine Reihe eng aneinandergekuschelter, groomender Bärenmakaken. In ihrer natürlichen Umgebung kann sozialer Zusammenhalt von entscheidender Bedeutung für diese Spezies sein.

söhnung gleichermaßen typisch für Männchen wie für Weibchen. Sie umfaßt die gesamte Gruppe und schließt niemanden aus. Eintracht und Zusammenhalt müssen von allergrößter Bedeutung für diese Spezies sein. Ich vermute, daß sie sich in freier Wildbahn in festgefügten Gruppen bewegen und ausruhen und auch bei der Lösung von Konflikten eine Zersplitterung möglichst vermeiden. Vielleicht verlassen sie sich auf die Männchen, die gemeinschaftlich die Verteidigung gegenüber Raubfeinden übernehmen? Eine Gruppe, die zusammenhält, kann wirkungsvoller geschützt werden als eine, die verstreut ist.

Wie stark die Eintracht unter männlichen Bärenmakaken sein kann, wurde auf dramatische Weise deutlich, als unser zweites Männchen, Wally, das Alter erreicht hatte, um Mephisto herausfordern zu können. Nach ein paar Kämpfen, wobei beide Männchen geringfügige Verletzungen davontrugen, wurde Wally das Alphamännchen. Die Übernahme fand innerhalb weniger Tage statt und brachte eine Umkehr der sexuellen Anrechte mit sich. Jetzt kopulierte Wally frank und frei, während Mephisto geheimtuerischer wurde. Als erst einmal die Dominanzangelegenheit geklärt war, unterdrückten die beiden Männchen ihre Aggressionen trotz schwelender Spannungen. Sie hatten noch viele Auseinandersetzungen, in deren Verlauf sich Wally auf Mephisto zu stürzen pflegte. Da beide Männchen dann bellen und kreischen, sah es anfangs nach einer sehr ernsten Rauferei aus. Doch aus der Nähe besehen, konnten wir feststellen, daß die zwei Rivalen, anstatt zu beißen und zu kämpfen, lediglich ihre Hände einsetzten. Sie wollten einander gegenseitig an Armen und Schultern packen, wobei sie weniger als eine Sekunde beidfüßig standen, bevor sie sich wieder trennten. Es gab nie irgendwelche Verletzungen. Diese seltsamen Sparringskämpfe wurden immer schnell versöhnlich beendet, entweder durch Küssen oder durch Halten des Hinterteils, wobei Wally, als der neue Dominante, Mephistos Hüften hielt. Auch groomten die zwei Männchen einander viel häufiger als gewöhnlich. Nach einigen Wochen entspannte sich ihre Beziehung. Wally und Mephisto agierten wieder auf brüderliche Weise, benahmen sich brüderlich, und außer bei sexueller Konkurrenz oder bei Ritualen des Hinterteilhaltens war es schwer zu sagen, wer wen dominierte.

Nachdem er drei verschiedene Makakenspezies in Gefangenschaft beobachtet hatte, begann der französische Ethologe Bernard Thierry prinzipiell ähnlich wie unser Team zu denken. Eine seiner Spezies ist der seltene Tonkeanaaffe. Dieser große, schwarze Makak – von vielen als der hübscheste Angehörige seines Geschlechts betrachtet – ist kein besonders naher Verwandter des Bärenmakaken, aber er teilt viele seiner Verhaltenscharakteristika. Thierry hält diese Merkmale für Komponenten eines einzigen Komplexes. Gemeint ist, daß Tonkeanaaffen wenig Neigung zu Gewalt besitzen, was offensichtlich in unmittelbarer Beziehung zu ihrem ausgeprägten Rückversicherungsverhalten steht; die gleichmäßigen aggressiven Konfrontationen spiegeln möglicherweise ihre geringe Angst vor einer Eskalation wider, und auch die verschwommenen Verwandtschaftslinien können durch den Freiraum, in dem die Jungtiere aufwachsen, erklärt werden.

Anstatt eine Spezies als Prototyp für die Organisation von Affengruppen hinzustellen, erkennen wir allmählich die gewaltigen Gegensätze zwischen den Spezies. Ohne Ausnahme bilden Angehörige des Genus *Macaca* scharfumrissene Hierarchien, aber in welchem Maße sie ihrem System folgen, ist recht variabel. Jede Spezies scheint ihre eigene Bilanz zwischen individuellen und kollektiven Interessen zu ziehen, mit »selbstsüchtigen« Spezies, die die Priorität von Rechtsansprüchen betonen, und »nachgiebigen« Spezies, die einige dieser Rechte, um der Eintracht der Gruppe und freundschaftlicher Beziehungen willen, opfern. Wir sind auf Felddaten angewiesen, um die Evolution dieser unterschiedlichen Führungsstile und damit ihre Wirkungsweise auf die Gruppenstruktur insgesamt zu verstehen. Es ist eine aufregende Aufgabe; eine Aufgabe, die schließlich Licht auf unsere eigenen Gesellschaften werfen wird.

5. Kapitel
Bonobos

Wann ging der Mensch aus den Primaten hervor?
Die Frage ist in der Tat bedeutungslos. Er war von Anfang an da.

John Napier

Zahlreiche Beobachtungen lassen vermuten, daß... das Ziel der Weibchen darin bestand, sich Nahrung zu verschaffen, nicht bloß zu kopulieren. Präsentieren und Kopulieren dämpfen die Auseinandersetzung um Nahrung und machen die Männchen toleranter.

Suehisa Kuroda

Wie würden Sie sich fühlen, wenn Sie ein afrikanischer Elefant wären und nichts über Ihr asiatisches Gegenstück wüßten oder ein Grizzly und keine Ahnung von den Eisbären der Arktis besäßen? Wahrscheinlich ist es diesen Tieren völlig gleich, wir Menschen aber sind von unseren Verwandten fasziniert und möchten sie alle kennenlernen. Der Bonobo jedoch, eine der vier Menschenaffenspezies, ist uns noch außerordentlich fremd.

Der objektivste Maßstab, mit dessen Hilfe wir die Verwandtschaftsnähe verschiedener Tiere messen, ist die Analyse der DNA-Moleküle, die die Erbmerkmale tragen. Diese gewaltige neue Technik hat eine sehr enge Verbindung zwischen Spezies wie z.B. Hund und Fuchs nachgewiesen und Pferd und Zebra – nichts übermäßig Überraschendes. Der Schock kam dann, als eine gleichermaßen nahe Verwandtschaft, annähernd 99 Prozent, zwischen Menschen und zwei Menschenaffen des Genus *Pan*, dem Schimpansen und dem Bonobo, gefunden wurde. Bis in die Sechziger dieses Jahrhunderts war die Wissenschaft der Führung von Carl von Linné gefolgt, der die Spezies Mensch einer gesonderten Kategorie zuordnete. Die neuen Daten stellen diese zweihundert Jahre alte Klassifikation in Frage und zeigen, daß Linnés heimliches Unbehagen in dieser Sache berechtigt war. Im Laufe des Lebens bedauerte der schwedische Naturforscher seine taxonomische Entscheidung. Er hatte die menschliche Sonderstellung postuliert, um, wie er sagte, Probleme mit der Kirche zu vermeiden, ungeachtet der Tatsache, daß er keinerlei generelle Charakteristik kannte, die Menschen von Menschenaffen trennt. Viele Menschen glauben, daß die Unterschiede zwischen ihnen und den Menschenaffen 1 Prozent überschreiten; freilich besäße dann die Menschheit nicht die historische Unantastbarkeit, ihren Platz im Universum betreffend.

Man schätzt, daß der gemeinsame Vorfahre der Menschen und der afrikanischen Menschenaffen vor ca. 8 Millionen Jahren lebte. In evolutionärer Perspektive – halten wir fest, daß Leben auf der Erde seit ca. 3,5 Milliarden Jahren existiert – ist es, als sei die Spaltung erst gestern passiert. Der Mensch-Menschenaffe-Zweig als Ganzes wuchs vor ca. 30 Millionen Jahren aus dem Primatenbaum heraus. Mit anderen Worten, wir teilen mit Schimpansen und Bonobos wenigstens 20 Millionen Jahre der Evolution, die wir nicht mit den Affen gemeinsam haben. Kein Wunder, daß in jeder möglichen Hinsicht – anatomisch, geistig und sozial – diese Menschenaffen sich mehr von Affen als von uns unterscheiden.

DNA-Untersuchungen stellen die beiden anderen Menschenaffenspezies, den Gorilla und den Orang-Utan, in größere Distanz zu uns. Es scheint, daß Bonobos, Schimpansen und Menschen enger miteinander verwandt sind, als es jeder von ihnen mit den beiden anderen großen Menschenaffen ist. Diese Schlußfolgerung ist noch umstritten, teilweise weil ihre Akzeptanz das Ende des alten anthropozentrischen Weltbildes bedeuten würde. In Erwartung dieses Augenblicks wurde schon vorgeschlagen, daß die menschliche Rasse ihren Genusnamen von *Homo* in *Pan* ändert und sich vielleicht *Pan sapiens* nennt, der weise Schimpanse. Die Alternative lautet, mindestens zwei Menschenaffenspezies im Genus *Homo* freundlich willkommen zu heißen.

Wegen ihrer einzigartigen Beziehung zu uns ist es schade, daß Bonobos so wenig bekannt sind. Ich denke, daß ich das Verhalten der Bonobos nicht beschreiben kann, ohne erst die Spezies vorzustellen. Wo lebt der Bonobo? Warum zeigen plötzlich alle möglichen Wissenschaftler Interesse an ihm? Die Entdeckung dieser Spezies, die mit Recht als »eines der bedeutenden Ereignisse des Jahrhunderts in der Tierwelt« genannt wurde, wird zwangsläufig eine ebenso heftige Wirkung auf die Art und Weise, wie wir uns selbst sehen, besitzen, wie die viel frühere Entdeckung des Schimpansen. Insbesondere wird die Interpretation unseres Geschlechtslebens nie wieder dieselbe bleiben wie zuvor.

Weder Pygmäe noch Schimpanse

Im Alter von 26 Jahren malte Rembrandt das Bild *Die Anatomiestunde*, in der Professor Nikolaas Tulp, umgeben von einer Gruppe aufmerksamer Kollegen, den linken Arm eines menschlichen Leichnams seziert. Der plötzliche

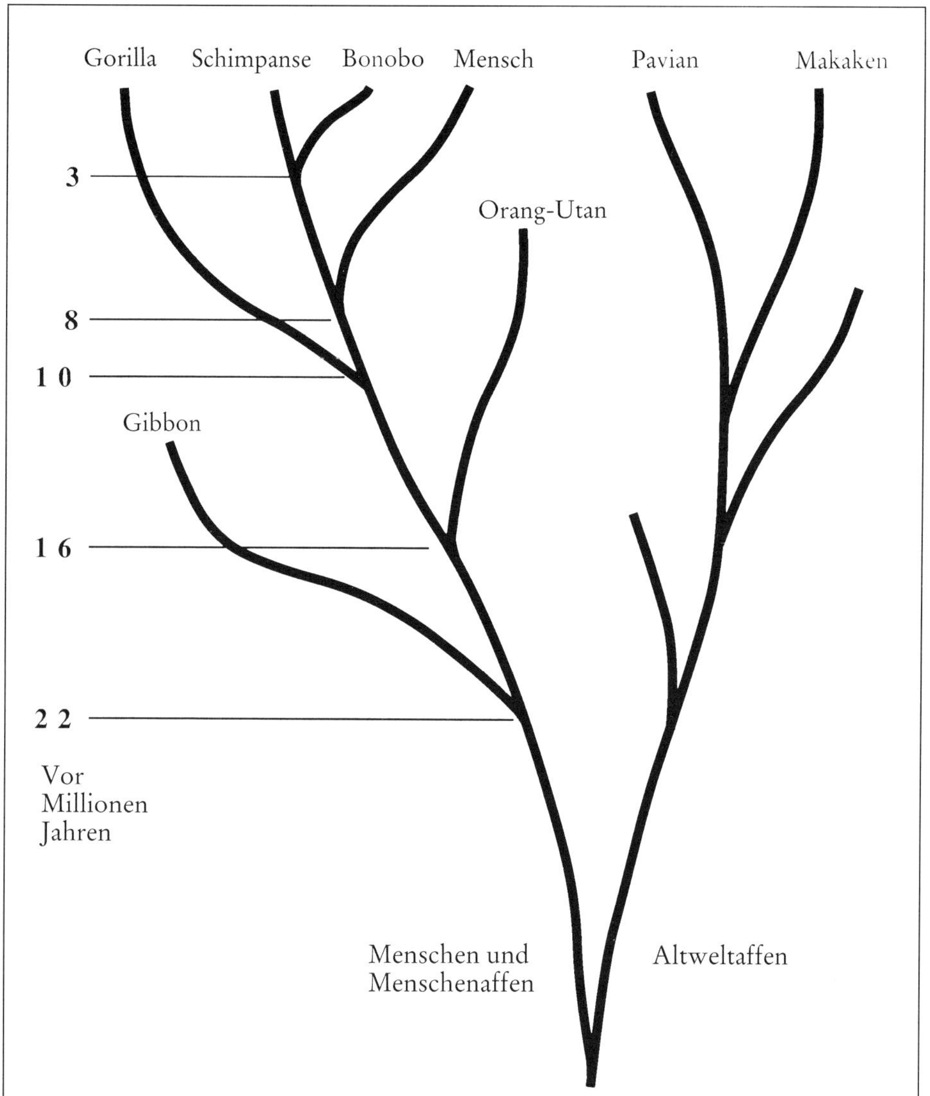

Vor annähernd 30 Millionen Jahren spaltete sich die Linie der Primaten der alten Welt in zwei Äste, die Affen und die Hominoiden. Der zweite Ast brachte die gemeinsamen Vorfahren von Menschen und Menschenaffen hervor. Die menschliche Linie und die der Bonobos und Schimpansen teilte sich vor schätzungsweise 8 Millionen Jahren. (Dieses Evolutionsdiagramm basiert auf einem Vergleich der DNA-Moleküle durch Charles Sibley und Jon Ahlquist.)

Ruhm, der Rembrandt mit diesem bemerkenswerten Kunstwerk zuteil wurde, wäre wahrscheinlich nicht derselbe gewesen, wäre der tote Körper mit Fell bedeckt gewesen. Ebendieser Professor Tulp lieferte der Wissenschaft 1641 die erste exakte Beschreibung eines Menschenaffen. Er bemerkte, daß einige anatomische Details denen des Menschen so sehr ähneln, »daß man schwerlich ein Ei finden würde, das einem anderen ähnlicher wäre«.

In jenen Zeiten befanden sich die europäischen Forscher in Verlegenheit hinsichtlich der Stellung der Menschenaffen in der Natur. Gorillas, Orang-Utans, Schimpansen und die Eingeborenen der jüngst entdeckten Kontinente wurden kaum voneinander unterschieden. Dies war nicht nur eine Folge von Unwissenheit; es existierte auch ein gewisser Widerwille, angemessene Unterscheidungen zu treffen, wie z.B. Nichtkaukasier als Vollmitglieder der menschlichen Rasse zu akzeptieren. Bis weit ins letzte Jahrhundert verglichen auch weiterhin Wissenschaftler ernsthaft »niedere Vertreter der Menschheit« mit »höheren Vertretern der Menschenaffen«. Es war die Stellung des abendländischen Menschen in der Natur, nicht die des Menschenaffen, die auf dem Spiel stand.

Tulp half nicht gerade, die Dinge zu klären, als er sein Forschungsobjekt »Indischer Waldgott (Satyr)« taufte und hinzufügte, daß Einheimische ihn »Orang-Utan« nennen. Anstatt aus Indonesien stammte Tulps Exemplar aus Afrika, wahrscheinlich aus Angola. Nur sein Name stammte aus Ost-Indien. Auf Malaiisch bedeutet *orang hutan* Waldmensch. Tulps berühmte Gravüre seines Satyrs, immer und immer wieder in Büchern des 17. und 18. Jahrhunderts dargestellt, zeigt anscheinend ein Schimpansenweibchen. Das war zumindestens der Konsens, bis Vernon Reynolds 1967 kühn spekulierte, Tulp habe einen Bonobo seziert.

Reynolds begründete seinen Standpunkt mit der geringen Größe des Tulpschen Tieres (»seine Körpergröße ähnelte der eines dreijährigen Knaben«) und dem Gewebe zwischen den zweiten und dritten Zehen. Tatsächlich ist die Verbindung zweier Zehenglieder des Fußes charakteristisch für Bonobos, um aber dieses Detail auf Tulps Illustration zu erkennen, bedarf es schon einiger Vorstellungskraft. Außerdem kann die Spezies trotz der Tatsache, daß der Bonobo auch als Schimpansenpygmäe bekannt ist, nicht allein nach der Größe von gewöhnlichen Schimpansen unterschieden werden. Die gewöhnlichen Schimpansen (als *Pan troglodytes* klassifiziert) werden in drei Subspezies unterteilt: erwachsene Männchen der kleinsten Subspezies wiegen durchschnittlich 43 kg, im Vergleich dazu 45 kg für männliche Bonobos. Weibchen

---

Der Bonobo besitzt einen eleganteren Körperbau als der Schimpanse, und Babys werden mit einem dunklen Gesicht geboren. (San Diego-Zoo)

beider Spezies wiegen schätzungsweise 33 kg. Tulp muß also ein juveniles Tier seziert haben, unabhängig davon, ob es ein Bonobo (heute als *Pan paniscus* klassifiziert) oder ein gewöhnlicher Schimpanse war.

Ich habe Zoobesucher belauscht, die sagten: »Das muß der Schimpansenpygmäe sein!«, während sie dabei auf ein zweijähriges Jungtier inmitten der übrigen Bonobos der Kolonie des San Diego-Zoos zeigten. Offensichtlich erschienen diesen Menschen die anderen Menschenaffen nicht »pygmäenhaft« genug, um diesen Namen zu verdienen. Und richtig so; erwachsene Bonobos sind groß und stark. Einmal wurde ein Zoopfleger regelrecht emporgehoben, als ein erwachsenes Männchen seinen Arm mit einer Hand durch die Gitterstäbe des Schlafkäfigs hindurch packte. Tulp schrieb scharfsichtig: »Die Gelenke sind, durch gewaltige Muskeln festgehalten, wahrhaftig so kräftig, daß er alles wagt und alles vermag.« Nochmals, seine Beschreibung paßt gleichermaßen auf den Bonobo und den Schimpansen.

Welche Unterschiede gibt es nun? Es ist, als wolle man eine Concorde mit einer Boing 747, eine Orchidee mit einer Dahlie, einen Gepard mit einem Löwen oder städtische Blasiertheit mit ländlicher Ungezwungenheit vergleichen. Ich möchte keine Schimpansen beleidigen, aber Bonobos besitzen mehr Stil. Selbst wenn man die Größen- und Gewichtsüberschneidung nicht mit einbezieht, so haben doch alle Bonobos einen grazileren Körperbau als alle Schimpansen. Der Körper des Bonobo ist schlank und schmal. Der Kopf ist kleiner, sitzt auf einem schlankeren Hals und schmaleren Schultern. Die Beine sind länger und beim Gehen gestreckt. Die Augenbrauenwülste sind schmaler, die Lippen sind rötlich inmitten eines schwarzen Gesichts, die Ohren sind kleiner, und die Nasenlöcher sind fast ebenso weit wie die des Gorillas. Bonobos haben auch ein schmeichelnderes, offeneres Gesicht mit einer höheren Stirn und – als Krönung – eine attraktive Frisur mit langem, feinen, schwarzen Haar, so säuberlich in der Mitte gescheitelt, daß man schwören könnte, jedes Individuum verbringe eine Stunde am Tag vor dem Spiegel. Am schnellsten erkennt man einen Bonobo an seiner Haartracht und den hellfarbenen Lippen. Bonobokinder sind sogar noch einfacher zu erkennen, weil sie mit einem schwarzen Gesicht geboren werden; Schimpansen dagegen mit einem weißen Gesicht, obwohl viele von ihnen nach ein paar Jahren dunkler oder sogar schwarz werden.

Seltsamerweise fand die Entdeckung des Bonobo in einem belgischen Museum statt. Sie erfolgte durch die genauere Untersuchung eines Schädels, der wegen seiner geringen Größe einem juvenilen Schimpansen zugeschrieben wurde. Bei Juvenilen sollten die Nahtstellen zwischen den Schädelknochen jedoch eigentlich auseinanderklaffen; bei diesem Exemplar waren sie gänzlich verschmolzen. Offensichtlich hatte er zu einem Erwachsenen mit einem ungewöhnlich kleinen Kopf gehört. So schlußfolgerte Ernst Schwarz und beschrieb 1929 eine neue Subspezies des Schimpansen. Im Jahre 1933 beschrieb Harold Coolidge die Anatomie des Menschenaffen ausführlicher. Er stufte ihn wieder als völlig neue Spezies ein, dem Genus *Pan* zugeordnet, das auch den Schimpansen einschließt.

Ein halbes Jahrhundert nach dieser Entdeckung wurde die Sache heikel. Coolidge behauptete, daß er es war, der als erster die verfugten Knochen im Museum bemerkt habe. In seiner Aufregung hatte er es dem Museumsdirektor gezeigt, der es dann wiederum zwei Wochen später Schwarz erzählt hat. Schwarz ergriff dann Papier und Stift, um die Entdeckung zu publizieren. »Ich wurde geistig beraubt«, rief Coolidge unlängst auf einem Symposium aus.

Um den historischen Überblick zu vervollständigen: es war Amsterdam, die Stadt, in der Tulp vielleicht als erster einen Bonobo sezierte, die auch das erste lebende Exemplar zur Schau stellte. Anton Portielje schrieb 1916 über einen außergewöhnlichen Schimpansen namens Mafuca im Zoo von Amsterdam. Portielje, ein peinlich genauer Beobachter, folgerte, daß dieser Menschenaffe »vielleicht eine neue Spezies« repräsentiere. Ein Foto von Mafuca ließ keinen Zweifel aufkommen, daß er ein Bonobo war.

Wilde Bonobos und wilde Theorien

Schädel und Knochen machen auf mich keinen besonderen Eindruck. Folglich existierte der neue Menschenaffe sozusagen nicht, bis ich 1978 erstmalig lebende Bonobos erlebte. Seit diesem Tag war ich auf der Suche nach einer Möglichkeit, diese Spezies zu studieren, und sammelte zwischenzeitlich jegliche Literatur, die ich ergattern konnte. Es ist eine sehr bescheidene Sammlung verglichen mit den kompletten Bibliotheken, die über Schimpansen oder Rhesusaffen geschrieben wurden. Trotzdem fehlt es nicht an kontroversen Behauptungen. Der Bonobo ist als das intelligenteste aller Tiere und als der unseren Vorfahren ähnlichste Primat bezeichnet worden.

Bonobos haben ein begrenztes Verbreitungsgebiet in Zentralafrika; man findet sie nur in Zaire, südlich des Zaire-Flusses. Laut einer kürzlich erhobenen Feldschätzung gibt es wahrscheinlich weniger als 100000 Angehörige dieser Spezies. Diese Zahl mag annehmbar klingen, doch die Waldzerstörung, die in allen tropischen Regionen der Erde anhält, bedroht ernstlich den Lebensbereich des Bonobo. Eine weitere Gefahr ist das Raubtier Mensch: Bonobos werden von Einheimischen gejagt und gegessen. Sogar in Gegenden, wo keine Bonobos leben, steht ihr Fleisch auf der Speisekarte der Dorfbewohner.

Ein zusätzlicher Faktor ist der illegale Handel. Ausländische Händler bieten eine Summe, die das Vierfache des ortsüblichen Monatslohns ausmacht, für einen jungen Bonobo. Da die Spezies außerordentlich anfällig für Erkrankungen der Atemwege und für Lungenentzündung ist, überleben nur sehr wenige Tiere in Gefangenschaft. Im Jahre 1959, als der Handel noch legal war, starben alle 86 Bonobos, die in Kisangani auf die Verschiffung in die USA warteten, innerhalb von Wochen in ihren Käfigen. Für jeden Bonobo, der im Westen ankommt, verlieren wir zahllose andere. Unter der Hand tauchen noch immer Individuen auf, besonders in Belgien, aber glücklicherweise wagt niemand mehr, sie zu kaufen. Derzeit befinden sich schätzungsweise 50 Bonobos in legalem Besitz von Laboratorien und Zoos. Verglichen mit den Tausenden gefangener Schimpansen ist dies eine kleine Anzahl.

Erst seit 1974 sind Bonobos in ihrer natürlichen Umgebung erforscht worden. Ein Projekt wurde von Noel und Alison Badrian aufgenommen, einem jungen Paar irischer und südafrikanischer Abstammung, die den Mut und die Entschlossenheit besaßen, auf sich gestellt und nahezu ohne finanzielle Absicherung den Dschungel zu erobern. Ein weiteres Projekt an anderer Stelle begannen Takayoshi Kano und ein Team japanischer Studenten. Ein Jahrzehnt hervorragender Forschung beider Feldstationen unter schwierigen und isolierten Bedingungen hat uns die Unterschiede der sozialen Organisation zwischen Bonobo und Schimpansen gezeigt.

Die Gemeinsamkeit beider *Pan*-Spezies ist eine sich stetig wandelnde soziale Struktur: die Angehörigen einer großen Gemeinschaft ziehen nicht gemeinsam umher oder auf Nahrungssuche; sie bilden kleinere Gruppen, die im Aufbau variabel sind; man teilt sich oder schließt sich zusammen. Der Unterschied besteht darin, daß erwachsene Schimpansenmännchen sich recht häufig zu Banden zusammenschließen, Bonobos jedoch nicht. Bei den Bonobos bestehen die stärksten Bindungen zwischen erwachsenen Weibchen und den Geschlechtern; männliche Bindungen sind relativ schwach ausgeprägt. Deshalb unterscheidet sich die Bonobo-Gesellschaft fundamental von der der Schimpansen, denn weibliche Bonobos nehmen eine wesentlich zentralere Stellung ein.

Zwischen den Bonobomännchen gibt es Spannungen, und nur selten teilen sie die Nahrung miteinander. Die Weibchen dagegen suchen sich ihre Nahrung Seite an Seite. Hochgeschätzte Dinge werden häufig zuerst von Männchen beansprucht, aber dann mit Weibchen geteilt. Sex scheint eine entscheidende, bindende Rolle bei der Nahrungssuche dieser Trupps zu spielen. Boboweibchen sind fast ständig empfängnisbereit, was sie durch eine rosa Genitalschwellung signalisieren. Sie sind während langer Phasen ihres monatlichen Zyklus zur Paarung bereit und paaren sich nicht nur mit Männchen, auch untereinander werden sexuelle Kontakte geknüpft. Feldforscher beider Forschungsteams haben die Rolle, die das Sexualverhalten bei der Vermeidung von Konflikten, insbesondere wenn es um Nahrung geht, hervorgehoben. »Make love, not war« könnte ein Bonobo-Slogan sein. Diese Beobachtungen besagen auch, daß die höchst erotische Lebensweise der San Diego-Bonobo-

Zwischen 1911 und 1916 lebten zwei junge Menschenaffen, Mafuca (*links*) und Kees, im Zoo von Amsterdam. Anton Portielje vermutete, daß sie verschiedenen Spezies angehören, doch erst 1929 wurden sie als eigenständige Spezies offiziell anerkannt. Auf diesem Archivbild wird deutlich, daß Mafuca ein Bonobo und Kees ein Schimpanse war. Man sagt, daß Mafuca das beliebteste Tier des Zoos gewesen sei. (Mit freundlicher Genehmigung von *Natura Artis Magistra*)

kolonie, die ich detailliert behandeln möchte, kein abnormes Verhalten infolge ihrer Gefangenschaft ist.

Desmond Morris präsentierte in seinem Buch *Der nackte Affe* die Menschen als die Primaten mit dem intensivsten Sex. Er argumentierte, daß die nahezu ständige sexuelle Empfängnisbereitschaft der Frauen notwendig sei, um Paarbindungen aufrechtzuerhalten. Andererseits sind Paarbindungen eine Möglichkeit, Wettstreit zwischen Männern zu vermeiden. Beim Jagen und bei der territorialen Verteidigung müssen Männer eng kooperieren; sie können sich keine täglichen Streitereien um Sex leisten. Spannungen werden reduziert, indem man die Frauen durch eine exakte Zuordnung unter sich aufteilt. Andere erweiterten diese Theorien. Zum Beispiel brachte Owen Lovejoy die Bipedität ins Blickfeld. Monogame Bindungen ermöglichten den Müttern, mit ihren Nachkommen zu Hause zu bleiben und sich gleichzeitig um mehr als ein abhängiges Kind zu kümmern, was Menschenaffenmütter nicht können. Da die Männer deshalb die Nahrung nach Hause bringen mußten, erwies sich das Gehen auf zwei Beinen als wesentlicher Vorteil: es ließ die Hände frei zum Tragen. Als Gegenleistung für diese männlichen Dienste liebten die Frauen ihre »Fürsorger«.

Bis jetzt ist all dies reine Spekulation – und viele Wissenschaftler sind anderer Meinung. Sogar ein junger weiblicher *Australopithecus* namens Ruby äußerte sich zu dem Sachverhalt: »Eines hat sich im Laufe von 3 Millionen Jahren nicht verändert. Die Männer meinen immer noch, daß Sex alles erklärt.« Dieses sprechende Fossil, ein Produkt der Vorstellungskraft von Adrienne Zihlman und Jerold Lowenstein, erklärte auch seine Abstammung: »›Die kleinen Schimpansen waren unsere Vorfahren, wie mir meine Großmutter erzählte. Wahrscheinlich haben Sie bemerkt, wie ähnlich ich ihnen sehe‹ (die Interviewer). Das hatten wir, aber wir waren zu höflich, um uns zu der wahrlich verblüffenden Ähnlichkeit zu äußern.« Rubys öffentliche Aussagen stimmten zufällig mit Zihlmans Betrachtungsweise der Bonobos, der kleinen Schimpansen, überein. Die Körperproportionen des Bonobo, besonders seine relativ stämmigen Beine, stehen jenen des *Australopithecus* näher als die Proportionen irgendeines anderen lebenden Menschenaffen. Bonobos gehen und stehen häufiger und müheloser auf zwei Beinen als die gewöhnlichen Schimpansen, die ihren Rücken nicht in dem Maße geradehalten. Wenn Bonobos aufrecht stehen, schauen sie aus, als ob sie geradewegs der Vorstellungskraft eines Künstlers vom prähistorischen Menschen entsprungen wären. Eine auffällige Ausnahme wird auf der Photographie auf Seite 185 deutlich: die Füße der Bonobos sind ganz und gar nicht menschenähnlich.

Louise (*links*) und Kevin halten Ausschau nach den Tierpflegern. (San Diego-Zoo)

Dieses Bild wurde in Gefangenschaft aufgenommen; es ist nicht bekannt, ob wildlebende Bonobos ihre beidfüßigen Fähigkeiten so intensiv einsetzen. Meistens bewegen sie sich im Knöchelgang* durch das Labyrinth der Wege, die den Waldboden durchziehen. Eine größere Bewegungsvielfalt zeigen sie oben in den Bäumen, auch auf zwei Beinen. Laut Randall Susman macht die Bipedität jedoch nur 10 Prozent der Fortbewegungsweise des Bonobo in dem Blätterdickicht aus. Häufig dient sie dazu, Elefanten oder nichtvertraute Feldforscher von oben herab einzuschüchtern. Abschreckungstaktiken des Bonobo sind: Astwerfen, ärgerliches Rufen und Urinieren auf die überraschten Zielscheiben. Angesichts der oben besprochenen Theorien ist es ganz interessant, daß es eine weitere Situation gibt, in der Bonobos häufig aufrecht gehen, nämlich dann, wenn sie beide Hände für den Transport von großen Früchten brauchen.

Bonobos weisen drei der Elemente auf, die in Drehbüchern der früheren menschlichen Evolution eine Rolle spielen:

1. Weibchen sind über ausgedehnte Zeiträume hinweg sexuell empfänglich.

2. Das Sexualleben ist vielfältig und häufig mit der Nahrungsaufnahme gekoppelt.

3. Bonobos scheinen müheloser auf zwei Beinen zu gehen als andere Menschenaffen.

Die übrigen Elemente der Theorien fügen sich nicht so gut ein.

4. Es gibt keine Beobachtungen von nennenswerter Kooperation zwischen Bonobomännchen.

5. Bonoboweibchen bleiben nicht »zu Hause«; sie bewegen sich mit ihren Jungen in demselben Bereich wie die Männchen.

6. Über die Paarbindung ist bei dieser Spezies nichts bekannt, doch begleiten Männchen gelegentlich Weibchen, und diesen Verbindungen wird nachgesagt, daß sie stabiler und ausdauernder als bei Schimpansen sind.

Vieles muß noch enträtselt werden, aber man kann nicht leugnen, daß der Bonobo eine Schlüsselspezies für das Verständnis der menschlichen Evolution darstellt.

Ich möchte eine eigene, ziemlich wilde Spekulation hinzufügen. Sie betrifft die zweifüßigen Fähigkeiten des Bonobo und den dafür erforderlichen Gleichgewichtssinn. Bonobos sind unglaublich akrobatisch. John MacKinnon beobachtete sie im Wald: »Ich war von der Behendigkeit der Bonobos verblüfft; ihre Graziösität in den Baumwipfeln und ihre Trittsicherheit unterschieden sich sehr von den eher vorsichtigen und bedächtigen Bewegungen der Schim-

* Gemeint ist hier das Gehen und Laufen auf allen Vieren, nämlich den Füßen und den Fingerknöcheln.

pansen.« Man kann diese Behendigkeit, wie MacKinnon sagt, als einen Hinweis dafür nehmen, daß der Bonobo für das Leben auf Bäumen spezialisiert ist. Doch gibt es keine Einigung darüber, ob Bonobos mehr oder weniger auf Bäumen leben als Schimpansen. Eine völlig andere Theorie, erstmalig vorgelegt, um die menschliche Bipedität zu erklären, gilt möglicherweise auch für den Bonobo. Alister Hardy veröffentlichte sie 1960 mit heftigen Bedenken. In seinen Worten: »Anscheinend ist es zu phantastisch«. Zeitungsüberschriften faßten die Theorie gelegentlich als »Der Mensch ist ein Meer-Affe«, und »Der Mensch stammt vom Delphin ab«, während sie Elaine Morgan inspirierte, *The Aquatic Ape* zu schreiben. Dieser Theorie zufolge begannen unsere Vorfahren auf zwei Beinen zu gehen, als sie in den seichten Gewässern der Küste wateten, nach Schalentieren gruben und Fische fingen. Aufrecht zu gehen erwies sich gegenüber dem auf allen Vieren im Wasser Umherzutasten als ein deutlicher Vorteil.

Bemerkenswerterweise zeigen Bonobos keine Furcht vor Wasser. Ich war über ihre Verspieltheit, gerade an regnerischen Tagen, ungeheuer verblüfft; sie rangelten und rutschten im feuchten Element herum. Derart ausgelassene

Bonobos besitzen ein erstaunliches Balancegefühl. Loretta verzehrt gelassen einige Blätter, während sie auf dem Seil läuft. (San Diego-Zoo)

Wasserballette sind bei Schimpansen, die Regen hassen, unvorstellbar. Vielmehr haben diese einen speziellen Gesichtsausdruck, ihr Regen- oder Ekelgesicht genannt, das sie aufsetzen, wenn sie vor einem Regenguß Schutz suchen. Mit ihrer vorgeschobenen Unterlippe und ihren leicht entblößten oberen Zähnen bieten sie ein einziges Bild des Jammers. Es ist bekannt, daß Schimpansen im Wasser ertrinken, auch wenn es nur knietief ist, denn sie können nicht schwimmen und geraten schnell in Panik. Folglich können Zoos sie auf Inseln halten. Mit Affen würde dies nicht klappen und vielleicht auch nicht mit Bonobos. Ich weiß nicht, ob Bonobos tatsächlich schwimmen (womit sie unter den Menschenaffen einzigartig wären), aber man weiß, daß sie aus freien Stücken in Tümpel oder Gräben hineinsteigen, im Wasser planschen, ja sogar vollständig untertauchen.

Der Gegensatz zwischen den beiden Spezies ist wohl nicht als absolut zu sehen (von Menschen aufgezogene Schimpansen lernen manchmal, Wasser zu mögen, und nicht jeder Bonobo wird zwangsläufig davon angezogen), aber im allgemeinen ist der Unterschied schon verblüffend. Außerdem ist er plausibel. Die natürliche Umgebung des Bonobos wimmelt von Flüssen und Wasserläufen, und sumpfige Wälder bedecken einen Großteil ihres Verbreitungsgebiets. Viele Gegenden sind jahreszeitlich bedingt überschwemmt. Obwohl Bonobos lieber sogenanntes festes Waldland haben, gab es möglicherweise vergangene Zeiten in ihrer Evolution, wo Wasser noch reichlicher als heute vorhanden war.

Sowohl Kano als auch die Badrians hörten von Einheimischen, daß Bonobos Fische fangen und essen. Viele Jahre lang fanden Feldforscher nur Fußabdrücke von Menschenaffen und Löcher im Schlamm kleiner Wasserläufe, aber keinen direkten Hinweis auf Fischfang. Bei einer kürzlichen Feldunternehmung sahen die Badrians jedoch zwei Bonoboweibchen, die stromaufwärts im Wasser spazierten. Sie schnappten sich die Hände voller schwimmender toter Blätter, um etwas Eßbares herauszunehmen. Als die Menschenaffen sie bemerkten und flohen, probierten die Forscher selbst die Methode aus. Sie scheuchten viele kleine Fische auf, die sich unter den gefallenen Blättern versteckt hielten. Susman beobachtete, daß zahlreiche Bonobos den Flußläufen folgen, Abdrücke der Fingerknöchel fehlen jedoch. Daraus schließt er, daß Bonobos mit Hilfe des aufrechten Ganges ein Naßwerden ihrer Hände vermeiden, wenn sie die Wasserläufe durchqueren. So mag Hardys *Aquatic Ape-Theorie*, wenigstens der Teil, der den aufrechten Gang mit dem Waten in seichten Gewässern verknüpft, erklären helfen, warum Bonobos derart stämmige, lange Beine besitzen.

Weitere Elemente der Theorie Hardys besagen, daß Primaten, die sich im Wasser aufhalten – seiner Meinung nach auch Menschen –, zwischen ihren

Zehen Gewebe aufweisen (das ist jedoch nur bei 1 Prozent der Menschen der Fall) und sich langes Kopfhaar wachsen lassen sollten, sowohl als Schutz gegen die Sonne und um Kindern etwas zum Festhalten über der Wasseroberfläche zu geben. Morgan spekulierte weiter, daß der von Angesicht zu Angesicht vollzogene Beischlaf und die frontale Vagina Anpassungen des Menschen an die Lebensweise im Wasser sind. Andere in dieser Umwelt lebende Säugetiere – Delphine, Manatees, Seeotter und Biber – paaren sich auf dieselbe Weise. Verblüffenderweise paßt jedes dieser Elemente auf den Bonobo. Gewebe zwischen den Zehen, obwohl kaum erkennbar, ist normalerweise vorhanden. Das Kopfhaar des Bonobo ist länger als das des Schimpansen. Es ist auch eine wohlbekannte Tatsache, daß der sexuelle Zugang beim Bonoboweibchen ventral gerichtet ist und Paarungen oft in der »Missionarsstellung« vorkommen. Eine im Jahre 1954, vor der sexuellen Revolution, veröffentlichte Untersuchung formulierte es sittsam lateinisch: Beim Schimpansen erkennen wir *copula more canum*, beim Bonobo *copula more hominum*.

Da die Theorie vom im Wasser lebenden Menschenaffen auch die Vorstellung von Vormenschen mit Entenfüßen und Schwimmbrillen heraufbeschwört, wird sie von der wissenschaftlichen Zunft kaum ernst genommen. Auch ich meine es ironisch, wenn ich die Theorie auf Bonobos übertrage. Doch glaube ich aufrichtig, daß die besondere Beziehung dieser Spezies zum Wasser während ihrer Evolution möglicherweise von mehr als nur marginaler Bedeutung gewesen ist.

Der gescheiteste Menschenaffe?

Es ist erwiesen, daß der kleinere Kopf und das kleinere Gehirn des Bonobo, verglichen mit dem des Schimpansen, ihn intellektuell keineswegs benachteiligt. Wenn man sie mit einem Spiegel konfrontiert, so zeigen Bonobos alle Anzeichen von Selbsterkennen; in Gefangenschaft sind sie geschickte Werkzeugbenutzer und entfalten eine hohe soziale Intelligenz. Manche Wissenschaftler halten sie sogar für geistig überlegen. Am 25. Juni 1985 brachte die *New York Times* Neuigkeiten über Kanzi, ein junges Bonobomännchen am Language Research Center in Atlanta. Laut Sue Savage-Rumbaugh lernt Kanzi den Gebrauch geometrischer Symbole, die Worten entsprechen, wesentlich schneller als die beiden Schimpansen, die früher am Center trainiert wurden. Auch besitzt Kanzi ein umfassenderes Verständnis für die gesprochene Sprache seiner Lehrer, als je zuvor bei einem Tier gemessen wurde.

Ich habe Schwierigkeiten mit der Behauptung, Bonobos seien die gescheitesten Menschenaffen. In San Diego jedenfalls war für mich ihre Intelligenz unübersehbar und bemerkenswert. Auch begegnete ich Kanzi und stimme zu, daß er außerordentlich talentiert ist. Aber es sollte festgehalten werden, daß Kanzi der erste Menschenaffe ist, der in Gegenwart seiner Mutter trainiert wird, was sich wahrscheinlich stabilisierend auf seine Persönlichkeit auswirkt und vermutlich seine Selbstdarstellung fördert. Auch sind viele Schimpansen, die ich kenne, bei weitem nicht dumm. Yeroens politische Manipulationen oder Mamas diplomatische Fähigkeiten mögen zwar mit Symbolen oder Sprache wenig zu tun haben, sie sind jedoch nicht weniger eindrucksvoll.

Was sollen wir also von den oft zitierten Lobeshymnen von Robert Yerkes über die intellektuellen Fähigkeiten von Prinz Chim halten? Yerkes erwarb 1923 zwei juvenile Menschenaffen; das Männchen wurde Prinz Chim genannt, das Weibchen Panzee. Yerkes stellte viele Unterschiede zwischen den beiden fest. Zu seinem populären Buch *Almost Human* wurde er durch Chims unübertroffene physische Perfektion, seine Aufgewecktheit, seine Anpassungsfähigkeit und seine bereitwillige Wesensart inspiriert. Sein anthropoider Genius wurde Panzee gegenübergestellt, die Yerkes für ziemlich unintelligent hielt. Der Primatologe bezweifelte, daß beide Affen Schimpansen seien, aber wie schon Portielje vor ihm lebte er in einer Zeit, da der separate Status des Bonobo noch nicht erkannt worden war. Erst Jahre nach seinem Tod, als Harold Coolidge auf sein Versteck und damit sein Skelett traf, wurde Chim zum Bonobo erklärt.

Es war nicht fair von Yerkes, seine beiden Menschenaffen miteinander zu vergleichen. Erstens litt der »gewöhnliche« Schimpanse an Tuberkulose, während Chim gesund war. Zweitens führte der grazilere Körperbau des Bonobo zu einer Unterschätzung seines Alters. Chim wurde Yerkes als weniger als 2 Jahre alt vorgestellt. Yerkes revidierte die Schätzung auf ein Alter von mehr als 3 Jahren, doch Coolidge schloß aus der nach dem Tod erfolgten Bestimmung seines Gebisses, daß er auch 5 oder 6 Jahre alt gewesen sein könnte. So bezog sich der beobachtete Intelligenzunterschied auf einen entschieden älteren vitalen Bonobo und einen zum Schluß kranken Schimpansen. Yerkes selbst war sich der Grenzen seines Vergleiches sehr wohl bewußt (in einem Artikel über die Charaktereigenschaften junger Schimpansen kommentierte er: »Zweifellos hängen Temperament und Charakter ebenso von der physischen Konstitution ab wie Intelligenz«), doch leider werden seine Vorbehalte selten zitiert.

Jacques Vauclair und Kim Bard verglichen die manipulatorischen Fähigkeiten eines Menschenkindes, eines Schimpansen und des Bonobos Kanzi miteinander. Zu Beginn der Untersuchung waren alle drei sieben Monate alt. Die kompliziertesten Objektmanipulationen führte das Kind aus, doch zwischen den beiden Menschenaffenkindern bestanden in dieser Hinsicht keine signifikanten Unterschiede. Ein bemerkenswerter Unterschied war jedoch, daß das Kind die Füße bei 8 Prozent, der Schimpanse bei 7 Prozent, Kanzi aber bei mehr als 40 Prozent der Objektmanipulationen einsetzte. In San Diego beobachtete ich, daß Bonobos ihre Füße und Hände völlig austauschbar gebrauchen. Sie ergreifen die Nahrung, schubsen einander und gestikulieren sogar mit ihren »händigen« Füßen. So können Bonobos, entsprechend der typischen Bettelgeste von Schimpansen (ausgestreckter Arm mit geöffneter Hand), mit ausgestrecktem Bein betteln.

Es gibt viele Temperamentsunterschiede zwischen den großen Menschenaffen. Clemens Becker etwa fand heraus, daß junge Bonobos die Spielszene in einer gemischten Gruppe mit jungen Orang-Utans im Kölner Zoo vollständig dominierten. Obwohl sie viel kleiner waren, war ihr Spiel so wild, daß die Orang-Utans es selten wagten, Ringkämpfe anzuzetteln. Andererseits schnitten sie besser beim Spiel mit Gegenständen ab. Orang-Utans sind geduldige Geschöpfe, sie spielen auf eine mehr konstruktive Art (z. B. Türme bauen) als Bonobos. Eduard Tratz und Heinz Heck erwähnten ein weiteres besonderes Charakteristikum: Der Bonobo ist die erregbarste und aufgeweckteste Spezies unter den Menschenaffen. Über die Bonobos im Zoo von Hellabrunn in München schrieben sie: »Der Bonobo ist ein außerordentlich empfindsames, freundliches Geschöpf, weit entfernt von der dämonischen Urkraft des erwachsenen Schimpansen.« Die Hellabrunn-Bonobos fielen dem Zweiten Weltkrieg zum Opfer. Sie starben aus nackter Angst, erschreckt durch den gewaltigen Lärm der Bombardierung der Stadt. Keiner der zahlreichen Schimpansen im Zoo litt an Herzanfällen; die Bonobos kosteten sie aber das Leben.

Das Problem, Temperament und Intelligenz in Beziehung zu setzen, wird bei dem alltäglichen Vergleich zwischen Hunden und Katzen am deutlichsten. Hundebesitzer halten ihr Haustier für das Gescheitere und erkennen nicht, inwieweit ihre Meinung durch den Wunsch des schwanzwedelnden Hundes, seinem Herrn zu gefallen, beeinflußt wird. Ähnlich kann die Leichtigkeit, mit der Bonobos mit Menschen in Beziehung gebracht werden, und ihre natürliche Aufgewecktheit ihnen einen Vorteil bei bestimmten experimentellen Situationen verschaffen, aber die Unterschiede zwischen den vier anthropoiden Menschenaffenspezies können nicht durch eine einfache Skalierung der Intelligenz von hoch zu niedrig dargestellt werden. Statt dessen sehe ich eine multidimensionale Tabelle von Persönlichkeitseigenschaften, von denen einige (Emotionalität z. B.) die Durchführung intellektueller Aufgaben beeinträchtigen, wohingegen andere Charakteristika (wie z. B. die Konzentrationsfähigkeit) förderlich wirken.

Die Erdnuß-Familie

1959 nahmen Polizeibeamte in der Hauptstadt Zaires eine Frau fest, die angeblich auf ihren Freund geschossen und ihn tödlich verletzt hatte, weil er eine Affäre mit einer anderen Frau gehabt hatte. Im Haus der Verdächtigen beschlagnahmten sie ein Bonobobaby. Ungefähr ein Jahr später erreichte dieser kleine Menschenaffe den San Diego-Zoo. Er wurde wegen seiner Winzigkeit auf den Namen Kakowet getauft, nach dem französischen *cacahouette*, also Erdnuß. (Sein Alter wurde auf 2 Jahre geschätzt, und er wog nur 6,5 Kilogramm). Es dauerte nicht lange, und Kakowet hatte die Herzen aller im Zoo gewonnen. Sogar der Entdecker der Spezies, Ernst Schwarz, der nie zuvor einen lebenden Bonobo gesehen hatte, freundete sich bei einem Besuch mit ihm an. Man erzählt, daß Schwarz, während er mit dem Menschenaffenbaby auf dem Arm zufrieden dastand, von einer Dame begrüßt wurde, die sagte: »Ach, Sie sind der Mann, der dem putzigen kleinen Affen den Namen gegeben hat.« Welcher Schock für jemanden, dem der Unterschied zwischen Menschenaffen und Affen so vertraut ist!

1962 traf die für Kakowet auserkorene Lebensgefährtin ein. Er und Linda wurden zum produktivsten Bonobopaar der Welt. Da jedes ihrer Neugeborenen fortgenommen und der Zookinderstation übergeben wurde, entband Linda in ungewöhnlich kurzen Abständen. Normalerweise gebären Menschenaffenweibchen alle vier bis sechs Jahre, aber Linda hatte zehn Kinder innerhalb von vierzehn Jahren. Viele der Neugeborenen wurden der Weltöffentlichkeit in der Johnny Carson Fernseh-Talk-Show von Johnny Carson vorgestellt. Ich muß sagen, daß ich die tierärztliche Praxis, Jungtiere ihren zugehörigen Müttern wegzunehmen, verabscheue. Der San Diego-Zoo hat mittlerweile sein Verfahren geändert und besitzt derzeit etliche natürlich aufgezogene Bonobos (Kinder von Lindas Töchtern). Das erste dieser glücklicheren Kinder war zwei Jahre alt, als ich meine Studien am Zoo aufnahm. Kakowet lebte nicht mehr, und Linda war mit zweien ihrer Töchter nach Atlanta zu Zuchtzwecken ausgeliehen worden.

Meine Kollegen in Wisconsin bezweifelten spaßhaft die Lauterkeit meiner Motive, als ich gerade zur Zeit der Schneestürme nach Süden wollte. Wie sich herausstellte, war tatsächlich gerade der Winter 1983/84 einer der schlimmsten, die das Land je erlebt hatte. In Kalifornien hingegen verbrachte ich eine so gut wie regenfreie (und schneefreie!) Zeit bei angenehmen Außentemperaturen. San Diego besitzt einen wunderschönen zoologischen Garten, und das nicht allein hinsichtlich des Tierbestands, sondern besonders dank der exotischen Flora, die das hügelige Gelände bedeckt. Jeden Tag betrat ich dieses

Paradies, bepackt mit meiner Ausrüstung und einem großen Schild, auf dem ich die Öffentlichkeit höflich aufforderte, den Beobachter oder die Menschenaffen nicht zu stören. Ich stand vor dem Gehege, von der Menschenmenge durch ein Seil mit einer Reihe leuchtend roter Fähnchen getrennt, und machte meine Beobachtungen.

Zu Beginn meiner Studien hielt der Zoo seine zehn Bonobos in drei verschiedenen Gruppen. Zwei Gruppen mit Erwachsenen waren in einem altmodischen, als Grotte angelegten Gehege untergebracht; ein Trockengraben trennte die Menschenaffen von außen. Die Gruppen wurden abwechselnd zur Schau gestellt: an einem Tag die eine Gruppe, am folgenden Tag die andere. Dieses Verfahren verwirrte manchen regelmäßigen Zoobesucher. Einmal erklärte ein kleiner Junge ganz aufgeregt seinem Vater, wie schnell Menschenaffen wachsen. Er zeigte auf Kalind, einen Bonobo etwa in seinem Alter (sieben Jahre), den Kleinsten seiner Gruppe. »In einer Woche, in einer Woche!« erklärte er, wobei er seine Hände auseinanderhielt, um die Größe des zweijährigen Jungtieres aus der zweiten Gruppe zu demonstrieren.

Die vier Mitglieder der dritten Gruppe waren alle unter sechs Jahre alt und

Die juvenile Teilgruppe im San Diego-Zoo. *Von links nach rechts*: Lana, Akili, Kako und Leslie.

vermißten anscheinend den Kontakt mit Erwachsenen. Sie lebten in einem vorbildlichen riesigen Gehege mit echten Bäumen zum Klettern. Oben in den Bäumen und auf dem Klettergerüst benahmen sich die Juvenilen ganz normal. Sobald sie aber hinunterstiegen, um den grasbedeckten Boden abzusuchen, taten sie sich zu »Tandems« zusammen, indem sie ihre Arme und ihren Kopf an den Rücken des Vorangehenden schmiegten. Meistens stützen sich dabei Jüngere auf Ältere, vielleicht als Ersatz für das Bedürfnis, von der Mutter auf dem Rücken getragen zu werden. Die Art und Weise, wie sie sich aneinanderklammerten, erinnerte mich an die sogenannten »Zusammen-zusammen-Affen« von Harry Harlow: Rhesusaffen, die in gleichaltrigen Gruppen ohne Mutter aufgezogen werden, werden nach dem wohltuenden Kontakt, dem hautnahen Kuscheln mit ihren Altersgenossen geradezu süchtig.

Obwohl es an Kabbeleien in der Gruppe junger Bonobos keineswegs mangelte, waren sie im großen und ganzen fröhlich und ausgelassen. Sie folgten überhaupt nicht dem Muster von Grausamkeit und Terror, das so packend in dem Roman *Herr der Fliegen* an einer Gruppe gestrandeter menschlicher Jugendlicher beschrieben wird. In dieser Geschichte hatte William Golding 1954 auf literarische Weise ausgedrückt, was Konrad Lorenz und andere Ethologen später in wissenschaftlicher Form taten. Die Erzählung lenkte die Aufmerksamkeit auf die gewalttätige Seite der menschlichen Natur. Die Botschaft war, so stichhaltig sie sein mochte, maßlos übertrieben: Die Kinder wurden mit jeder Buchseite immer blutrünstiger. Niederträchtigkeit ist allen gemeinsam, Menschen- wie Menschenaffenkindern; aber sie ist nicht vollständig hemmungslos, selbst wenn die Aufsicht durch Erwachsene fehlt.

Leslie, die älteste und dominante Juvenile, war einmal besonders schlechter Stimmung. Sie begann den Tag damit, Kako, den Jüngsten, ohne ersichtlichen Grund immer wieder vom Klettergerüst zu jagen. Sie ließ ihn einfach nicht zu den anderen und versetzte damit das zweite Weibchen, Lana, die Kako bemutterte und beschützte, in helle Aufregung. Lanas bellender Protest half nichts; er führte nur zu einem ihr geltenden Drohangriff. Leslies nächstes Ziel war Akili, normalerweise ihr Kumpel. Akili wurde von Baum zu Baum verfolgt, ja, sogar kurz gebissen. Gegen Ende des Vormittags war dieses Spiel vorbei, und jeder schaute nervös drein.

Zufällig saß Leslie einige Meter hinter Akili und Lana. Ich konnte die Spannung fühlen. Verlegen schauten die beiden sie an und tauschten dann Blicke untereinander aus. Sie müssen sich über ihr Vorgehen abgesprochen haben, denn beide erhoben sich gleichzeitig und näherten sich der Bossin, um sie zu groomen. Nach etwa zehn Minuten entspannte sich Leslie, streckte sich

---

Leslie beißt gerade in Akilis Finger. (San Diego-Zoo)

bäuchlings auf einem Baumstamm aus und ließ ihre Beine zu beiden Seiten rhythmisch herabbaumeln. Akili, dem die Geduld zu langen Groomingsitzungen fehlte, verzog sich; Lana setzte das Groomen fort. Später groomte Leslie sogar Lana. An diesem Tag gab es keine weiteren Probleme mehr.

Was die Bonobos spielen

Die Spiele der Tiere erzählen uns einiges über ihr intellektuelles Niveau, ihren Humor und ihr Temperament. Die Bonobos des San Diego-Zoos sind außerordentlich spielfreudig und aktiv; oft toben sie mit dem typischen Mund-auf-Spielgesicht herum. Ich habe eine Menge über die Persönlichkeiten dieser spaßliebenden Kolonie von den Tierpflegern, insbesondere von Gale Foland und Mike Hammond, erfahren. Sie kennen die Menschenaffen ganz persönlich und kommen wunderbar mit ihnen aus. An meinem ersten Tag nahm mich Mike mit nach unten, um die unterhalb des Außengeheges liegenden Schlafkäfige zu besichtigen. Obwohl ich dort nur ungefähr zehn Minuten verweilte, erkannten mich die Bonobos in der Besuchermenge sofort wieder, als ich drei Tage später meine Beobachtungen begann; dabei trug ich sogar andere Kleidung. Dies ist um so bemerkenswerter, wenn man bedenkt, daß diese Tiere 3 Millionen Gesichter pro Jahr sehen. Loretta drehte mir ihre Genitalschwellung zu und starrte mich von unten durch ihre Beine hindurch an. Die Reaktion von Kalind – mit gesträubtem Fell drohte er mir, er grunzte und schwenkte einen Arm hoch in die Luft. Anscheinend war er eifersüchtig darauf, daß ich diese sexuelle Einladung erhielt. Obwohl die Rückmeldung durch diese Kolonie recht gemischt war, fühlte ich mich im großen und ganzen willkommen geheißen.

Den zwei Meter tiefen Trockengraben vor dem Gehege konnten die Bonobos über eine herabhängende Kette erreichen. Sie konnten ungehindert hinunter- und wieder heraufklettern. Jedenfalls so lange, bis sich Kalind einmal als Spaßvogel versuchte. Er liebte es, die Kette hinter jemandem hochzuziehen, besonders dann, wenn das dominante Männchen hinuntergeklettert war. Dann blickte Kalind mit verschmitztem Spielgesicht auf Vernon hinab und schlug neckend an die Grabenwand. Mehrmals eilte dann Loretta herbei, um ihren Gefährten zu »retten«, indem sie die Kette wieder hinabließ. Ich glaube, daß diese Interaktionen auf Empathie beruhen müssen; das bedeutet, daß Bonobos fähig sein müssen, sich selbst in die Lage eines anderen hineinzuversetzen. Beide, Kalind und Loretta, wußten, zu welchem Zweck die Kette für jemanden unten im Graben dient, und handelten entsprechend; der eine durch Fopperei, die andere, indem sie der hilflosen Partei beistand.

Ich war besonders an zwei Spielen interessiert, weil sie höhere geistige Prozesse widerzuspiegeln scheinen. Ich muß mich hier ein wenig vage ausdrükken, denn zweifellos kann ich nicht wissen, was im Kopf eines Bonobos vorgeht. Ich spüre jedoch, daß ein gewisser Bewußtseinsgrad dabei eine Rolle spielte. Beide Spiele wurden Tag für Tag von der Juvenilengruppe gespielt.

Blindekuh. Der Bonobo deckt beide Augen entweder mit einem Gegenstand (z. B. einem Bananenblatt oder einer Tüte) zu oder indem er zwei Finger in die Augen steckt oder einen Arm über das Gesicht hält. So aus freien Stükken gehandicapt, stolpert der Menschenaffe auf dem Klettergerüst herum, mehr als 5 Meter über dem Erdboden. Das Spiel wird mit ernster Hingabe gespielt; regelmäßig sah ich Bonobos beinahe die Balance verlieren oder einander anrempeln. Leslie machte ihre Sache besonders gut. Einmal bewies sie, wie vertraut sie mit dem Gerüst ist: sie packte eines der Seile, schaukelte freihändig auf ihm und landete und sprang immer an den geeigneten Stellen ab, wobei sie ihre Augen unablässig mit einer Hand bedeckt hielt.

Dieses Beispiel zeigt, daß Bonobos fähig sind, sich selbst gegebenen Regeln

Kalind. (San Diego-Zoo)

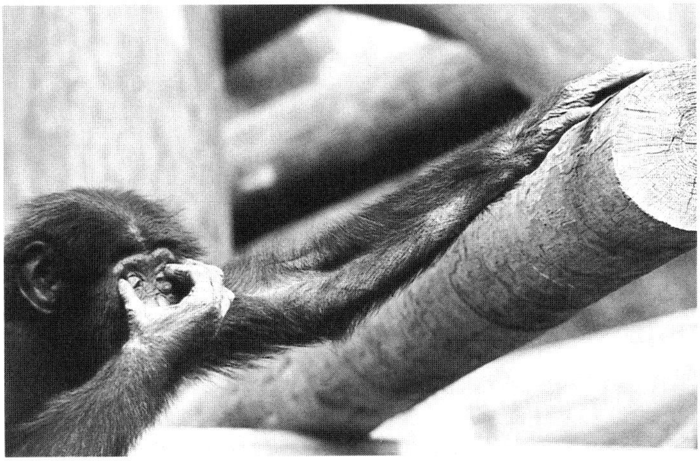

Lana spielt Blindekuh mit einem Bananenblatt. *Unten*: Wenn sie nichts hat, mit dem sie ihre Augen abdecken kann, hält sie sie mit Daumen und Zeigefinger der einen Hand zu und tastet mit der anderen. (San Diego-Zoo)

Eine Auswahl von drolligen Gesichtern bei juvenilen Bonobos. Die Mienen sind kompliziert und schwer zu imitieren. Z. B. grinst Kako (*oben rechts*), ohne seine Mundwinkel zurückzuziehen, und Lana (*unten rechts*) macht einen ziemlichen Umweg, um ihre Finger in den Mund zu stecken. (San Diego-Zoo)

zu folgen; es ist, als ob sie zu sich selbst sagten: »Ich darf nicht eher gucken, als bis ich mein Gleichgewicht verliere.« Sie spielen also offensichtlich mit ihrer Wahrnehmung von der Welt. Das gleiche Spiel taucht auch bei anderen Menschenaffen und auch bei einigen Affenspezies auf, doch ich habe es nie mit solcher Hingabe und Konzentration gespielt gesehen wie bei den Bonobos.

Natürlich ist das Blindekuhspiel bei Menschenkindern ebenso beliebt. Emily Hahn beschrieb es sowohl für ihren Lieblingsgibbon als auch für ihre Tochter Carol. Das Kind hatte eine eigene Erklärung parat; es betrachtete das Ganze als ein existentialistisches Spiel. »Carol ist nicht da«, sagte es, als es mit dem Geschirrschrank zusammenstieß.

Drollige Gesichter. Juvenile schneiden häufig ulkige Gesichter, die nicht gezielt auf irgend jemanden gerichtet sind. Um eine Miene zu verstärken, bohren sie dann vielleicht einen Finger in ihre Wange oder strecken die Zunge heraus. Auch kann man dann ungewöhnliche Kinnbewegungen sehen; Lana bedeckt oft die oberen Zähne mit ihrer Lippe, entblößt die unteren Zähne und schiebt den Unterkiefer hervor, wobei sie ihn rasch auf und nieder bewegt. Dieses Grimassenschneiden entspricht nicht der gewöhnlichen Kommunikation. Drollige Gesichter setzt man auf, wenn man allein sitzt oder sich spielerisch kitzelt. Zum Beispiel läßt sich Leslie oberhalb von Akili nieder und kitzelt ihn mit ihren Füßen im Nacken. Akili reagiert zuerst mit einem Spielgesicht und geht dann dazu über, mit vorgewölbter Oberlippe Gesichter auszuprobieren. Auch Leslie ist mit Gesichtsakrobatik beschäftigt und zieht ihr berühmtes Sauggesicht. Die zwei können dabei das Mienenspiel des(r) anderen nicht sehen.

Obwohl auch junge Schimpansen gelegentlich ihre Lippen flutschen oder andere komische Gesichter aufsetzen, so habe ich nie Primaten gesehen, bei denen sich das Grimassenschneiden zu einer solchen einsamen Pantomime entwickelt hat wie bei jungen Bonobos. Das verblüffend freie und willkürliche Spiel mit der Gesichtsmuskulatur macht mich neugierig darauf, wieviel in ihrer normalen Kommunikation auf diese Weise wohl vorgetäuscht oder verheimlicht wird. Eine weitere Frage ist dann: Was fühlen Bonobos dabei? Wenn wir selbst einmal eine besondere Miene aufsetzen – etwa ein breites Lächeln oder einen finsteren Blick –, dann können wir, einem Echo gleich, die normalerweise mit diesem Gesichtsausdruck assoziierten Emotionen fühlen. Sogar völlig ungewöhnliche, nicht alltägliche Mienen wirken auf unsere Emotionen. Machen Bonobos dieselbe Erfahrung und lieben sie dieses Spiel aus ebendiesem Grund so sehr?

Kamasutra-Primaten

Ein neuer Tierpfleger, mit den sexuellen Gewohnheiten der Bonobos nicht vertraut, akzeptierte einmal einen Kuß von Kevin. Welche Überraschung, als er Kevins Zunge in seinem Mund spürte! Die Angewohnheit, sich auf französische Art zu küssen, ist einer der verblüffenden Unterschiede zwischen dem leidenschaftlichen Erotizismus dieser Menschenaffen und dem etwas langweiligen, funktionalen Sex der gewöhnlichen Schimpansen. Schimpansen zeigen beim Sex wenig Abwechslung, und bei den Erwachsenen zielt er meistens auf die Fortpflanzung ab. Bonobos dagegen spielen jede denkbare Variation durch, als ob sie dem Kamasutra folgten. Ihr Sexleben vollzieht sich weitgehend unabhängig von der Reproduktion und dient ebenso anderen Funktionen. Eine davon, da bin ich sicher, ist Genuß, eine andere ist das Lösen von Konflikten und Spannungen. Zweifellos interessiert mich die letzte Funktion am meisten, doch ich möchte zuerst die sexuellen Verhaltensmuster des Bonobo beschreiben.

Stellen wir uns die erstaunten Blicke von Zoobesuchern vor, wenn sie mit anhörten, wie ich meine Beobachtungen mit den Worten festhielt: »Alle Penisse zur Zeit in Aktion.« Ich maß die sexuelle Erregung, indem ich alle fünf Minuten protokollierte, welche Männchen eine Erektion hatten. Da Bonobos ihren Penis verhüllen können, sieht man davon meistens nichts. Wenn dieses Organ jedoch sichtbar wird, beeindruckt es nicht nur durch seine Größe, sondern auch, weil seine rosa Färbung gegen das dunkle Fell absticht. Männchen laden andere ein, indem sie sich mit weit gespreizten Beinen und gekrümmtem Rücken anbieten und dabei häufig den Penis auf und nieder schnellen lassen – ein gewaltiges Signal. Die Genitalien des Bonobos sind mit die größten in der Primatenwelt. Im Verhältnis zur Körpergröße (und wahrscheinlich auch absolut) übertreffen Hodengröße und Länge des erigierten Penis sicherlich jene des Durchschnittsmannes bei den Menschen, der bis vor kurzem noch als Champion galt.

Jeremy Dahl, der die Menstruationszyklen von Linda und zwei ihrer erwachsenen Töchter am Yerkes Primate Center aufzeichnete, fand heraus, daß sie sich fast 75 Prozent der Zeit über in einem sexuell attraktiven Zustand, mit Genitalschwellung, befanden. Bei Schimpansen sind es nur 50 Prozent. Außerdem finden in den Phasen ohne die rosa Genitalschwellung bei Schimpansen praktisch keine Paarungen statt, bei den Bonobos jedoch regelmäßig. Der Menstruationszyklus schränkt also das sexuelle Verhalten der Bonobos nur geringfügig ein – ganz wie bei uns Menschen, die noch unabhängiger vom Zyklus sind.

Sexuelle Stellungen, bei denen die Partner einander das Gesicht zuwenden, sind attraktiv und leicht, da Vaginalöffnung und Klitoris beim Bonoboweibchen frontal liegen. In sechs Jahren habe ich in der Arnheim-Kolonie nie eine frontale Kopulation beobachten können, außer ein einziges Mal, als sich zwei Schimpansen durch die Gitterstäbe zwischen ihren Schlafkäfigen paarten. In San Diego sind über 80 Prozent der Kopulationen zwischen erwachsenen und heranwachsenden Bonobos verschiedenen Geschlechts Kopulationen von Angesicht zu Angesicht. Der für die Spezies berichtete Wert in ihrer natürlichen Umgebung liegt bei 30 Prozent. Die höhere Häufigkeit frontaler Paarungen bei Untersuchungen an Tieren in Gefangenschaft rührt wahrscheinlich daher, daß es für das Weibchen bequemer ist, auf dem Rücken auf einem Käfigboden oder im Gras eines Außengeheges zu liegen als hoch oben auf dem Ast eines Baumes. Tatsächlich liegen die Werte von Paarungen in der natürlichen Umgebung möglicherweise höher als angegeben, da es den Feldforschern nur selten möglich ist, Sex vom Erdboden aus zu beobachten; Bonobos flüchten in die Bäume, sobald sie nichtvertraute Menschen entdecken.

Sich *a tergo* zu paaren, erweist sich wegen der Frontalstellung der Vagina als recht problematisch für Bonobos. Anstatt flach auf dem Bauch zu liegen, wie es ein Schimpansenweibchen tut, muß das Bonoboweibchen den Unterleib vom Boden abheben, um dem Männchen Zugang gewähren zu können. Offensichtlich ist das nur ein geringes Problem für eine Spezies, die sich ihrer

Paarungen von Angesicht zu Angesicht, hier zwischen Vernon und Loretta, sind in der San Diego-Bonobokolonie alltäglich.

Sexakrobatik überhaupt nicht schämt, auch dann nicht, wenn sie dabei in den Kletterseilen herumhangelt.

Nach menschlichem Standard sind die Kopulationen kurz: im Durchschnitt 13 Sekunden, maximal eine halbe Minute. Da die Partner häufig direkten Augenkontakt haben, scheint der Ablauf intensiver und intimer zu sein als bei den Spezies, die sich *a tergo* paaren. In frontaler Stellung können die Partner gegenseitig ihre Gefühle besser ablesen. Auf dem Höhepunkt, wenn das Männchen für das Finale langsamer wird und tiefer eindringt, kommt es vor, daß das Weibchen die Zähne zu einem breiten Grinsen entblößt und einige heisere Quieker ausstößt. Ähnliche Laute hörten wir bei Baby Lenore während ihrer sexuellen Kontakte mit Vernon. Dabei versuchte dieser gar nicht einmal, mit seinem Penis, der im Vergleich zu dem Kind riesig war, einzudringen. Statt dessen setzte er Lenore auf seinen Bauch und rieb seinen Penis gegen ihr Fell. Oder sie zog an seinem Penis, um ihn hervorzulocken und dann kurz ihre Vulva gegen ihn zu pressen, um zu demonstrieren, daß sie an der Verbindung bewußt teilnahm. In gleicher Weise experimentierte Lenore mit heranwachsenden Männchen.

Von den sechshundert beobachteten Besteigungen und Paarungen waren es gerade nur zweihundert, an denen sexuell voll entwickelte Individuen beiderlei Geschlechts beteiligt waren. Außer Sex mit Kindern gab es viele homosexuelle Kontakte, insbesondere nachdem die beiden Erwachsenengruppen vereint worden waren. Bei den Männchen reichten die Verhaltensmuster von flüchtigem Besteigen von hinten bis zu erregten Umarmungen von Angesicht zu Angesicht, Stoßen und gegenseitigem Reiben des Penis. Obwohl es in diesen Situationen bei den Männchen weder zur Penetration noch zur Ejakulation kam, waren ihre sexuellen Kontakte für nichtmenschliche männliche Primaten ungewöhnlich intensiv.

Die beiden reifen Bonobofrauen Loretta und Louise gingen eine sexuelle Verbindung ein, die für diese Spezies einzigartig ist. Bekannt als *GG-reiben* (Genito-genital-reiben), ist dieses Verhaltensmuster sowohl in der freien Wildbahn als auch bei anderen Gruppen in Gefangenschaft beobachtet worden. Die beiden Weibchen reiben ihre Genitalschwellungen mit schnellen Seitwärtsbewegungen aneinander, wobei ihre Bäuche sich berühren und die Gesichter nahe einander zugewandt sind. Manchmal liegt ein Weibchen auf dem Rücken, aber normalerweise umklammert es mit den Beinen die Taille der Partnerin. Das Weibchen in der oberen Position hebt dann das andere vom Boden hoch, als ob es ein Kind trüge. Fast immer war es Louise, die ältere und dominantere der beiden, die die Schwerarbeit zu leisten hatte.

Bei anderen Gelegenheiten kann es vorkommen, daß die beiden Weibchen ihre Genitalschwellungen und Klitoris aneinanderreiben, während sie in ent-

Sowohl aus freier Wildbahn als auch aus Gefangenschaft ist bekannt, daß Weibchen intensive sexuelle Kontakte miteinander pflegen. Hier klammert sich Loretta mit Armen und Beinen an Louise, in der typischen Stellung des GG-Reibens (*oben*). Zur Abwechslung (*unten*) liegt Louise auf dem Rücken; Loretta reibt ihre Genitalschwellung gegen Louise, während Louises Kind zuschaut. *Gegenüberliegende Seite*: Louise (*stehend*) lädt Loretta zu sexuellem Kontakt ein. (San Diego-Zoo)

entgegengesetzte Richtungen schauen – dabei liegt ein Weibchen auf dem Rükken, und das andere steht auf allen Vieren. Eine Videoanalyse erbrachte, daß sie sich gegenseitig in demselben Bewegungsrhythmus stimulierten wie ein kopulierendes Männchen: 2,2 Bewegungen pro Sekunde.

Die häufige Selbststimulation von Lippen, Brustwarzen und Genitalien unterstreicht ebenfalls die starke Sinnlichkeit der Bonobos. Wenn Kalind frustriert war, weil niemand die Nahrung mit ihm teilen wollte, lief er mit schmollend geschürzten Lippen umher und streichelte dabei eine seiner Brustwarzen mit dem Daumen. Masturbiert wurde entweder mit der Hand oder mit dem Fuß, jedoch nie bis zum Höhepunkt. D. h. nicht bei den Männchen; bei den Weibchen war es schwieriger zu beurteilen. Männchen stimulierten sich auch gegenseitig, indem sie den Penis des anderen in die Hand nahmen und ihn ein paar Mal behutsam auf und ab bewegten.

Bei den Juvenilen konnte spielerisches Rangeln und Kitzeln in erotische Spiele übergehen. Wenn eines der Männchen während der Rangelei eine Erektion hatte, so konnte es passieren, daß es sich einem Gespielen zuwandte und seinen Penis in dessen Mund steckte. Gelegentlich machten alle vier Juvenile gemeinsamen Gruppensex: manche waren dann mit Fellatio beschäftigt, und andere verflochten fröhlich ihre Genitalien miteinander oder tauschten Zungenküsse aus.

Niemals, in keinem einzigen Augenblick, hatte ich das Gefühl, eine Ansammlung von pathologisch sexbesessenen Tieren vor mir zu haben. Die von mir beschriebenen sexuellen Verhaltensmuster sind keineswegs einzigartig für diese spezielle Kolonie; sie sind für die Spezies insgesamt charakteristisch. Anscheinend taten die Bonobos, was für sie natürlich ist; sie wurden nur gelegentlich von der Eifersucht dritter Parteien daran gehindert. (So unterbrach Vernon regelmäßig die sexuellen Annäherungen junger Männchen an erwachsene Weibchen.) Es wäre auch eine Verdrehung, wenn man in diesem Verhalten den Ausdruck »sexueller Freiheit« sähe. Sexualmoral paßt einfach nicht ins Bild der Bonobos, und bei den Menschen ist sie ein höchst variables Merkmal. Die viktorianische Einstellung zu oralem Sex etwa ist keineswegs universell gültig. Die inhaltsreiche, wenn auch umstrittene Geschichte dieser Praktik erzählt von der alten chinesischen Sitte, daß Großmütter, Mütter und Kindermädchen männliche Babies mittels Fellatio beruhigten.

Wir leben heutzutage in einer Zeit, die sexuelle Aktivitäten unter Kindern, mit Kindern und zwischen Angehörigen desselben Geschlechts unterdrückt. Ein häufig gehörter Refrain ist: Da Sex für die Reproduktion »bestimmt« sei, habe er außerhalb dieses Kontextes nichts zu suchen. Sogar die Pille wird von manchen als amoralisches Mittel angesehen, weil sie nichtreproduktiven Sex ermögliche. Soweit diese moralischen Normen auf der Annahme beruhen, sie seien in der Natur begründet, entbehren sie in der Tat jeglicher Grundlage. Die meisten Tiere widmen sich schon in frühem Alter sexuellen Aktivitäten, und mich würde es nicht überraschen, wenn die vielen Probleme mit sexuellen Zwangsvorstellungen und Frustrationen in unseren eigenen Gesellschaften aus den Schuldgefühlen entstehen, die wir mit solchen Experimenten und Rollenspielen verbinden. Auch ist der Verkehr zwischen Partnern desselben Geschlechts bei Tieren überhaupt nicht ungewöhnlich. Was wirklich ungewöhnlich ist, ist eine Ausschließlichkeit der Ausrichtung auf gleichgeschlechtliche Partner. Die bei den Menschen hohe Häufigkeit einer solchen Ausrichtung ist noch nicht geklärt, aber auch hier mag Intoleranz wieder eine Rolle spielen. Wenn eine Entscheidung aufgenötigt wird, dann führt sie zu einer nicht notwendigerweise schärferen Trennung zwischen denen, die zur Homosexualität tendieren, und denen, die es nicht tun.

Viel ernster ist das Problem der sexuellen Beziehungen zwischen Erwachsenen und Kindern. Es gibt Leute, die eine übertrieben weite Definition des sexuellen Mißbrauchs von Kindern verwenden, die nahezu jede Form des Sexualverhaltens umfaßt, wobei manche nicht unterdrückt werden kann, ohne daß körperliche Kontakte vermieden werden, die viele als völlig normal betrachten. Wenn eine Mutter ihr Kind säubert und es dabei überall küßt und berührt, nur nicht an den Genitalien, dann kann das beim Kind nur das vage Gefühl hervorrufen, daß mit diesen Körperteilen etwas ganz und gar nicht stimmt. Der Hauptunterschied, den ich sehe, ist nicht der zwischen Kontakten, die die Sexualorgane einbeziehen oder eben nicht, sondern der zwischen liebevollen und verantwortlichen Beziehungen von Erwachsenen zu Kindern und solchen, die bloß auf die eigene Befriedigung abzielen. Dieser Beziehungstypus kann leicht in Mißbrauch abgleiten – d.h. dem Kind Schaden zufügen –, um so mehr, wenn er mit physischer und psychischer Gewalt verbunden ist.

Ich hatte einmal Gelegenheit, meine Beobachtungen an Bonobos auf einem Treffen von Experten zum Thema Kindsmißbrauch vorzustellen. Sie stimmten mir darin zu, daß Vernon, Kevin und Kalind zwar möglicherweise für zwanzig Jahre hinter Gitter wandern würden, wenn sie Angehörige einer westlichen Kultur wären, daß ihr Verhalten aber keine wirklich besorgniserregenden Elemente enthielt. Die Männchen bestiegen Juvenile und Kinder nie ohne deren »Zustimmung« – wenn es anders wäre, hätten wir es an der Gegenwehr der Jungen und den Versuchen der Männchen, sie zurückzuhalten, gemerkt. Die Kontakte waren kurz, freundschaftlich, sie wurden oftmals von den Jungen gesucht und fanden ohne Penetration statt. Es kann durchaus sein, daß der sexuelle Mißbrauch von Kindern eine für den Menschen einzigartig pathologische Verhaltensweise darstellt.

Normalerweise findet Sex bei den Bonobos nicht aus bloßem Spaß an der Sache statt, die meisten Besteigungen und Paarungen ereignen sich in Momenten der Spannung. Sowohl die romantische Idee von Sex als »Liebe machen« und die auf Empfängnis ausgerichtete Auffassung von Sex sollten, soweit es diese Menschenaffen betrifft, um ein Konzept erweitert werden, das Sexualität als eine Alternative zu Feindseligkeit versteht. Bonobos setzen Sex auf die gleiche Weise ein, wie es den chinesischen Großmüttern nachgesagt wird, nämlich als Form oder Geste der Beschwichtigung. Erotische Beziehungen zwischen Bonobos können deshalb für die Harmonie der Gruppe von lebenswichtiger Bedeutung sein. Diese Funktion der Sexualität steht nicht in Konflikt zu ihrer reproduktiven Aufgabe, da die Männchen nur bei Kontakten mit voll geschlechtsreifen Weibchen ejakulieren.

Die Hypothese vom Sexvertrag

Jeden Tag um die Mittagszeit erhielten unsere Bonobos eine Extrafutterzuteilung – ein Bündel Zweige und Blätter oder einige saftige Bananenstaudensprossen. Sobald die langersehnten Wärter in Sicht waren, kam es zu Peniserektionen, die ihren Höhepunkt erreichten, wenn das Futter in das Gehege geworfen wurde. Normalerweise zeigten die Männchen in weniger als 5 Prozent der Zeit Erektionen, aber zur Fütterungszeit stiegen sie auf über 50 Prozent an. Diese einfache Statistik veranschaulicht die bei den Bonobos sehr enge Verbindung zwischen Futter und Sexualität. Das Sexualverhalten ist bei dieser Spezies in die Verhaltensmuster von Betteln und Nahrungsteilen integriert.

Zuerst erhebt das ranghöchste Individuum der Gruppe Anspruch auf das Futter, umringt von den anderen, die auf ihren Anteil warten. Sie betteln selten mit Handgesten, vielmehr rücken sie mit ihrem Gesicht nahe an das des Ranghöchsten und verfolgen demonstrativ die Verspeisung jedes einzelnen Blattes. Das Schauspiel kann sie so sehr in den Bann ziehen, daß sie beginnen, die Kaubewegungen des Dominanten nachzuahmen. Dazu grunzen sie aufgeregt im Chor und blicken neugierig umher. Das Ganze erweckt den Eindruck, daß jeder das Mahl genießt, bevor die Verteilung des Futters überhaupt stattgefunden hat. Rangniedere bekunden ihr Verlangen auch durch leises Wimmern und einen Gesichtsausdruck, den wir als Schmollgrimasse kennen. Dieses mitleiderregende Signal wird vor allem dann eingesetzt, wenn sich Dominante weigern, ein Blatt abzugeben, das einer der Bettler begierig angefaßt und berochen hat.

Kako, mit Schmollgesicht, berührt das Futter seiner Freundin Lana (*oben*). Minuten später umarmen sich Lana (*rechts*) und Kako, um sich gemeinsam gegen einen Angriff von Akili (*links*) zu verteidigen, der bei der Fütterung leer ausgegangen war. (San Diego-Zoo)

Wenn Bonobos frustriert sind, haben sie ihre Gefühle so gut unter Kontrolle, daß temperamentvolle Wutausbrüche selten sind. Nur einmal sah ich einen Erwachsenen, der dicht vor einem Wutkoller stand. Loretta zeigte gerade keine Genitalschwellung, was es schwierig für sie machte, von Vernon Futter zu bekommen. Nachdem sie dem Männchen mit seinem riesigen Zweigbündel eine Weile gefolgt war, sah sie, wie er nach der Kette zum Trokkengraben langte. Sie umarmte ihn und setzte ihr Schmollgesicht auf. Als beides fehlschlug und ihn nicht aufhielt, warf sie sich ihm mit krampfartigen Körperzuckungen zu Füßen. Verglichen mit dem Krach, den Schimpansen unter vergleichbaren Umständen veranstalten würden, war Lorettas Verzweiflungsakt kurz und zivilisiert. Er blieb allerdings auch wirkungslos. Immerhin sollte hinzugefügt werden, daß Loretta letztlich immer das meiste Futter ergatterte, ob nun mit Genitalschwellung oder ohne. Die einzige Variable war die Zeitspanne, in der Vernon im alleinigen Besitz des Futters war, die aber nie über zehn Minuten hinausging.

In der zweiten Teilgruppe lagen die Dinge anders; Louise war eine selbstsüchtige Anführerin. Kevin mußte lange warten, bevor er sich am Mahl beteiligen konnte. Einmal wurden vier schwere Bananenstauden ausgeteilt. Nachdem Louise die beiden ersten für sich beansprucht hatte, näherte sich Kevin der dritten. Er berührte sie vorsichtig, leckte dann an seinen Fingern und hatte dabei die ganze Zeit ein Auge auf Louise. Als er sich schließlich traute, die Staude zu nehmen, stürzte sich Louise auf ihn und eignete sich auch die dritte an. Auch die vierte ging an sie. Weil ihre Augen immer größer als ihr Magen waren, überrascht es keineswegs, daß eine halbe Stunde später für Kevin zwei unberührte Stauden übrigblieben.

Wenn die Nahrung nicht so reichlich war, profitierte Kevin von der Beliebtheit bei dem Kind Lenore, das freien Zugang zu dem Futterberg der Mutter hatte. Einmal nahm sich Louise das ganze Bündel Blätter, das in das Gehege geworfen war. Kevin lockte das Baby Lenore mit erigiertem Penis zu sich heran. Als es auf seinen Bauch kletterte, reagierte er mit rhythmisch stoßenden Bewegungen. Daraufhin nahm Lenore lässig zwei Äste von Louises Haufen und schob sie zu Kevin hinüber. Das Männchen tätschelte mit der einen Hand freundlich den Rücken des Kindes, während es mit der anderen die Äste einsammelte. Dann ließ er sich in einiger Entfernung nieder und verzehrte die Blätter, die ihm Lenores Kurierdienste eingebracht hatten. Lenore hatte nicht immer Erfolg, weil ihre Mutter wußte, was ihr zukam. Es gab keine Probleme, wenn sie ihre Blätter vertilgte; sobald sie sich aber mit einem ganzen Zweig davonmachen wollte, versuchte Louise ihn zurückzuholen.

Die Futterverteilung bei Menschenaffen geht selten mit aktivem Geben einher. Thomas Patterson beobachtete die folgende verblüffende Ausnahme bei den San Diego-Bonobos im Jahre 1971. Lindas zweijährige Tochter wimmerte und blickte schmollend zu ihrer Mutter empor. Linda hatte kein Futter, schien aber zu verstehen, was das Kind wollte. Normalerweise geben Kinder dieses Signal, wenn sie umsorgt werden wollen; erinnert sei daran, daß Lindas Sprößlinge alle von Menschen großgezogen wurden. Lange nachdem Linda aufgehört hatte zu laktieren, kehrte das Kind zur Gruppe zurück. Linda ging zur Quelle, um ihren Mund mit Wasser anzufüllen. Dann setzte sie sich vor das Kind und beugte sich mit gespitzten Lippen nach vorn. Das Kind trank aus ihrem Mund. Linda wiederholte diesen Vorgang dreimal.

Dies ist ein eindrucksvolles, doch ungewöhnliches Beispiel zum Thema Nahrungsteilen. Während meiner Untersuchung lief der »Nahrungsfluß« von einem Individuum zum anderen meistens nach einem der drei folgenden Muster ab: Betteln, entspanntes gemeinsames Fressen oder energisches Fordern.

Manchmal belohnte der Futterbesitzer das Betteln mit einer beträchtlichen Futterportion. Als sich z. B. Loretta und Kalind etliche Male Vernon näherten, teilte er sein Bündel Zweige und zog mit dem kleineren Teil davon. Dies kam einem aktiven Geben recht nahe: Vernon war natürlich klar, was mit dem zurückgelassenen Futter geschah.

Einen Futterhaufen aufzuteilen und dann gemeinsam zu fressen, war typisch zwischen sehr vertrauten Individuen, etwa zwischen Louise und ihrer Tochter und Lana mit ihrem Adoptivsohn Kako. Dieses äußerst tolerante Verhaltensmuster war auch bei den beiden erwachsenen Weibchen die Regel.

Besitzansprüche an das Futter eines anderen zu stellen, war offensichtlich die Methode der Dominanten. Aber auch Rangniedere zeigten dieses Verhalten, besonders Loretta, wenn sie in sexuell attraktiver Verfassung war. Wenn sie sich mit Vernon paarte und anschließend hohe Freßlaute ausstieß, dann eignete sie sich gleichzeitig sein Futterbündel an. Sie gab ihm kaum Gelegenheit, sich selbst einen Ast herauszuziehen. Manchmal grapschte sie ihm regelrecht das Futter mitten in der Paarung aus den Händen. Menschen, die sich meine Videoaufnahmen dieser Szenen anschauen, können nicht umhin, hier eine Parallele zur Prostitution zu ziehen; allerdings gibt es einige Probleme mit dieser Interpretation.

Der heikle Begriff »Prostitution« wurde im Zusammenhang mit nichtmenschlichen Primaten erstmals in den dreißiger Jahren von Solly Zuckerman und Robert Yerkes ins Spiel gebracht. Yerkes zog 1941 den Schluß, daß »die weibliche Fähigkeit, sexuelle Beziehungen auszunutzen, unvergleichlich größer als die der Männchen ist«. Seine Interpretation wurde von Ruth Herschberger in dem Buch *Adam's Rip* lächerlich gemacht. Sie läßt Josie, eine von

Yerkes' Schimpansinnen, dagegen protestieren, als das »natürlicherweise untergeordnete Geschlecht« beschrieben zu werden, dem das andere Geschlecht zeitweise nachgibt, indem es ihr erlaubt, sich zu verhalten, »als ob sie dominant wäre«. Josie beklagt sich: »Kann ich denn keine Befriedigung im Leben erlangen, die mir nicht von irgendeinem Schimpansenmann *erlaubt* wird? Verdammt nochmal!« Diese Kritik hat erst kürzlich bei anderen feministischen Autoren ein Echo gefunden.

Zunächst wollen wir uns von einem Terminus distanzieren, der Assoziationen von dunklen Straßenecken und obskuren Etablissements weckt. Die Anthropologin Helen Fisher schrieb 1983 das Buch *The Sex Contract*, das eine Theorie vorstellt, zu der sie von den Ideen von Owen Lovejoy und Desmond Morris inspiriert wurde. Weibliche Protohominiden, so die Theorie, setzten Sex zur Schaffung dauerhafter Beziehungen zu Männchen ein, um von deren Fürsorge zu profitieren. Fisher resümiert: »Männer und Frauen lernten, ihre Aufgaben zu verteilen, Fleisch und Gemüse zu tauschen und ihre tägliche Beute zu teilen. Regelmäßiger Sex förderte die enge Bindung untereinander, und wirtschaftliche Abhängigkeit zog den Knoten noch fester.« Nach Fisher war der Schlüssel zu diesem Arrangement der starke Sexualtrieb der Frauen, ihre Fähigkeit, sich unabhängig vom Zyklus zu paaren, und die Vorliebe für die frontale Kopulation (die Vertrautheit, Kommunikation und Verständnis fördert). Da die Autorin diese Errungenschaften für einzigartig menschlich hält, muß sie vom Verhalten der Bonobos, auf das ein Großteil ihrer Theorie übertragbar zu sein scheint, keine Kenntnis gehabt haben.

Wenn die Hypothese vom Sexvertrag Feministinnen stört, so deswegen, weil sie deutlich unterschiedliche Fundamente der Macht bei Männern und Frauen annimmt. Die männliche Basis ist physische Dominanz; die weibliche Basis ist Sex-Appeal und Familienbindung. Die eine Form der Macht ist nicht »natürlicher« als die andere, aber die Macht der Weibchen ist weniger gradlinig. Niemand, der je einen männlichen Schimpansen mit einem weiblichen streiten sah, kann bezweifeln, daß Weibchen, um ihr Ziel zu erreichen, andere Mittel einsetzen als Muskeln und Zähne. Folglich tragen sie ihre Kämpfe mit dem anderen Geschlecht auf anderen sozialen Schauplätzen aus. In welchem Umfang sie in einflußreiche Positionen gelangen, hängt fraglos vom Temperament des Männchens ab; raffinierte Taktiken sind im Umgang mit gnadenlosen Tyrannen nur von geringem Nutzen.

Meistens halten männliche Primaten ihre Aggressionen gegen Weibchen und Jungtiere im Zaum. In vielen Zookolonien dominieren Gorillamännchen die Weibchen nur bis zu einem gewissen Grad. Wenn das Männchen eine der ungeschriebenen Regeln der Gruppe verletzt, gehen die Weibchen gemeinsam auf es los. Ein ausgewachsener Gorillabulle ist die furchtbarste Kampfmaschine unter den Primaten, physisch zweifellos in der Lage, eine ganze Anzahl seiner viel kleineren, weiblichen Artgenossen abzuwehren oder gar zu töten. Psychisch jedoch scheint er unfähig zu sein, seine ganze Überlegenheit auszunutzen. Es ist schon recht eindrucksvoll mitanzuschauen, wie eine Allianz keifend bellender Weibchen einen gigantischen Bullen jagt – ja, sogar schlägt –, dessen Hände anscheinend durch seine Gehirnnerven auf dem Rücken gefesselt bleiben.

Vernon zeigte ähnliche Hemmungen, nicht nur als er mit Louise und Loretta zusammenlebte (die gemeinsam ein starkes Gespann bildeten, denn Bonoboweibchen stehen den Männchen größenmäßig näher als Gorillaweibchen), sondern auch, als er mit Loretta allein war. Die schmächtige Loretta war keine Gegnerin für Vernon, ein muskulöses Männchen mit vollausgebildeten Eckzähnen. Trotzdem vermied er körperliche Konfrontationen. Als Loretta einmal das Futterbündel mitten aus der Luft auffing, noch bevor Vernon ankam, jagte er mit am ganzen Körper gesträubten Haaren mehrmals dicht hinter ihr her. Anstatt beeindruckt zu sein und ihre Beute fallen zu lassen, geriet Loretta in Wut, keifte mit pfeifenden Bellauten und gestikulierte wild nach dem Störenfried. Vernon machte seinen Gefühlen bei Kalind Luft, der aber die Flucht ergriff.

Wenn Vernons Sanftmut gegenüber Weibchen für männliche Bonobos typisch ist, dann bestätigte dieses Merkmal eine Beziehung von größerer Gleichberechtigung zwischen den Geschlechtern, als sie bei vielen anderen Primaten vorkommt. Ich kenne einige gefangen lebende Bonobogruppen, die von einem Weibchen beherrscht werden. Es fragt sich, ob auch der sexuelle Verkehr bei so einer Machtverteilung mitwirkt. Ich denke ja; doch nicht auf eine so berechnende, geschäftsmäßige Weise, wie ich sie in den oben behandelten Theorien vorgestellt habe. Hätte ich nur Vernon und Loretta beobachtet, dann hätte ich zugestimmt, weil sie diesem Verhaltensmuster entsprachen. Nicht jeder Sex, der bei den Bonobos zur Fütterungszeit stattfindet, kann jedoch der Hypothese vom Sexvertrag angerechnet werden. Er kommt in jedem Alter und in jeder Geschlechterkombination vor, ob das Futter geteilt wird oder nicht; und er wird ebenso von Dominanten wie von Rangniederen eingeleitet. Wenn Futter eine Rolle spielte, gab es z. B. genausoviele Paarungen zwischen Louise und Kevin wie zwischen Loretta und Vernon. Beim ersten Paar war Louise völlig überlegen und hatte so viel Futter, wie sie wollte. Nach der Paarung teilte sie nur selten mit Kevin. Obwohl diese Tatsache die Behauptung von Yerkes unterstützt, daß Männchen weniger Nutzen aus Sexualkontakten ziehen als Weibchen, beweist sie gleichzeitig, daß Weibchen nicht unbedingt einen »Preis« dafür im Hinterkopf haben.

Es erübrigt sich zu sagen, daß es mehr Aggressionen zur Fütterungszeit gibt

Trotz der vielen Unterschiede in den Versöhnungsstrategien bei Bonobos und Schimpansen benutzen beide Spezies die ausgestreckte Hand, um ihre Gegner einzuladen. (San Diego-Zoo)

als zu anderen Tageszeiten. Im Gegensatz zur Sexvertrag-Hypothese, die den Handel um Vorteile unterstreicht, geht es mir um die Verminderung des Konkurrenzstrebens. Viele ihrer Rivalitäten ersetzen die Bonobos durch genußvolle erotische Aktivitäten. Ihr Sexualverhalten ist eher mit den *Spannungen*, die sich um die Fütterung aufbauen, als mit dem Futter selbst verknüpft. Dieser Mechanismus könnte von einigen Individuen, etwa Loretta, ausgenutzt werden, weil Bonobos schlau genug sind zu lernen, wie man Dominante mit Sex besänftigt. Dieses »Wie du mir, so ich dir«-Prinzip ist jedenfalls eine sekundäre Entwicklung, die fundamentalste und durchdringendste Funktion der Sexualität bei Bonobos ist die Konfliktlösung.

Die Sache ist noch komplizierter: Es gibt eine dritte Sichtweise, eine sehr einfache – daß nämlich Sex während der Mahlzeit nichts anderes ist als ein aufregender Vorgang. Dieser Erklärung zufolge führt Hektik um begehrtes Futter zu sexueller Erregung. Ein Ziel meiner Untersuchung war, eben diese Streitfrage zu klären. Wenn, wie oben argumentiert wurde, das Sexleben der Bonobos dazu dient, nervöse Spannungen oder gestörte Beziehungen zu glätten, sollte das Vorhandensein von Futter nicht die Vorbedingung dafür sein müssen; wichtig ist, ob es ein Aggressionspotential gibt. Die kritische Frage wird daher lauten: Setzen Menschenaffen, auch unabhängig vom Futter, Sex zur Konfliktlösung ein?

Sex für den Frieden

Auf der japanischen Forschungsstation Wamba in Zaire werden die Bonobos aus dem Wald gelockt, indem man ihnen täglich Zuckerrohr anbietet. Dieses Verfahren erlaubte Suehisa Kuroda, Akio Mori und anderen, die Verbindung zwischen Futter und Sex zu untersuchen. Mori verglich seine Beobachtungen mit denen an Schimpansen in den Mahale Mountains, wo man dieselbe Versorgungstechnik anwendet. Er war von der Geselligkeit, von der sozialen Umgänglichkeit der Bonobos beeindruckt und kam zu demselben Schluß wie ich. Mori meinte, ein friedliches Miteinander werde möglich, »indem sich der Charakter des sexuellen Verhaltens in ein Verhalten verwandelt, das Bindungen erzeugt, an dem alle Individuen teilnehmen können und dessen reproduktive Bedeutung abnimmt«.

Da die künstliche Fütterung den Nachteil besitzt, die normalen Gewohnheiten bei der Futtersuche zu stören, arbeiten westliche Primatologen auf einer zweiten Forschungsstation in der freien Wildbahn ohne diese Technik. Das Problem ist dabei, die Bonobos in dem dichten Wald aufzuspüren und zu beobachten, ohne sie zu verscheuchen. Bei dem seltenen Ereignis einer aggressiven Verfolgungsjagd unter den Menschenaffen, bleibt den Forschern in der Regel nichts anderes übrig, als über den Ausgang zu spekulieren, da sie die Streithälse aus den Augen verlieren. Deswegen gibt es außerhalb des Nahrungskontextes keine Felddaten über friedenstiftendes Verhalten bei Bonobos.

An diesem Punkt wird meine Untersuchung einzigartig: Ich hatte keine Schwierigkeiten, ehemaligen Widersachern über längere Zeit zu folgen, um zu beobachten, ob sie sich wieder versöhnten. Auch wenn die Häufigkeit von Versöhnungen in einer Umgebung, in der sich die Menschenaffen nicht aus dem Wege gehen können, möglicherweise höher ist, so dürfte die Art und Weise des Versöhnungsverhaltens wahrscheinlich dieselbe sein wie in der freien Wildbahn. Ich kehrte aus San Diego mit mehr Daten zurück, als ich mir erträumen ließ. Es kostete meine Assistentin, Katherine Offutt, und mich mehr als ein Jahr, die mehr als fünftausend auf Video festgehaltenen oder auf Kassetten beschriebenen sozialen Interaktionen zu verarbeiten. Dieses Material ist jetzt im Computer des Wisconsin Primate Center bequem zugänglich gespeichert.

Eine Bildsequenz zeigt Konflikt und sexuelle Versöhnung zwischen Vernon und Kalind.

Auf dieser Seite: Vernon jagt Kalind nach, der aus dem Blickfeld verschwand. Minuten später nähert sich Kalind (*rechts*) Vernon und nimmt aus sicherer Entfernung Blickkontakt zu ihm auf. Seine froschähnliche Stellung zeigt seine Fluchtbereitschaft an.
Gegenüberliegende Seite: Vernon (*nun rechts*) umarmt einen nervös grinsenden Kalind; beachtenswert wieder der direkte Blickkontakt. In der Schlußszene massiert Vernon Kalinds Genitalbereich. (San Diego-Zoo)

Ich möchte die Analyse, die für unser Problem am sachdienlichsten ist, erklären. Sie betrifft mehrere hundert feindselige Begegnungen, die mit Nahrung und Fütterung nichts zu tun haben.

Das Computerprogramm verglich Verhalten vor und nach jedem Konflikt mit dem sogenannten Normalwert, d. h. mit dem Verhalten während des übrigen Tages. Es stellte sich heraus, daß Individuen sich vor einem aggressiven Ausbruch weniger als gewöhnlich groomen und daß das Groomen auch für einige Zeit danach weiterhin unterhalb der Norm blieb. Andererseits zeigte die Kurve, die die Häufigkeit von Umarmungen, freundschaftlichen Berührungen und sexuellen Kontakten wiedergab, das gegenläufige Muster. Unmittelbar nach einem aggressiven Vorfall schnellte die Rate dieser Kontakte hoch und blieb gut und gern 25 Minuten lang oberhalb der Norm.

Bei manchen Gegenspielern war die gemessene Verhaltensänderung recht dramatisch. So jagte etwa Vernon den jüngeren Kalind immer wieder in den Trockengraben, meistens als Reaktion auf die sexuellen Anträge des Heranwachsenden gegenüber Loretta. Nach solchen Ereignissen hatten die beiden Männchen fast zehnmal mehr intensiven Kontakt, als normal für sie war. Vernon rieb dann sein Skrotum gegen Kalinds Gesäß, oder Kalind bot seinen Penis zur Masturbation an. Bei anderer Gelegenheit umarmten sich die beiden und gaben sich wilden Kitzelspielen hin. Ohne diesen Kontakt hätte Vernon Kalind nicht erlaubt, ins Gehege zurückzukehren. Deshalb war es an Kalind, sich dann, wenn er wieder aus dem Graben herauskam, an den Boss zu hängen und auf ein freundliches Signal zu warten.

Oft war Kalind so furchtsam, daß er sogar den freundschaftlichsten Annäherungen mißtraute. Hatte es Vernon geschafft, die ausgestreckte Hand des Jüngeren zu halten, dann zog Kalind sie zurück. Dann machte Vernon die typische »Komm-her«-Geste – die geöffnete Hand mit schnellen, auf ihn selbst gerichteten Fingerbewegungen. Nach langem Zögern berührte dann Kalind Vernons Hand, eine Szene, die an die beiden Hände in der Mitte von Michelangelos Fresko von der Begegnung zwischen Gott und Adam erinnert. Und nur, wenn diese mutige Berührung ohne unerfreuliche Folgen vonstatten ging, wagte sich das jüngere Männchen in Vernons Reichweite und kreischte aufgeregt während der nachfolgenden Versöhnung.

In der anderen Teilgruppe folgte einmal eine interessante Episode auf eine Kabbelei zwischen Kevin und der kleinen Lenore. Kevin spielte gerade mit einigen Ketten und Seilen, die er kreisförmig um sich herum arrangierte, gerade so, wie freilebende Menschenaffen ihr Nest aus Baumzweigen bauen. Während Kevin unterwegs war, um mehr Material zu sammeln, setzte sich Lenore in das leere Nest. Zurückgekehrt, jagte Kevin sie davon; aber Louise hörte die schrillen hohen Piepser ihrer Tochter und stieß ein warnendes Gebell aus. Sofort faßte das Kind wieder Mut und stürzte sich auf Kevin. Der Streit ging hin und her, bis Mutter Louise ihre Lenore zurückpfiff und Kevin beruhigte, indem sie einen Arm um seine Schultern legte. Minuten später näherte sich Baby Lenore ihrem Widersacher und präsentierte ihr Genital, wobei sie auf dem Rücken lag, die Beine gespreizt und die Vulva ihm zugewandt. Kevin bestieg sie mit stoßenden Bewegungen und trug sie dann davon. Damit machte er einen schweren Fehler; es war das erste und einzige Mal, daß ich ihn das Kind außerhalb der Sichtweite seiner Mutter tragen sah. Sobald Louise merkte, was geschehen war, raste sie durch das Gehege, bis sie die zwei gefunden hatte. Nachdem sie sich vor Freude und Stolz wieder gefaßt hatte,

Vernon (*links*) bestraft Kalind für seine ständige Bettelei mit rhythmischen Faustschlägen in die Brust. Kalind nimmt die Boxhiebe ergeben hin und läßt Vernon dann allein. Solche Formen der Aggressionshemmung sind für Bonobos typisch.

bestrafte sie den Übeltäter mit einem Biß in den Zeh. Jedoch kehrte sie bald zurück, nahm Kevins Fuß in ihre Hand und leckte vorsichtig sein Blut ab.

Dies sind nur einige Beispiele von vielen; eine Kontaktzunahme nach aggressiven Auseinandersetzungen war ein weitverbreitetes Phänomen. Während Schimpansen sich bei Versöhnungen umarmen und küssen, aber nur selten Sex miteinander haben, setzen Bonobos hier dasselbe sexuelle Repertoire ein wie während der Fütterungen. Dies ist der erste handfeste Beweis dafür, daß das Sexualverhalten ein Mittel zur Überwindung von Aggression ist. Nicht, daß diese Funktion bei anderen Tieren (oder bei den Menschen) fehlt, aber die Kunst der sexuellen Versöhnung hat möglicherweise bei den Bonobos ihren evolutiven Höhepunkt erreicht.

Unter diesem Aspekt bekommen viele Begegnungen eine besondere Bedeutung. In der juvenilen Gruppe versperrte Kako einmal Leslie den Weg auf einem Ast. Erst schubste sie ihn. Kako, mit Bäumen nicht so vertraut, ließ nicht ab, sondern grinste nervös und packte noch fester zu. Daraufhin knabberte Leslie an seiner einen Hand, wohl um sie vom Ast zu lösen. Kako piepste scharf und rührte sich nicht. Dann rieb Leslie ihre Vulva an seiner Schulter. Das beruhigte Kako, und er zog vor ihr davon. Es schien, daß Leslie sehr nahe daran gewesen war, Gewalt anzuwenden, statt dessen hatte sie Kako und sich selbst durch Reiben des Genitals beruhigt.

In einem anderen Fall konkurrierten die zwei erwachsenen Weibchen Louise und Loretta in einem Spiel um eine Pappschachtel miteinander. Sie waren in Spiellaune, rangelten umher und grapschten sich gegenseitig die Schachtel weg. Louise versuchte, im Spiel den Ton anzugeben. Sie weigerte sich, die Schachtel abzugeben, und boxte Loretta ziemlich grob, wenn diese weiterhin auf der Schachtel bestand. Noch war alles Spaß, sie machten Spielgesichter und stießen Lachlaute aus. Doch bei jungen Menschenaffen können solche Spiele leicht in Kämpfe übergehen, und ich hatte das Gefühl, daß sich beide Weibchen diesem Punkt näherten. Dann kam ein neues Element ins Spiel. Als die Zerrerei spannungsgeladener wurde, lud Louise Loretta zum GG-Reiben ein. Das geschah mehrmals während des Spiels, und der unglückliche Ausgang blieb aus.

Es ist ungewiß, ob das Fehlen von Aggression in diesen Fällen der Anwendung der sexuellen »Alternative« zugeschrieben werden kann. Ein Verhalten, das nur im Ansatz zum Vorschein kommt, kann nicht erfaßt werden. Ethologen brauchen deshalb neue Methoden, um feine Veränderungen in den Stimmungen und Absichten der Tiere wahrzunehmen, so daß wir lernen können, wie Artgenossen auf sie reagieren. Wenn die Sensitivität für menschliche Gefühle ein Maß ist, dann müssen Menschenaffen Meister in der Entschlüsselung nichtverbaler Signale sein. Kein Forscher, der mit erwachsenen Anthropoiden arbeitet, entgeht dem unheimlichen Gefühl, von seinem Gegenüber aufs genaueste durchschaut zu werden. Menschenaffen reagieren auf alle Arten von Stimmungen, bevor wir Menschen überhaupt realisieren, wie nervös, depressiv oder verunsichert wir an jenem Tag sind. Und sie lesen in unseren Gedanken, wenn wir versuchen, etwas Unangenehmes zu verheimlichen, etwa einen bevorstehenden Besuch beim Tierarzt. Unter ihresgleichen muß dieses Wahrnehmungsvermögen Menschenaffen befähigen, Konfliktsituationen vorauszusehen, so wie wir auch, und wenn möglich vorbeugende Maßnahmen zu treffen.

In der Bonobo-Kolonie wurden Konflikte wesentlich häufiger versöhnlich beendet als in der Schimpansen-Kolonie des Arnheim-Zoos. Ich füge aber gleich hinzu, daß es schwer ist, diese Ergebnisse angesichts der Gegensätze in Gruppengröße und des verfügbaren Raumes der beiden Kolonien zu bewerten. Ein weiterer bedeutender Unterschied ist anscheinend schwer den Lebensbedingungen zuzuschreiben. Versöhnungen zwischen ehemaligen Gegnern wurden bei den Bonobos meistens von Dominanten initiiert, was für Schimpansenkontrahenten nicht zutrifft. Da aggressive Auseinandersetzungen normalerweise von Dominanten begonnen werden, impliziert das Ergebnis, daß die Friedensbemühungen bei Bonobos typischerweise von der angreifenden Seite ausgehen – fast so, als ob sie es bedauerten, ihre gute Laune verloren zu haben. Obwohl die jüngsten, hilflosesten Individuen eine ganze Reihe von Drohungen und gelinden Bestrafungen einsteckten, folgten ihnen dann fast ausnahmslos Versöhnungen. Das trifft für alle Teilgruppen der Kolonie zu. Folglich gewann man den Eindruck, daß das soziale Leben von *Mitleid* regiert wird.

Unter diesem Aspekt ist es nicht verwunderlich, daß Aggression bei den Bonobos nie das fortwährende Schlagen, Stampfen und Beißen, wie gelegentlich bei Schimpansen beobachtet, aufwies. Physische Aggression blieb nicht aus, aber sie dauerte selten länger als eine Sekunde. Kevin jagt etwa hinter Lenore her und verpaßt ihr einen kurzen Schlag auf den Rücken, oder Leslie grapscht nach Akilis Hand, beißt in seinen Finger und läßt es dann gut sein. Angreifer können wild vorpreschen, nur um irgendeine innere Bremse anzuziehen, bevor es zur Kollision kommt. Einmal jagte Vernon dem armen Kalind bis zur Erschöpfung nach. Als sich der Heranwachsende schließlich in eine Ecke verkroch, rechnete ich mit einer regelrechten Prügelei: Vernon, mit gesträubten Haaren, stürmte ein letztes Mal vor und stoppte genau rechtzeitig vor Kalind, dann knuffte er sein kreischendes Opfer freundschaftlich in den Rücken und zog davon, als habe er niemals etwas anderes im Sinn gehabt.

Obwohl auch andere Forscher die bemerkenswerte Freundlichkeit und Sanftmut der Bonobospezies beobachtet haben, sollten wir uns auch vergegenwärtigen, daß noch bis vor einem Jahrzehnt dieselbe Meinung im Hinblick auf Gorillas und Schimpansen vorherrschte. Jetzt wissen wir es besser. Kürzlich veröffentlichte Takayoshi Kano einen ziemlich schockierenden Bericht über körperliche Anomalien bei freilebenden Bonobos. Einer erstaunlichen Anzahl von ihnen fehlen Finger, Zehen, ja sogar ganze Hände. Zwei Drittel der Männchen und ein Drittel der Weibchen weisen abnorme Gliedmaßen auf. Kano lieferte eine ganze Liste von möglichen Ursachen: angeborene Mißbildung, Schlingen von Wilderern, giftige Schlangenbisse, Stürze von Bäumen und Gewaltanwendung innerhalb der Gruppe. Die höhere Quote fehlender oder mißgebildeter Körperteile bei den Männchen, insbesondere den erwachsenen, stützt die Hypothese von der Verursachung durch Aggressivität. Und die Neigung der Bonobos, gezielt in die Extremitäten zu beißen, erklärt möglicherweise die Herkunft dieser Defekte.

Kano begegnete sogar einem Männchen, dem beide Hoden fehlten, möglicherweise die Folge einer Verletzung bei einem Kampf. Das erinnert uns an das Schicksal des Schimpansen Luit und warnt vor der Idealisierung der Bonobos. Sie sind bisher nicht annähernd so intensiv erforscht worden wie die anderen Menschenaffen, und man weiß z. B. wenig über Beziehungen zwischen ihren Gemeinschaften. Wenn Gewalt tatsächlich auftritt, dann vermutlich hauptsächlich bei Auseinandersetzungen um territoriale Ansprüche.

Bis jetzt sind das alles noch Vermutungen. Aber wir wollen noch einmal unterstreichen, daß Bonobos innerhalb ihrer sozialen Gruppe viel weniger kampflustig sind als ihre nächsten Verwandten. Ernstlich verletzende Kämpfer sind nie beobachtet worden, nicht einmal, als im Frankfurter Zoo Vater und Sohn einen ernsten Machtkampf austrugen. Die beiden Männchen trommelten gelegentlich mit Fäusten aufeinander ein, doch fand man nur zwei harmlose Wunden bei dem älteren Männchen, die ihm während der spannungsgeladenen Monate zugefügt wurden, in denen er seine Position verlor. Außerdem waren beide in einem Käfig untergebracht, der auch vier weitere Individuen beherbergte. Zweifellos ist die Konfliktbewältigung unter den Bonobos so hoch entwickelt, daß Entspannung die Regel und Eskalation von Gewalttätigkeit die seltene Ausnahme ist.

Epilog

Mehrere Wochen vor meiner Abreise wurden im San Diego-Zoo die beiden Teilgruppen mit den erwachsenen Individuen vereint. Ihre Mitglieder waren sich überhaupt nicht fremd, da sie sich jede Nacht in ihren Schlafquartieren sehen und hören konnten. Ein physischer Kontakt lag jedoch zwei Jahre zurück, so daß wir recht besorgt waren, besonders um Vernon und das heranwachsende Männchen Kevin. Würden sie sich gegenseitig verletzen? Um die Dinge besser unter Kontrolle zu halten, planten wir, zuerst nur die beiden Männchen zusammenzuführen. Ein ganzes Team half mir, alle Details zu protokollieren, und die Tierpfleger waren auf der Hut und darauf vorbereitet, notfalls eine Klapptür zu öffnen, sollte der junge Kevin einen Fluchtweg brauchen.

Zuerst umkreisten sich Vernon und Kevin, und ein Dialog der Gefühle in Form von sich schnell abwechselnden gellenden Schreien begleitete ihre Bewegungen. Beide hatten Erektionen, die sie sich auch gegenseitig präsentierten. Kevin lud Vernon mit der Geöffneten-Hand-Geste ein, manchmal schüttelte er dabei ungeduldig seine Hand und manchmal winkte er mit seinen Fingern. Näher heran wagte sich das jüngere Männchen nicht, und auch Vernon hielt

Vernon (*links*) und Kevin bei ihrem spannungsgeladenen Aufeinandertreffen. Kevin spreizt seine Beine, um seinen Penis zu präsentieren. Später umarmen sich beide Männchen und beruhigen sich. (San Diego-Zoo)

auf Distanz. Ihr Kreischkonzert dauerte volle sechs Minuten; es klang überhaupt nicht aggressiv, nur außerordentlich nervös. Es war, als ob jedes Männchen nur zu gerne unmittelbaren Kontakt aufnehmen wollte, aber nicht wußte, ob es dem anderen trauen konnte. Plötzlich reagierte Vernon auf eine der sexuellen Einladungen Kevins und eilte zu ihm hin. Beide umarmten sich von Angesicht zu Angesicht, breites Grinsen überzog ihre Gesichter, und Vernon drängte seinen Penis gegen den von Kevin. Sofort beruhigten sich beide und begannen, die ausgestreuten Rosinen einzusammeln. Anstatt zu kreischen, machten sie nun aufgeregte Freßgeräusche. Wir alle waren erleichtert, daß es so leicht abgegangen war. Die Tierpfleger, voller Stolz auf ihre Schützlinge, behaupteten, daß Bonobos einfach zu gescheit sind, um sich aufs Kämpfen einzulassen. Eine Stunde später wurden die übrigen ohne jegliche Probleme der Gruppe hinzugesellt. Die neue Gruppe bestand aus einem erwachsenen Männchen, zwei erwachsenen Weibchen, zwei heranwachsenden Männchen und einem weiblichen Kind. Ich habe schon ein paar Szenen aus dieser erweiterten Gruppe geschildert, etwa die sexuellen Interaktionen zwischen den beiden Weibchen. Im Verlauf von wenigen Wochen baute Vernon eine enge Beziehung zu Louise auf. Anfangs war Lenore eifersüchtig. Sie sprang auf den Kopf des Männchens und boxte es in die Augen, wenn es ihre Mutter groomte. Vernon hätte die Kleine wegfegen können wie ein lästiges Insekt, aber im großen und ganzen verhielt er sich duldsam. Den jungen Männchen gegenüber jedoch wuchs seine Unduldsamkeit.

Nach Monaten stetiger Spannungssteigerung wurde beschlossen, die heranwachsenden Männchen aus der Gruppe zu nehmen. Das war in jedem Fall besser, da sie außerdem Vollgeschwister der beiden Zuchtweibchen sind. Normalerweise besteht zwischen Geschwistern nur ein geringes sexuelles Interesse, nicht so im Fall von Kevin und Kalind. Sie sind zu spät in ihrem Leben mit ihren Schwestern zusammengekommen (nach einer Zeit in der Zookinderstation), als daß sie die natürlichen Hemmungen hätten entwickeln können, die Inzucht verhindern. Zweifellos werden die beiden Männchen an andere Zoos gegeben werden, um sich mit nichtverwandten Weibchen zu paaren. In der Zwischenzeit leben sie in der Juvenilen-Gruppe.

Als ich San Diego im Sommer 1985 wieder besuchte, besaßen die Bonobos ein schön renoviertes Gehege, mindestens viermal so groß wie das vorherige. Ich war von den Verbesserungen, die das Tierpflegepersonal vorgenommen hatte, beeindruckt. Bevor sie morgens die Bonobos herausließen, versteckten die Pfleger kleine Futterstückchen im Gras, unter den Büschen, ja sogar im Sandboden. Sie streuten Rosinen aus und füllten Sonnenblumensamen in eigens dafür in Baumstämme gebohrte Löcher. In einem künstlichen Termitenhügel wurde Honig deponiert, der mit langen Grashalmen oder dünnen

Zweigen, die in die Öffnungen gesteckt werden, herausgefischt werden konnte.

Eine Bereicherung der Umgebung – der Umweltqualität, wie man sagt – wird in den Zoos zunehmend populär. Sie verhindert Langeweile und Apathie bei den Tieren, was sowohl ihrer psychischen als auch ihrer physischen Gesundheit guttut. Sie sorgt auch für mehr Interesse bei der Öffentlichkeit. Die Tierpfleger spüren, daß das Bereicherungsprogramm im San Diego-Zoo den täglichen Lebensrhythmus der Bonobos natürlicher gestaltet. Jeden Morgen sind sie stundenlang eifrig damit beschäftigt, im Sand zu graben, die Büsche zu schütteln und den Honighügel zu bearbeiten.

Es wird interessant werden, meine Untersuchung an diesen »Ostereier suchenden« Menschenaffen zu wiederholen. Ich beobachtete sie einige Vor-

Eine der interessantesten neuen Beziehungen nach der Vereinigung der beiden Teilgruppen war die zwischen Loretta (*rechts*) und Louise (*links*). Die beiden Weibchen kämpften nie miteinander, aber Louises Tochter provozierte manchmal Spannungen, indem sie nach Lorettas Futter grapschte (was Loretta kaum verweigern konnte, ohne sich den Zorn von Louise zuzuziehen). Hier grinst Loretta und reicht dem Kind eine Hand, wobei sie gleichzeitig das Zweigbündel außer Reichweite bringt. Dieses Grinsen ist nicht, wie bei den Makaken, ein Zeichen von Unterwerfung. Loretta dominiert selbstverständlich das Kind, sie versucht aber, es zu beschwichtigen. Bei den Bonobos kommt die Funktion dieses Signals nahe an die des menschlichen Lächelns heran. (San Diego-Zoo)

mittage lang, um zu sehen, wie die Entdeckung der Futterstückchen die erotische Aktivität stimuliert. Einmal stieß Lisa, ein Neuankömmling aus Atlanta, auf eine Orange, als sie im Sand grub. Bevor sie die Frucht entdeckte, tastete sie ab, was die anderen wohl gerade machten. Kevin, nunmehr Boss der Juvenilengruppe näherte sich ihr, ohne etwas von ihrer Entdeckung zu ahnen. Auf der Stelle verließ Lisa ihren Platz, um ihn zu treffen, warf sich auf den Rücken und packte ihn bei den Schultern. Während der nachfolgenden Paarung winselte Lisa. Dann flitzte sie davon, um ihre Belohnung auszugraben. Ich weiß nicht, was Kevin ohne diese Begegnung getan hätte, jedenfalls ließ er jetzt Lisa ihre Orange behalten und verteidigte sie sogar, als Kalind versuchte, die Frucht zu stibitzen.

Man kann sich schwerlich eine Bonobogesellschaft ohne soziosexuelles Verhalten vorstellen; sie wäre wie eine Maschine ohne Treibstoff. Sexuelle Konfliktlösung ist der Schlüssel zur sozialen Organisation der Bonobos, und die Individuen lernen ihren strategischen Wert schon in frühem Alter. Sie mag besonders wichtig für Weibchen sein und erklärt so ihre zentrale soziale Position, wie sie auch von Feldforschern berichtet wurde. Dadurch wird eine enge, ausgewogene Beziehung zwischen den Geschlechtern geschaffen, ebenso wie unter den Weibchen selbst (die das einzigartige Verhaltensmuster des GG-Reibens kennen, das bei Schimpansen unbekannt ist). Mag sein, daß unsere menschlichen Vorfahren ein ähnliches Stadium sozialer Organisation durchschritten haben, bevor sie die beruhigende, bindungstärkende Rolle der Sexualität auf das Familienleben einschränkten. Wenn sich ein Paar erbittert streitet und dann zu Bett geht, um den Versöhnungsprozeß zu besiegeln, dann jedenfalls verhalten sie sich gerade so, wie Bonobos es tun würden.

Statt danach zu fragen, welche Spezies, der Bonobo oder der Schimpanse, uns Menschen am meisten ähnelt, sollten wir die ergiebigere Frage stellen, welche Elemente unseres Soziallebens wir mit den einen oder den anderen teilen und welche uns als einzigartig auszeichnen. In der Natur gehen Gleichheit und Verschiedenheit Hand in Hand, und unsere Angewohnheit, die menschliche Sonderstellung zu übertreiben, ließ uns den großen Rahmen ignorieren. Wir müssen sowohl die Themata als auch die Variationen der gigantischen Fuge, an der wir beteiligt sind, in Einklang bringen. Die Themata sind die Merkmale, die wir mit den Menschenaffen teilen und vermutlich unseren

---

Einige Monate nach Bildung der erweiterten Gruppe verhielt sich Vernon gegen die beiden heranwachsenden Männchen zunehmend feindseliger, so daß sie getrennt werden mußten. Hier Vernon (*links*) und Kalind (*rechts*) in glücklicheren Zeiten. Das erwachsene Männchen kitzelt den Jüngeren in seiner Achselhöhle, wobei dieser vor Lachen fast erstickt. (San Diego-Zoo)

gemeinsamen Vorfahren verdanken. Die Variationen sind die einzigartigen Elemente, die sich entweder während der wenigen vergangenen Millionen Jahre entwickelt haben oder auf dem Wege der kulturellen Evolution hinzukamen. Die Erforschung der Bonobos hat, obwohl sie die grundlegenden Themata bestätigt, eine Reihe von unerwarteten neuen Variationen offenbart, die unabweisbar allen zukünftigen Theorien über die menschliche Evolution einen bedeutsamen, kräftigen Anstoß verleihen werden.

6. Kapitel
Menschen

Wer soll dich schlagen, wenn nicht deine Freunde?
Sir Ralph Richardson zu Sir Alec Guinness, kurz bevor er ihm einen Kinnhaken versetzte

Die Erforschung der menschlichen Aggression wird in einem unglücklichen Maße durch eine weitere Schwierigkeit belastet; die Forscher sehen sich entweder von ihren Geldgebern oder ihrem Gewissen genötigt herauszufinden, was bei einem Problem zu *tun* ist, bevor sie sich auch nur irgendeine klare Vorstellung von dem Problem *selbst* gebildet haben.
Paul Bohannan

Wenn vier verschiedene Primatenspezies sich regelmäßig nach einem Kampf versöhnen, so hat ein gleichartiges Verhalten bei einer weiteren, engverwandten Spezies wahrscheinlich denselben Ursprung. Keiner würde dieser Extrapolation widersprechen, wenn die fünfte Spezies ein weiteres Tier wäre. Weil aber diese fünfte Spezies, auf die ich mich beziehe, die »Krone der Schöpfung« ist, ist eine Kontroverse schon vorprogrammiert. Tiere werden als Sklaven ihrer Instinkte betrachtet, Menschen dagegen für Geschöpfe des Verstandes gehalten. Diese Trennungslinie verläuft jedoch nicht so eindeutig. Tiere reagieren nicht automatisch, und Menschen sind keineswegs frei von tiefsitzenden Begierden und Gefühlen.

Die Spezies Mensch zu begreifen, ist eine besonders herausfordernde Aufgabe. Weil sich eine wirklich objektive Beurteilung der eigenen Art unmöglich gewinnen läßt, überrascht es nicht, daß so viele philosophische Schulen und so viele widerstreitende Theorien existieren. Mag noch soviel Raum für alle diese Sichtweisen und Standpunkte vorhanden sein, ein Ansatz jedenfalls stößt auf allgemeine Feindseligkeit bei den Wissenschaftlern, die auf menschliches Verhalten spezialisiert sind – der Ansatz des Biologen. Wenn die biologische Perspektive aber mit all den anderen so uneins ist, dann erscheint es mir um so plausibler, sie zu erwägen. Wissenschaftlichen Fortschritt erreicht man nicht, indem man divergierende Sichtweisen ignoriert.

Dieses Kapitel hat zwei Ziele vor Augen: Einmal möchte es den erstaunlichen Mangel an Informationen über friedenstiftendes Verhalten im privaten menschlichen Beziehungsfeld hervorheben; zweitens will es unter diesem Aspekt über uns selbst auf neue und möglicherweise Aufklärung schaffende Weise nachdenken – durch eine Gegenüberstellung des Verhaltens von Tier und Mensch. Weil ich eine hohe Meinung von der psychischen Komplexität bei Affen und Menschenaffen habe, glaube ich, daß Ähnlichkeiten mit menschlichen Verhaltensformen in vielfacher Hinsicht auftauchen können, wobei wir die meisten nur erahnen können. Zwei Spezies können sich identisch verhalten, weil sie eine lange genetische Geschichte miteinander teilen, weil sie ähnliche Lösungen für ähnliche Probleme erlernt haben, aus beiden Gründen oder gar keinem. Daher sollten die hier gezogenen Parallelen nicht als Beweis dafür dienen, daß unsere Verhaltensweisen dem unentrinnbaren Diktat der Natur folgen. Sozialverhalten ist bei allen Spezies eine Mischung aus angeborenen Neigungen, aus Erfahrung und aus intelligentem Entscheidungshandeln.

Menschliches Verhalten wird ohne Frage durch die soziokulturelle Umgebung beeinflußt. Golda Meir, die ehemalige Premierministerin Israels, sagte einmal in einem Interview mit Oriana Fallaci, daß palästinensische Schulbücher folgende arithmetische Aufgaben stellen: »Du hast fünf Israelis. Du tötest drei. Wie viele müssen noch getötet werden?« Wir können kaum erwarten, daß sich in Kindern, die mit solchem Haß gefüttert werden, das Bedürfnis nach Frieden entwickelt, und offensichtlich ist genau das beabsichtigt. Andererseits ist die Tatsache, daß Eltern und Lehrer die Einstellung eines Kindes wie Wachs formen können, kein hinreichendes Argument gegen genetische Einflüsse auf Verhalten. Ein Einfluß schließt den anderen nicht aus. Viele Aspekte des menschlichen Verhaltens sind so universal, daß sie viel eher als Kombinationsprodukte aus biologischem Rohmaterial und kultureller Modifikation denn als unabhängige Erfindungen von einzelnen Kulturen betrachtet werden sollten. Ungeachtet der speziellen Komplexität einer Spezies sind es anscheinend nicht die schließlichen Endprodukte, sondern diese Rohmaterialien, die für die in diesem Buch behandelten fünf Primatenspezies identisch sind.

Unser armseliges Wissen

Drei Jungen wurden auf der Amsterdamer Polizeistation verhört, nachdem sie in den Verdacht geraten waren, mehr Geld als normalerweise für zehnjährige Jungen üblich ausgegeben zu haben. Die Jungen gaben zu, daß sie eine Brieftasche gefunden hatten, die fünf Tausend-Gulden-Noten enthielt. In ihrem

Besitz fand man aber nur wenig mehr als zweitausend Gulden. Was war mit dem Rest geschehen? Die Antwort machte Schlagzeilen. Die drei Jungen hatten zwei der fünf Banknoten in einen alten Kanal geworfen – es war die Lösung ihres Problems, die fünf Noten nicht dritteln zu können. Ein dramatisches Beispiel für die Wertschätzung guter menschlicher Beziehungen!

Hier sollte ich einschränkend sagen, daß wir gute Beziehungen nur bis zu einem bestimmten Punkt hochschätzen. Die drei Jungen müssen gute Freunde gewesen sein. Wenn einer von ihnen ein Außenseiter gewesen wäre – neu in der Nachbarschaft z. B. –, hätte vielleicht eine ganz andere Aufteilung der Geldnoten stattgefunden. Wer kümmert sich schon um einen Außenseiter, es sei denn, er ist ein ganz zäher Bursche? Das Ziel, Streitigkeiten zu schlichten, ist nicht Frieden per se; es ist die Aufrechterhaltung von Beziehungen, die sich als wertvoll erwiesen haben. Dieser Wert ist ein höchst variables Merkmal, nicht nur in Hinblick auf die Beziehungen selbst, sondern auch auf die Zeitspanne, die eine Beziehung durchläuft. So kann ein Ehepaar, das Tausende von Konflikten erfolgreich versöhnlich beendet hat, nichtsdestotrotz einen Punkt erreichen, wo es sich nicht mehr lohnt, dasselbe Ritual noch einmal durchzustehen. Die Partner werden das Eigeninteresse dann zunehmend über die eheliche Harmonie stellen.

Ein verlockendes Ziel für Menschen stellen Beziehungen dar, die zu ihrem eigenen Vorteil arbeiten. Wenn sich das in perfekter Harmonie abspielt, ist es gut. Wenn es Auseinandersetzungen und Drohungen notwendig macht, auf die beschwichtigende Worte folgen, so ist das oftmals auch in Ordnung. Sogar wenn eine Partei konstant Druck ausübt, bleiben wir in der Beziehung, solange wir sie brauchen. Wir tun alles, um unser soziales Beziehungsnetz funktionsfähig zu erhalten, nicht notwendigerweise mit den feinsten Methoden. Einige der besten Beziehungen sind durchspickt mit Zankereien, wo beide Parteien zwischen der Stärkung ihrer Bindung und dem größtmöglichen Nutzen daraus schwanken. Das ist in seiner Art einer Zugbrücke über einem Kanal vergleichbar, die zwei Verkehrswegen dient. Wenn die Brücke hinuntergelassen ist, verursacht sie einen Stau von Booten auf dem Kanal, ist die Brücke hochgezogen, stoppt sie den Autoverkehr. Gerade wie eine Zugbrücke niemals in nur einer Position verbleiben kann, durchlaufen Beziehungen regelmäßig Hochs und Tiefs, um sicherzustellen, daß Probleme nicht ungelöst bleiben und verletzte Gefühle repariert werden.

Weil Aggression ein Teilelement aber auch jeder menschlichen Beziehung ist, behandeln Sozialwissenschaftler sie als ein von Natur aus böses Verhalten. »Aggression ist unbestritten das schwerwiegendste aller menschlichen Probleme«, ist ein typischer Einleitungssatz in Büchern über diese Thematik (dieser stammt beispielsweise von Jeffrey Goldstein). Autoren stützen eine solche

Feststellung mit einem Überblick über entgleiste Aggressionsformen und all das Unglück, das sie verursachten. Natürlich bin ich nicht der Meinung, daß Aggression uneingeschränkt gut ist – ich habe durchaus meinen Teil an Blut und Wunden gesehen –, dennoch wäre es mir lieber, wenn Wissenschaftler mehr Weitblick zeigen würden. Neben Auswüchsen wie Mord, Raub und Kindsmißbrauch existiert ein ganzes Spektrum, einschließlich der alltäglichen Feindseligkeiten, mit dem wir uns eigentlich recht wohl fühlen. Ehe wir mit der Annahme beginnen, daß Aggression unser Leben nur negativ überschattet, wäre es klüger, alle Optionen offenzulassen, auch die Möglichkeit, daß Konflikte zu konstruktiven Ergebnissen führen.

Mich hat die jahrelange Lektüre von Literatur über menschliches Verhalten frustriert zurückgelassen. Wie verhalten sich Menschen wirklich? Es gibt Antworten auf Fragebögen, die bestenfalls enthüllen, wie Menschen sich selbst wahrnehmen, und schlimmstenfalls, wie sie wahrgenommen werden möchten. Ebenfalls verfügbar sind Daten über das Verhalten menschlicher Versuchspersonen unter experimentellen Bedingungen. Menschen, die einander nicht kennen, werden in einem Laborraum zusammengebracht. Alle Variablen sind bei derartigen Sitzungen vermutlich unter strenger Kontrolle, aber die Verbindung zum realen Leben geht verloren. Die beobachteten sozialen Beziehungen haben weder Vergangenheit noch Zukunft. Ebensogut könnten wir das Schwimmverhalten von Fischen untersuchen, indem wir sie aus dem Wasser nehmen. Wo sind die grundlegenden Beobachtungen menschlichen Verhaltens innerhalb der Familie, am Arbeitsplatz, in der Schule, auf Parties, auf der Straße usw.? Zugegeben, es gibt methodische Probleme, aber es sollte nicht allzu schwierig sein, »Menschen in Aktion« zu beobachten – sicherlich nicht schwieriger als Feldforschung an Delphinen oder baumlebenden Primaten. In den Naturwissenschaften bilden einfache beschreibende Daten den Grundstock, auf dem sich Theorien aufbauen. Carl von Linné ging Charles Darwin voraus. Die Sozialwissenschaften jedoch scheinen diese langweilige Phase überspringen zu wollen. Studien, die der beschreibenden ethologischen Detailforschung an Tieren gewidmet sind, dürfen nicht einfach übergangen werden.

Die Erforschung des Versöhnungsverhaltens bei Menschen ist ein typischer Fall. Außer Berichten über Vorschulkinder und gelegentlichen Hinweisen von Anthropologen sind mir keinerlei Daten aus diesem Verhaltensbereich bekannt. Er wird einfach nicht für wichtig gehalten. Die Sachregister bedeutender Werke sind überreich an den Stichworten »Gewalt« und »Aggression«, aber ich bin immer noch auf der Suche nach einem einzigen Hinweis auf zwischenmenschliches »Friedenstiften« oder auf »Versöhnung« (die klinische Literatur, die den Prozeß in Form einer Vermittlung durch den Therapeuten abhandelt, ist eine Ausnahme). Wenn es die umfangreiche, gut fundierte Aggressionsforschung der sechziger und siebziger Jahre versäumte, die Mechanismen von Konfliktlösung aufzudecken, so vor allem deshalb, weil ein starkes Vorurteil gegenüber der Vorstellung besteht, daß Aggression in unser Leben *integriert* werden kann, ja, sogar werden sollte. Während der Flower Power-Ära war Aggression ein rein kulturelles Produkt – und ein höchst unerwünschtes dazu –, dessen Existenz vollkommen in unseren Händen lag. Um es loszuwerden, brauchten die Menschen nur ihr materielles Besitzdenken, ihr Herrschaftsstreben und ihren sexuellen Neid zu überwinden. Warum sollte die Menschheit sich mit Kanalisierung, Sublimierung oder Integration solcher »diabolischen« Charaktermerkmale begnügen, wenn deren Tilgung in ihrer Macht lag? Viele Sozialwissenschaftler waren und sind an aggressionskontrollierenden oder -balancierenden Mechanismen nur spärlich interessiert, einfach weil sie sich weigern zu glauben, daß Aggression »hier ist und bleibt«. Heutzutage warten wir in der Erkenntnis, daß der Versuch, das ungewollte Erbe von uns abzuschütteln, restlos gescheitert ist, immer noch auf eine Revision solcher optimistischen Theorien.

Kürzlich fragte ich einen weltbekannten amerikanischen Psychologen, dessen Spezialgebiet die menschliche Aggression ist, was er über Versöhnung wüßte. Nicht nur, daß er über das Thema nicht Bescheid wußte, er schaute mich auch an, als ob das Wort neu für ihn wäre. Natürlich spreche ich mit Akzent, aber das war wohl nicht das Problem. Er dachte über meine Bemerkungen nach, doch hat dieses Konzept offensichtlich niemals einen zentralen Platz in seinem Denken eingenommen. Sein Interesse verwandelte sich in Ärger, als ich meinte, daß Konflikte zwischen Menschen unvermeidbar seien und daß Aggression eine derart lange Entwicklungsgeschichte besitze, daß es logisch sei, gewaltige evolutionäre Mechanismen zu deren Bewältigung anzunehmen. Er sah nicht, was die Evolution damit zu tun hatte, und argumentierte, daß es das wichtigste Ziel sei, die Ursachen aggressiven Verhaltens zu verstehen und zu beseitigen.

Aggression ausschließlich als häßliches, fehlangepaßtes Merkmal zu betrachten, setzt voraus, daß puffernde, dämpfende Mechanismen ignoriert werden. Wenn eine Affenmutter ihr Kind schlägt und es dann unverzüglich umarmt und tröstet, dann hat sie in einem Atemzug ihr Kind das gelehrt, was sie gerade für notwendig erachtet, und zugleich ihre anhaltende Zuneigung demonstriert. Die Wirkung auf die Mutter-Kind-Beziehung ist nicht unbedingt so, wie wir denken. Zum Beispiel entwickeln Rhesusmütter, die recht streng mit ihren Jungen umgehen, lebenslange Bindungen zu ihren Töchtern. Schimpansenmütter, die ihre Nachkommen kaum jemals bestrafen, entwikkeln selten festgefügte Matrilinien; die meisten Töchter wandern in andere

Gemeinschaften aus. Wenn Aggression unser einziges Kriterium wäre, könnten wir Rhesusmütter als »schlecht« und Schimpansenmütter als »gut« bezeichnen. Die Bewertung wäre umgekehrt, wenn Bindung unser bevorzugter Maßstab wäre. Und was ist, wenn wir die lockeren Bindungen unter Schimpansen höher einschätzten als die engen, aber strengen hierarchischen Bindungen bei Rhesusaffen? Je mehr wir über diese Dinge nachdenken, desto weniger beginnen moralische Kategorien Sinn zu machen.

Wenn ich das Thema Moral zu umgehen versuche, entschuldige ich dann alle Formen von Aggression? Halte ich gewalttätige Mißhandlung für tolerierbar, solange ihr Entschuldigungen, Versprechungen oder Geschenke folgen? Natürlich nicht. Meine Überzeugung ist nur, daß die besorgte Beschäftigung mit den schädigenden Folgen von Aggression eine zu enge Basis für die Erforschung eines derart breitgefächerten Verhaltenskomplexes darstellt. Es ist eine Frage der Abstufungen und Nuancen. Wir können mit einem leichten Schneefall umgehen, nicht aber mit einer Lawine. Bis jetzt haben Wissenschaftler Aggression als eine Lawine betrachtet. Jeder, der über Begegnungen mit Aggression berichtet, die weniger verstörend oder sogar angenehm waren, muß in ihrer Sicht verwirrt sein. Ich bin davon überzeugt: Wenn wir unsere Nachforschungen öffnen, um nichtdestruktive Formen von Aggression miteinzubeziehen, dann werden wir in der Tat auch ein besseres Verständnis für die Ausprägungen gewinnen, die uns Sorgen bereiten.

Unsere menschlichen Gesellschaften werden durch das Wechselspiel von Antagonismus und Anziehung strukturiert. Der Wunsch, ersterer möge verschwinden, ist mehr als nur unrealistisch, er ist irreführend. Niemand würde gern in einer Gesellschaft leben, in der jegliche Differenzierung zwischen Individuen fehlte. Eine Heringsschule ist ein gutes Beispiel für eine Ansammlung, die vornehmlich auf Anziehung basiert: Die Fische schwimmen völlig problemlos gemeinsam dahin, aber sie besitzen keine nennenswerte soziale Organisation. Wenn bestimmte Spezies, etwa die Menschen, einen hohen Grad sozialer Differenzierung, Rollenverteilung und Kooperation erreichen, so deshalb, weil der kohäsiven Tendenz mittels innerer Konflikte gegengesteuert wird. Individuen definieren ihre sozialen Positionen im Wettbewerb mit anderen. Wir können nicht beides haben: eine Welt, in der jedes Individuum seine oder ihre Identität erlangt, und eine Welt ohne aufeinander prallende, widerstreitende individuelle Interessen.

»Wenn Forschung ausschließlich auf Aggression ausgerichtet ist, ohne ihre

---

Rhesusmütter gehen recht streng mit ihren Jungen um. Dieses Kind reagiert mit einem Angstgrinsen auf den Biß seiner Mutter; es hatte sich ihrem Versuch widersetzt, ihn von ihrem Bauch zu entfernen. (Wisconsin Primate Center)

Einbettung und Verknüpfung zu erfassen, dann gibt es eine Tendenz, ihre antisozialen Folgen überzubewerten.« Das schlossen Heidi Swanson und Richard Schuster aus der experimentellen Demonstration, daß ein mäßiger Aggressionsgrad die Kooperation bei Ratten eher fördert als unterdrückt. Eine solche Forschung sollte nicht auf Tiere begrenzt sein. Es ist an der Zeit, daß wir lernen, wie Menschen ihr aggressives Verhalten einsetzen, um ihre Ziele zu erreichen, und wie sie anschließend mit den Konsequenzen umgehen. Ein Einblick in die Prozesse wird zweifellos die Grenzen zwischen positivem und negativem Handeln verwischen, weil alle Handlungen innerhalb der Beziehung verschmelzen und nur das Endergebnis zählt. Ich wäre beispielsweise nicht überrascht, wenn Versöhnungen mehr erreichen, als menschliche Beziehungen lediglich vor unterschwelligen Konflikten und Spannungen zu bewahren. Ist nicht gerade die Bereitschaft, feindselige Gefühle in den Griff zu bekommen, der endgültige Beweis für Verbundenheit?

Folgt auf Kreischen und Schimpfen Zärtlichkeit, so kann tatsächlich eine Verbindung gestärkt werden, insofern nämlich der Verlauf beide Parteien der Lebensfähigkeit der Beziehung versichert. Wir trauen keinem Schiff, bevor es nicht einem Sturm widerstanden hat. Genauso kann die Erfahrung einer glücklichen Versöhnung die Menschen ermutigen, aufrichtig und offen miteinander umzugehen.

Was das Thema Vergebung und Versöhnung so fesselnd macht, sind seine Paradoxien: zänkische, aber kooperative Ratten; Konkurrenten, vereint in Hierarchien; Futterkämpfe, durch Sex beigelegt; mißhandelte Ehefrauen, doch ihren Männern zugetan; die Sympathie von Geiseln für ihre Entführer und so weiter. Charles Bahn gibt eine Erklärung für das letzte Rätsel: Es entsteht ein Gefühl tiefster Dankbarkeit gegenüber jemandem, der sein Leben bis zum Äußersten bedroht hat, ohne die Drohung wahr zu machen. Mit anderen Worten: Terroristen, die töten, sind Mörder; die, die beinahe töten, sind Kavaliere, die für die gerechte Sache kämpfen, zumindest in den Augen einiger ihrer Opfer.

Paradoxien stören die säuberlichen Dichotomien, die wir aufbauen, um uns in unserem Denken zurechtzufinden. Aus diesem Grund werden Paradoxien oftmals als kuriose Sache behandelt. Dennoch kann ihre Zahl eine Größe erreichen, wo die Dichotomisierung sinnlos wird. Ich glaube zweifellos, daß dies bei der Trennung zwischen antagonistischem und affektionalem Verhalten geschehen ist. Nicht weil es an Unterscheidungsmerkmalen mangelt – jeder kann einen Schlag ins Gesicht von einem Kuß auf die Wange unterscheiden –, sondern weil beide Momente seit langer, langer Zeit miteinander verflochten sind. Die Verdammung von Aggression als antisoziales Verhalten ist, wie alles Moralisieren, eine Vereinfachung. Wenn sich Wissenschaftler von solchen Werturteilen nicht lösen, dann werden sie niemals ein volles Verständnis dafür gewinnen, wie Konflikte unser soziales Leben formen.

Stufen der Kultivierung

Affen und Menschenaffen passen ihr Verhalten den Umständen an und gelangen zu großer Erfahrenheit in der Lösung von Konflikten. Sie können zwar nicht gerade an einem Konferenztisch vorverhandeln, an dem sich die Parteien treffen oder sogenannte Annäherungsgespräche mit Zwiegesprächen für Delegationen in verschiedenen Räumen in Gang bringen, aber Schimpansen wissen, was Vermittlung ist. In der Arnheim-Kolonie ist es für ein Weibchen nicht ungewöhnlich, das Eis zwischen erwachsenen Männchen zu brechen, die nach einem Kampf zwar nahe beieinanderbleiben, aber anscheinend unfähig sind, die Kommunikation wieder aufzunehmen. Indem sie Augenkontakt vermeiden, spielen die beiden Männchen das vertraute Spiel: gerade dann herüberzuschauen, wenn der andere wegschaut. Ein Weibchen kann sich einem Männchen nähern, ihn kurz groomen oder berühren, um dann zu dem anderen hinüberzugehen, wobei das erstere ihr auf den Fersen folgt. Auf diese Weise braucht es seinen Gegner nicht anzublicken. Wenn sich das Weibchen neben das zweite Männchen setzt, wird sie von beiden gegroomt. Sie brauchen nur einen kleinen Schubs, um einander zu groomen, nachdem das Weibchen abgezogen ist. Daß die Vermittlerin weiß, was sie tut, geht klar aus der Art und Weise hervor, wie sie dann über ihre Schulter zurückschaut und auf ein Männchen wartet, das sich sträubt zu gehorchen. Möglicherweise geht sie in diesem Fall sogar zurück und zerrt an seinem Arm.

Obwohl ich eine Vermittlung bei Streitigkeiten unter Rhesusaffen nie beobachtet habe, spricht das nicht notwendigerweise für einen Mangel an sozialem Bewußtsein bei diesen Affen. Einmal jagte das zweitranghöchste Rhesusmännchen Hulk das jüngere Männchen Tom. Unmittelbar anschließend näherte sich Toms Mutter Hulk, um ihn zu groomen. Während sie das tat, kam Tom näher und näher, bis er weniger als einen Meter entfernt hinter den beiden saß. Sobald seine Mutter ihn bemerkte, trat sie beiseite und schaute weg. Sie ging vondannen, als ihr Sohn ihren Platz hinter Hulks Rücken einnahm. Wir waren Zeugen einer ganzen Reihe ähnlicher Situationen, wo Affen Platz machten, damit ehemalige Gegner Kontakt aufnehmen konnten. Diese Beobachtungen legen es nahe, die vermittelnden Fähigkeiten von Schimpansen und Menschen vielleicht nicht gänzlich ohne Vorreiter zu sehen. Unsere affenähnlichen Vorfahren haben möglicherweise schon eine wichtige Voraussetzung besessen – die Fähigkeit, Versöhnungsversuche zwischen anderen zu erkennen und zu fördern.

»Das Gesicht zu verlieren« ist eine Misere, die wir Menschen leicht erkennen, jedoch nur schwerlich als objektiven Verhaltensbegriff definieren können. Ich bin überzeugt, daß Taktiken, die das Gesicht wahren, für unsere nächsten Verwandten, die Menschenaffen, ebenso wichtig sind wie für uns selbst. Wenn zwei männliche Schimpansen sich gegen eine Versöhnung sträuben, aber ohne zu zögern die Gelegenheit ergreifen, sich hinter dem Rücken des(r) Vermittlers(in) anzunähern, dann scheint es, als habe Stolz vorher ihre eigene Initiative verhindert. Gelegentlich lösen Männchen das Problem ohne Hilfe eines dritten Individuums. Yeroen z. B. täuschte Interesse an irgendeiner Kleinigkeit vor, um die Spannung zu unterbrechen und seinen Gegner anzulocken. Plötzlich entdeckte er etwas im Gras und schaute dann laut johlend in alle Richtungen. Eine Reihe von Schimpansen, sein früherer Gegner eingeschlossen, eilten rasch an Ort und Stelle. Bald verloren die anderen das Interesse und zogen davon, während die beiden Männchenrivalen blieben. Sie gaben aufgeregte Laute von sich, als sie die Entdeckung beschnüffelten, mit ihr hantierten und ihre ganze Aufmerksamkeit darauf lenkten. Währenddessen berührten sie sich an Kopf und Schultern. Ein paar Minuten später beruhigten sie sich und begannen einander zu groomen. Das Objekt, das ich niemals identifizieren konnte, war vergessen.

Das Prinzip einer kollektiven Lüge ist, daß eine Seite vortäuscht und die andere so tut, *als ob* sie sich täuschen läßt. Man ist versucht, die vorangegangenen Vorfälle in dieser Weise zu interpretieren. Die Tatsache, daß, außer Yeroen selbst, sein Rivale von einer Entdeckung fasziniert war, die bei den anderen auf so geringes Interesse stieß, läßt vermuten, daß beide Männchen den Zweck ihrer Handlungsweisen verstanden. Bei den Menschen sind kollektive Lügen vertraute, das Gesicht wahrende Verhaltensweisen. Colin Turnbull beschrieb ein wunderschönes Beispiel bei den BaMbuti-Pygmäen des Kongo. Bei diesen Waldbewohnern sind es die Frauen, die die Hütten bauen; deshalb sind sie in der Lage, bei ehelichen Streitigkeiten ihre Ansicht durchzusetzen, indem sie einen Teil ihres Hauses niederreißen. Gewöhnlich gibt der Ehemann nach, wenn ein Streit bis zu diesem Punkt eskaliert. Einmal jedoch hielt ein besonders sturer Ehemann seine Frau nicht durch Einlenken von ihrem Zerstörungswerk ab, ja er bemerkte sogar vor aller Ohren, daß ihr wohl in dieser Nacht scheußlich kalt sein werde. Um nicht beschämt dazustehen, mußte die Frau ihre Zerstörung fortsetzen. Langsam begann sie die Stöcke, die das Gerüst der Hütte bildeten, herauszuziehen. Sie war in Tränen aufgelöst, weil, so der Anthropologe, der nächste Schritt für sie wäre, ihre Habseligkeiten zu packen und zu ihren Eltern zurückzukehren. Der Mann schaute genauso unglücklich drein. Zweifellos entglitten die Dinge der Kontrolle, und um die Sache noch zu verschlimmern, war das ganze Lager gekommen, um zuzuschauen. Plötzlich leuchtete das Gesicht des Mannes auf, und er sagte zu seiner Frau, sie könne die Stöcke liegenlassen; es seien lediglich die Blätter auf dem Dach schmutzig. Sie schaute ihn verdutzt an, dann verstand sie. Sie brachten die Blätter gemeinsam zum Fluß und wuschen sie. Beide waren in viel besserer Stimmung, als die Frau die Blätter zurück auf die Hütte legte und der Mann loszog, um Nahrung für das Abendessen zu jagen. Turnbull kommentiert, daß, obwohl niemand dem Vorwand Glauben schenkte, die Frau habe die Blätter entfernt, weil sie schmutzig wären, doch jeder in diesem Spiel mitspielte. »Mehrere Tage lang unterhielten sich die Frauen höflich über die Insekten in den Blättern ihrer Hütten und nahmen ein paar Blätter mit zum Fluß, um sie zu waschen, so, als ob dies ein völlig normaler Vorgang sei. Ich habe sie weder vorher noch nachher so etwas tun sehen.«

Kollektive Lügen ermöglichen, daß Kompromisse ohne endgültige Sieger und Verlierer erzielt werden. Es ist die gegenläufige Strategie zu einer expliziten Versöhnung, bei der beide Seiten sich offen zu der Sache bekennen, die sie trennt. Entschuldigungen für die Wiederannäherung sind zudem eine Extrazutat zu den Bemühungen, Frieden zu schließen. Wenn wir die Schichten der deklarierten Motive abschälen, dann können wir eine sehr unterschiedliche Reihe von Motiven entdecken. Bei den Menschen sind die versteckten Motive gewöhnlich weniger edel als die, die der Außenwelt vorgeführt werden; in der Wurzel von nahezu jedem Ölzweig des Friedenswillens steckt Eigennutz. Was wir entdecken, kann sogar durch und durch heimtückisch sein. Individuen können so weit gehen, daß sie eine versöhnliche Stimmung vortäuschen, um genau das gegenteilige Ziel zu erreichen: nämlich Rache. Unter den Arnheim-Schimpansen trat diese extreme Form der Täuschung in sechs voneinander unabhängigen Fällen während meiner jahrelangen Beobachtungszeit auf, und alle wurden von erwachsenen Weibchen verübt, die erfolglos waren, als sie ihre Gegner(in) während eines vorangegangenen aggressiven Vorfalls fangen wollten. Das Weibchen näherte sich ihrem entkommenen Opfer mit einer einladenden Geste, etwa mit ausgestreckter, offener Hand, und behielt ihre freundliche Haltung bei, bis die (der) andere, so herangelockt, auf Armesreichweite herangekommen war. Dann packte das Weibchen plötzlich seine(n) naive(n) Gegner(in) und griff an.

Anstatt hier von einer Täuschung zu sprechen, könnten wir als alternative Erklärung anführen, daß das Weibchen es sich anders überlegt hatte; daß sie sich wirklich versöhnen wollte, aber, als ihr(e) Gegner(in) näherkam, feindselige Gefühle wieder aufflackerten. Diese Interpretation hat jedoch Schwachstellen. Warum waren die Opfer in allen Fällen niederrangige Individuen und fähig, schneller als das Weibchen zu laufen? Warum wartete dieses bis zur allerletzten Sekunde, um seine Meinung zu ändern? Und warum mußte es sein Opfer physisch bestrafen, wenn doch ein weicher Grunzer genügt hätte, um die Annäherung zu stoppen? Mein Eindruck ist, daß die Angriffe viel zu abrupt und gemein waren, als daß sie aus Zögerlichkeit und widerstreitenden Gefühlen entstanden wären. Kurzum, ich glaube, daß es sich um vorsätzliche Schritte handelte, um nämlich eine Rechnung zu begleichen. Die Fähigkeit des Schimpansen zur Täuschung wird durch andere Beobachtungen sowohl in Gefangenschaft als auch im Freiland und durch experimentelle Forschung gestützt.

Diese Episoden machen deutlich, daß eine Verknüpfung zwischen dem Verhalten von Mensch und Tier keineswegs impliziert, daß unsere Fertigkeiten zur Konfliktlösung »instinktiv« im engeren Sinn des Wortes sind, d.h. angeborene stereotype Verhaltensweisen, die wir »ohne zu denken« durchführen. Wenn unsere Mitprimaten so viel Intelligenz in solchen Situationen einsetzen, würden Menschen dann nicht dasselbe oder mehr tun? Voraussicht und Planung durchdringen alle Schichten unseres sozialen Lebens, eingeschlossen die Art und Weise, wie wir mit Spannungen und Aggressionen umgehen. Ich erinnere mich noch, wie ich mich als Kind beeilte, mich mit meinem jüngeren Bruder wieder zu versöhnen, wenn ich einen Elternteil kommen hörte, wobei mir völlig klar war, für wen sie Partei ergreifen würden. Meine älteren Brüder taten dasselbe, wenn sie sich mit mir gekabbelt hatten. Da frühkindliche Erfahrungen uns nie verlassen, erkannte ich sofort den Mechanismus wieder, als ich eine Schimpansenfamilie am Yerkes Primate Center in Atlanta beobachtete, wo ich kürzlich eine Untersuchung leitete.

Die Familie dort bestand aus einem Weibchen namens Lolita und ihren zwei Kindern: der voll erwachsenen Tochter Sheila und dem sechsjährigen Sohn Brian. Alle drei lebten in einer Gruppe mit zwanzig Schimpansen.

Obwohl Lolita nach Schimpansenstandard ziemlich klein ist, ist sie das Alphaweibchen der Kolonie (vielleicht weil sie das älteste Individuum ist). Anders als ihre Mutter ist Sheila in der Gruppe unbeliebt. Sie erwies sich als äußerst selbstsüchtig in den Tests, die ich entwarf, um das Verhalten beim Futterteilen aufzunehmen, und sie war das Ziel zweier ungestümer, heranwachsender Männchen, wenn diese in der Stimmung waren, ihre kämpferischen Fähigkeiten an Weibchen zu erproben. Eines dieser Männchen war ihr jüngerer Bruder Brian. Wenn sein Kumpel in der Nähe war, um ihm Rückendekkung zu geben, piesackte Brian häufig Sheila, indem er mit Sand warf, sie anspuckte oder sie hinterhältig in den Rücken knuffte. Das ging ohne Frage auf die Dauer nicht gut mit Sheila. Wenn sie Brian allein antraf, puffte sie ihn, wenn er schlief; sie weigerte sich, ihn zu groomen, wenn er sie einlud, oder sie verhielt sich einfach auf andere Weise negativ, was manchmal zu Zankereien führte. Auch wenn Sheila ihrem Bruder noch physisch überlegen war, mußte sie auf der Hut sein. Sobald Brian auch nur den leisesten Schrei tat, schaute Mutter Lolita auf. Niemals sah ich Lolita herbeieilen, um die Lage zu klären, aber sie behielt ein Auge auf ihre Kinder und näherte sich oftmals dem Schauplatz. Dann setzte sie sich ein paar Meter entfernt und tat diplomatisch so, als ob nichts wäre. Genau das war die Art von Druck, die Sheila brauchte, um sich zu versöhnen. Sie umarmte Brian, groomte ihn oder zeigte ihr Spielgesicht und zog an seinem Bein (normalerweise spielt sie nie). Während der ganzen Zeit blickten sie immer wieder zu ihrer Mutter hin. Nur zweimal intervenierte Lolita tatsächlich. Beide Male war es zum Vorteil von Brian, der seiner Mutter half, seine große Schwester zu verjagen.

Strategische und taktische Versöhnungen sind unter Schimpansen recht verbreitet. In Arnheim schloß Nickie inmitten eines Streits Frieden mit seinem Koalitionspartner, wenn das dritte Männchen eine Einschüchterungsshow begann. Auf der Yerkes-Feldstation beobachtete ich einige ungewöhnlich schnelle Versöhnungen zwischen Weibchen, die miteinander gekämpft hatten, bevor der Tierpfleger mit dem Zweigbündel kam, das ich für meine Tests über Nahrungsteilen brauchte. Beim Anblick des Tierpflegers küßten und umarmten sich die rivalisierenden Weibchen eilig. Ich vermute, keine von beiden wollte das Risiko eingehen, nicht auf gutem Fuße mit einer Rivalin zu stehen, falls diese das Futter bekäme.

Kurz gesagt, mehrere elementare Variationen zum Thema Friedenstiften – einschließlich der Vermittlung durch Dritte, Opportunismus und Täuschung – können sowohl bei Menschen als auch bei Schimpansen festgestellt werden. Ohne Frage übertreffen die Menschen die Menschenaffen im Grad ihrer Erfahrenheit, indem sie mehr Optionen und Konsequenzen in Betracht ziehen, wenn sie entscheiden, ob ein Streit geschlichtet werden soll. Doch der springende Punkt ist, daß beide Spezies Entscheidungen auf der Basis von Erfahrung und Berechnung treffen. Deshalb haben die beobachteten Ähnlichkeiten vielleicht mehr mit der Art und Weise zu tun, wie das Gehirn Probleme löst, als mit genetisch programmiertem Verhalten.

Konfliktlösung bei Affen erscheint als ein einfacherer und gradlinigerer Prozeß. Aber bei einem Vergleich mit Menschen und Menschenaffen sollten wir die Gegensätze nicht auf Kosten der engen Verbindungen zwischen ihnen betonen. Alle fünf Primatenspezies suchen den Kontakt zu ehemaligen Gegnern. Sie gehen dabei gänzlich verschiedene Wege, angefangen beim GG-Reiben der weiblichen Bonobos bis hin zu kulturspezifischen menschlichen Verhaltensmustern, wie z. B. ein zurückhaltendes Händeschütteln. Jede Spezies setzt dabei all ihr verfügbares soziales Bewußtsein und ihre Intelligenz ein.

Das komplexe Spektrum der Annäherungen reicht von dem einfachen Grooming-Kontakt zwischen zwei Rhesusaffen bis zu der typisch menschlichen Strategie, durch einen Vermittler die Stimmung im gegnerischen Lager zu testen, bevor sich die Repräsentanten beider Seiten treffen.

Nur ein paar Voraussetzungen für eine Versöhnung müssen angeboren sein, damit der Mechanismus in Gang kommt. Eine absolute Minimalforderung ist natürlich das individuelle Wiedererkennen; die Mitglieder einer Spezies müssen in der Lage sein, sich an ihren ehemaligen Gegner zu erinnern. Weitere notwendige Bedingungen sind die Fähigkeiten, recht schnelle emotionale Wechsel von Wut zu Freundlichkeit zu vollziehen und durch Körperkontakt beschwichtigend zu wirken; des weiteren bestimmte Gesten, wie das Zurückziehen der Lippen von den Zähnen zu einem Grinsen oder Lächeln. Aber sogar diese Aspekte werden von der Umgebung beeinflußt. Z. B. wird ein isoliert aufgezogener Affe völlig verstört reagieren, wenn er oder sie zum erstenmal berührt wird. Deshalb gestaltet sich die Suche nach dem Felsfundament der Versöhnung ein wenig wie die Suche nach dem Heiligen Gral. Es erbringt wesentlich mehr, in *potentiellen* Begriffen zu denken. Mit unseren Verwandten, den Menschenaffen, teilen wir eine psychische Ausstattung, die uns, so sie durch Interaktion mit Eltern, Geschwistern und Gleichaltrigen gefüllt wird, die Entwicklung der sozialen Fertigkeit zur Versöhnung ermöglicht.

Der Besitz dieser Ausstattung ist nicht selbstverständlich, und die Natur hat sie in den verschiedensten Formen, jeweils abhängig von der Umgebung und der Lebensweise der Spezies, geschaffen. Die Charakteristika der menschlichen Ausstattung sind zweifellos mit unserer langen Geschichte als Jäger und Sammler verknüpft. Angesichts des engverbundenen Gemeinschaftslebens und der starken Abhängigkeit der Jäger und Sammler untereinander können wir spekulieren, daß die Fähigkeit, Alternativen zu offener Aggression zu finden und das soziale Gefüge nach einer Störung wieder zu restaurieren, von entscheidendem Wert in der menschlichen Evolution gewesen sein muß.

Bedingungen des Friedens

»Kämpfe zielen im allgemeinen darauf ab, den Rückzug eines verletzten Tieres von einem anderen zu veranlassen; sie nehmen somit regulierend Einfluß auf die territoriale Nutzung«, schrieb John Paul Scott im Sinne der traditionellen Vorstellung, daß Aggression zu Auflösung führe. Nach meinen Beobachtungen trifft diese Regel für gruppenlebende Primaten nicht zu. Ebensowenig sind diese Primaten von der Zeit abhängig, um »ihre Wunden zu heilen«. Sie kennen Mittel und Wege, den Prozeß zu beschleunigen. Von Primatologenkollegen hörte ich von drei aktuellen, noch unpublizierten Untersuchungen, die das auch für andere Spezies bestätigen. Nachdem also das Phänomen nachgewiesen wurde, müssen wir die *Bedingungen* untersuchen, die bestimmen, ob Individuen sich nach einem Kampf versöhnen, die Eskalation hochschrauben oder den Schaden an ihrer Beziehung ignorieren, d.h. ihre lädierte Beziehung einfach hinnehmen. Die Wahl hängt zweifellos von einer Vielzahl von Erwägungen ab, wie z.B. dem Wert der Beziehung, seiner Geschichte und ob es sich lohnt, weiter Groll zu hegen.

Frieden ist immer an besondere Bedingungen geknüpft. In der internationalen Politik ist Nation A nur zu freundschaftlichen Beziehungen mit Nation B bereit, wenn B die Unterstützung bestimmter Rebellen stoppt, seine Truppen aus einem Drittland abzieht, Kriegsverbrechen von A deckt, dies oder jenes an A zurückgibt, As Ansprüche auf eine Grenzregion akzeptiert, bereit ist, A gegen seine Feinde zu helfen und so weiter. Je stärker die Position einer Nation ist, um so höher sind ihre Forderungen, weil das Übereinkommen bevorzugt wird, das A über das zukünftige Verhalten von B entscheiden läßt. Der Friedensvertrag bringt zum einen das Ende des Krieges und markiert außerdem den Beginn einer Beziehung unter neuen Bedingungen. Es sind genau diese Bedingungen, die in den Köpfen eines jeden Führers herumgeistern – und nicht erst kurz nach Beendigung des Krieges. Bevor die italienische Armee beschloß, sich Hitlers Frankreich-Invasion 1940 anzuschließen, teilte Benito Mussolini seinen Marschällen mit: »Ich brauche nur ein paar tausend Tote, so daß ich an der Friedenskonferenz als ein Mann des Kampfes teilnehmen kann.«

Bei Primaten ist die Motivation, Frieden zu stiften, noch weitgehend unerforscht. Rhesusaffen versöhnen sich meistens mit Verwandten und Mitgliedern ihrer eigenen sozialen Klasse. Da diese ihnen gewöhnlich auch unterstützend zur Seite stehen, sind ihre Gründe für eine Versöhnung nicht schwer zu erraten. Schimpansen wiederum zeigen einen enormen Geschlechtsunterschied, und zwar sind die Männchen sowohl aggressiver als auch versöhnungsbereiter als Weibchen (was ich in Verbindung mit dem flexiblen Koalitionsnetz der Männchen und ihrem Bedürfnis, im Falle gewalttätiger Auseinandersetzungen zwischen Gemeinschaften zusammenzuhalten, erklärt habe).

Der Mechanismus, der männliche Schimpansen die soziale Integration trotz verbissenen Wettbewerbs erreichen läßt, ist ihre formalisierte Rangordnung, die durch ihre Rollenverteilung das Friedenstiften erleichtert. Deshalb ist ein eindeutiger Sieger der beste Prophet für die Verbesserung einer einst feindlichen Beziehung. Ich investierte einmal etliche hundert Stunden, um einen anhaltenden Dominanzkampf zwischen Yeroen und Luit im Winterquartier der Schimpansenkolonie von Arnheim aufzunehmen. Ich wollte dabei sein, wenn sich eines der beiden Männchen dem anderen nach dem vertrauten Ritual, sich zu verbeugen und Japsgrunzer abzugeben, unterwarf, um dann die Beziehung vor und nach diesem Moment zu vergleichen. Nach drei Monaten täglicher Einschüchterung und lärmender Streitereien kapitulierte Yeroen schließlich. Ich glaube fest, daß ich Zeuge seiner allerersten unterwürfigen Grunzer hin zu Luit war, denn die anderen Schimpansen reagierten darauf, indem sie zu den beiden Männchen hineilten, um sie zu umarmen. Die Gruppe muß genauso gespannt wie ich gewartet haben. Meine Daten zeigten eine plötzliche dramatische Verbesserung der Beziehung zwischen den beiden Rivalen. In der folgenden Woche groomten sich die zwei zwanzigmal mehr als während der Zeit, die Yeroens Anerkennung von Luits Status vorausging, und ihre Konfrontationen nahmen schnell in Häufigkeit und Intensität ab.

Vermindert die Billigung von Ungleichheit auch die Spannungen zwischen Menschen? Wieder ist das ein Bereich, wo meines Wissens keine Daten verfügbar sind. Die legendäre Rivalität zwischen Anatoli Karpow und Gari Kasparow, den zwei russischen Meistern, die um den Titel eines Schachweltmeisters kämpfen, gleicht dem Yeroen-Luit-Kampf. Schachspieler müssen enorme Konzentration aufwenden; deshalb nehmen sie manchmal (wie in diesem Fall) die Körperbewegungen und Kleidung ihres Gegners als vorsätzliche Störungen wahr. Die Feindseligkeit, die Spannung und die Beschuldigungen nahmen mit jedem Match, und es gab viele, mehr und mehr zu. Es bedurfte eines beispiellosen Turniers von 96 Spielen, ehe ein endgültiges Ergebnis erreicht wurde. Nach dem letzten Zug auf dem Brett, der die Entthronung von Weltmeister Karpow besiegelte, erhoben sich beide Männer vom Tisch, schüttelten sich die Hände und plauderten kurz. Nichts Ungewöhnliches? Es war der erste beobachtete freundliche Kontakt in zwei Jahren. Die Schlacht war entschieden, sie konnten sich endlich etwas Herzlichkeit leisten.

Gleichheit und Eintracht sind innerhalb eines sozialen Systems nur schwer in Einklang zu bringen. Fehlt eine hierarchische Organisation, so führen innere Kämpfe zu Spaltungen. Ultralinke politische Bewegungen, die aus ideologischen Gründen versuchten, sich ohne gewählte Führer zu organisieren, zeigten die Tendenz, in Splittergruppen zu zerfallen. Und man vergleiche die römisch-katholische Kirche mit protestantischen Religionsgruppen. Trotz einer ansehnlichen Menge an internen Unstimmigkeiten sind Katholiken unter einer zentralen Autorität vereint, während sich Protestanten in einer Unmenge regionaler, untereinander abweichender Sekten organisieren. Angesichts dieses Gegensatzes fragt man sich, ob die ökumenische Idee von der Versöhnung aller Christen jemals ohne die Übernahme einer pyramidenförmigen Organisationsstruktur erzielt werden kann. Es scheint, daß zwischen der Anglikanischen Kirche und Rom ein solcher Prozeß im Gange ist, und es ist interessant, die im Hinblick darauf vorbereitenden Schritte zu verfolgen. Trotz der naheliegenden Sorge, von der sogenannten Mutterkirche aufgesogen zu werden, wies der Anglikanische Erzbischof Runcie auf die Nützlichkeit des Papsttums als einen »zentralen Ort der Einheit und Liebe« hin (*Time*, 7. Juni 1982). Wenn ein Abkommen im Werden ist, so ist seine hierarchische Kontur schon erkennbar.

Damit soll nicht gesagt werden, daß Konfliktlösung unter dem Aspekt der Gleichberechtigung unmöglich ist. Sie ist z.B. für paarlebende Möwen beschrieben worden. Laut Judith Hand lösen Möwenpaare Konflikte über das Futter, indem sie große Stücke teilen und kleinere auf der Basis »Wer-zuerst-kommt-mahlt-zuerst« verspeisen. Es ist ein einfaches Übereinkommen, genauso einfach wie das Prioritätsabkommen bei Rangbeziehungen. Man kann auf diese Weise das Entstehen von Dominanzsphären innerhalb einer Beziehung miterleben, wie Hand es nennt. Bei dieser mehr flexiblen Form der Konfliktlösung gesteht jeder Partner gelegentlich dem anderen etwas zu, je nach dem, um was es gerade geht. Manches Ehepaar folgt diesem Schema.

Bonoboweibchen führen uns eine andere mögliche Ausnahme vor Augen. Nach dem, was ich im San Diego-Zoo erlebt und aus Feldberichten gesammelt habe – beides recht vorläufige Quellen –, kommen die Weibchen dieser Spezies bemerkenswert gut miteinander aus, obwohl eine ausgesprochene Hierarchie fehlt. Sind ihre intensiven sexuellen Kontakte eine Alternative? Wie effektiv ist diese Art sozialer Organisation, verglichen mit einer hierarchischen? Dabei kommt mir die feministische Bewegung in den Sinn, die ursprünglich für die lesbische Liebe eintrat, mit der Intention, Solidarität zu schaffen. Hat sich das bewährt? Wir müssen solche Alternativen untersuchen, um das volle Spektrum der sozialen Mechanismen wahrzunehmen, die eine Einigung herbeiführen. Dabei sollten wir uns daran erinnern, daß das älteste und verbreitetste System, das sowohl von Männern als auch Frauen vieler Spezies angenommen wurde, eben das hierarchische Gefüge ist.

Einigung durch Unterordnung hat die Welt geformt. Obwohl Kriege die Menschen zeitweise trennen, so waren sie doch historisch gesehen eine einigende Kraft. Viele moderne Nationen verdanken ihre Existenz ein paar unbedeutenden Eroberern und einem großen. Ausnahmen von dieser Regel stellen einige frühere Kolonien dar, etwa die Vereinigten Staaten und Indien, die ihr Einheitsbewußtsein hauptsächlich während einer Zeit der Auflehnung erlangten, als sie um ihre Freiheit kämpften. Diese Art der Kooperation tendiert zu Verschleißerscheinungen, sobald die Kolonialmacht den Schauplatz verlassen hat. So ist es ungewiß, ob die indische Republik es schafft zusammenzubleiben (Pakistan und Bangladesh haben sich schon abgespalten), und Nordamerikas Landmasse würde heute wahrscheinlich zwei unabhängige Nationen umfassen, wenn der Norden nicht den Süden in einem Bürgerkrieg besiegt hätte.

Wenn in der menschlichen Militärgeschichte auf Unterwerfung häufig Integration folgt, so existiert auch ein Gegenbild dergestalt, daß Kriege zwischen Gruppen, die ehemals vereint waren, besonders unmoralisch sein können. Napoleon Chagnon untersuchte die Yanomamö-Indianer in Venezuela, wo die Männer blutige Kriege um Ernten und Frauen führen. Der Anthropologe beobachtete: »Der erbitterte Feind eines Dorfes ist die Gruppe, von der es sich kürzlich getrennt hat.« Das mag auch für den zwischenmenschlichen Bereich zutreffen – z.B. nach der Entzweiung einer großen Familie oder während einer Scheidung. Doch müssen wir vorsichtig sein, denn unsere Wahrnehmung könnte voreingenommen sein. Vielleicht *erscheint* uns Haß schlimmer, wenn er vormals miteinander verbundene Individuen verstrickt, als wenn er Fremde betrifft. Die brutale Gewalt zwischen den beiden Schimpansengemeinschaften am Gombe rief bei den Feldforschern einen erschütternden Schock hervor, weil die Angreifer und ihre Opfer in früheren Zeiten als enge und freundliche Mitglieder einer einzigen Gemeinschaft zusammengelebt hatten. »Indem sie sich absetzten«, berichtet Jane Goodall, »scheinen sie ihr ›Recht‹ verwirkt zu haben, als Gruppenmitglieder behandelt zu werden – statt dessen wurden sie als Fremde behandelt.« Meine Frage ist: *Genau* wie Fremde oder, noch schlimmer, gerade wegen der früheren Vertrautheit?

Das erinnert mich an einen Vorfall, den ich als graduierter Student im Jahre 1975 detailliert dokumentierte. Das Alphamännchen einer in Gefangenschaft lebenden Gruppe von Langschwanzmakaken wies eine durch die Eckzähne eines anderen Männchens verursachte, klaffende Wunde auf. Jedes Mal, wenn sein erwachsener Sohn herankam, der ungefähr zweimal so groß wie es selbst war, stand es buchstäblich zitternd auf seinen Beinen. Ohne Frage hatte zwischen den beiden ein Kampf stattgefunden, obwohl das jüngere Männchen nie die Führungsposition beanspruchte. Es schien fast so, als realisierte es gar nicht, daß es sehr wohl könnte; vielleicht hatte es das ältere Männchen aus Selbstverteidigung gebissen und nicht, um es herauszufordern. Wie auch immer, die Nervosität des Alphamännchens erzeugte große Spannung, die die beiden Männchen auf makakentypische Weise auf dem Rücken eines Sündenbocks austrugen. Gemeinsam trieben sie den Sündenbock in eine Ecke und wechselten sich dann bei der Mißhandlung ab. Nach mehreren Tagen beruhigten sie sich, das Alphamännchen verblieb in seiner Position, und ich konnte meinen allerersten Artikel schreiben, der sich mit dem stabilisierenden Effekt dank eines gemeinsamen Aggressionsziels befaßte. Der einzige Aspekt, den ich nicht erklären konnte, war, daß der Sündenbock nicht einer der niederrangigsten Affen war, was üblich ist; nein, es war die Mutter des jüngeren Männchens, und eben dieses selbst leitete die meisten Angriffe auf sie ein.

Nach ein wenig mehr Erfahrung mit Primaten glaube ich, daß dies überhaupt keine außergewöhnliche Wahl war. Die Umlenkung von Aggression geht oft zu Lasten der nahen Verwandtschaft und der Freunde. Auch wir Menschen kennen alle das Phänomen, daß einer der Ehepartner die Fesseln und Frustrationen des Jobs an dem anderen Ehepartner ausläßt. Solange dies innerhalb der Beziehung abgefangen werden kann und nicht in Gewalt umschlägt, ist es ein recht sicheres Verfahren – vielleicht sicherer, als diesen Gefühlen am Arbeitsplatz Luft zu machen. Das Resultat ist dennoch paradox: daß nämlich Wut gerne an den Personen ausgelassen wird, von denen wir wissen, daß wir uns mit ihnen versöhnen können. Wir ziehen Vorteil aus der Tatsache, daß sie uns lieben.

Es gibt noch einen anderen Aspekt dieses Themas. Wenn Menschen sich über ihre Beziehung nicht sicher sind, kann Wut ungeäußert bleiben, damit ein zerbrechlicher Frieden erhalten bleibt. Sehr allgemein gesagt, hängt dann die Frage, ob wir Aggression zeigen oder nicht, von der Belastbarkeit der Beziehung ab, und ob wir Frieden machen oder nicht, hängt von den Forderungen der anderen Seite ab. Wenn Aggression zu weit geht, bringen wir eine Ehe oder Freundschaft in Gefahr; wenn Frieden vorschnell angeboten wird, stehen wir am Ende mit Nachteilen da. Man weiß wenig darüber, wie diese beiden Tendenzen ausbalanciert werden, aber da dieselbe Ambivalenz auch bei anderen Primaten erkennbar ist, können detaillierte Untersuchungen über Konfliktlösung bei Tieren sehr wohl zu Theorien führen, die auch am menschlichen Verhalten überprüft werden können.

Kinder

Kinder erinnern uns, wenn sie auf Bäume klettern, um das Haus rasen oder Purzelbäume schlagen, unwiderstehlich an Affen. Dieser Vergleich stimmt, solange er das Spielverhalten und die Geschicklichkeit im Auge hat. In akademischen Kreisen hat sich jedoch eine seltsame Umkehrung des Kind-Primaten-Vergleichs breitgemacht: die Vorstellung, daß andere Primaten geistig auf der Stufe von Menschenkindern sind. Die Idee, daß bis auf die erwachsenen Menschen alle Primaten in den Kindergarten gehören, ist aber zu bequem, um wahr zu sein.

Die Hauptquelle für diese Verwirrung sind Filme. Hollywood liebt Affen als Schauspieler. Kinobesucher, die sie als groteske Imitationen menschlicher Wesen erleben, können sich an ihren Grimassen und Possen nicht sattsehen.

Für mich sind *Bonzo*-Filme und Kalender mit fein herausgeputzten Menschenaffen ein Greuel. Sie sind eine Beleidigung der inneren Würde dieser Geschöpfe, und ich mache den armen »Schauspielern« keine Vorwürfe, wenn sie gelegentlich die Mannschaft, mit der sie arbeiten, attackieren; denn ihr Training ist nicht frei von physischer Bestrafung.

Vor Jahrzehnten benutzte John Bauman einen Dynamometer, um die Muskelkraft erwachsener Schimpansen mit der von Fußballspielern am örtlichen College zu vergleichen. Die jungen Männer kamen durchschnittlich auf 79 kg bei einarmiger Zugkraft und auf ein Maximum von 95 kg, wohingegen die Menschenaffen leicht ein Vielfaches dieses Gewichts zogen. Ein Schimpansenmännchen, das 75 kg wog, erreichte mit einem Arm 384 kg. Wegen dieser furchteinflößenden Kraft sieht man in Kinos oder im Fernsehen erwachsene Schimpansen niemals in direkter Interaktion mit Menschen. Menschenaffen im Unterhaltungsgeschäft sind selten älter als sieben oder acht Jahre, vergleichbar einem zehnjährigen Menschenkind. Aus demselben Grund werden die meisten Sprachexperimente, in denen Menschenaffen beigebracht wird, mittels Symbolen oder Handzeichen zu kommunizieren, beendet, wenn die Versuchssubjekte die Pubertät erreichen. Deshalb überrascht es nicht, daß in der landläufigen Vorstellung Menschenaffen nie erwachsen werden. Sie werden als niedliche und verspielte Geschöpfe betrachtet, die sich herumtragen lassen und fortwährend Unfug im Kopf haben. Sogar Wissenschaftler lassen sich zu dieser Fehleinschätzung verleiten; die häufigen Behauptungen, daß die geistige Entwicklung von Menschenaffen die eines menschlichen Kindes von x Jahren nicht übertrifft, sind Beweis genug. Der Wert x variiert, geht aber gewöhnlich nicht über sechs hinaus. G. Ettlinger schlug vor, daß »bestimmte theoretische Punkte gelöst werden können, wenn der Vergleich zwischen Primaten und Menschen wieder in: Primaten / Menschen*kind*« umbenannt wird. Dennoch ist es bemerkenswert, wie selten man diese Meinung von Wissenschaftlern hört, die aus erster Hand Erfahrungen mit erwachsenen Menschenaffen gesammelt haben.

Es ist keineswegs neu, eine bestimmte Gruppe Erwachsener als kindlich zu kategorisieren, und ich mißtraue den Motiven. Die Weißen haben diese paternalistische Einstellung gegenüber anderen Rassen, Frauen und sogar ganzen Ländern gezeigt. (Man höre General William Westmoreland: »Vietnam erinnert mich an die Entwicklung eines Kindes.«) Nach Stephen Jay Gould half das »primitiv-wie-ein-Kind«-Argument dabei, die Sklaverei zu rechtfertigen: »Für jeden, der die angeborene Ungleichheit der Rassen bestätigt haben will, können nur wenige biologische Argumente mehr Anziehungskraft besitzen als die beharrliche Rekapitulation, daß Kinder höherer Rassen (ausnahmslos die eigene) die Lebensbedingungen von Erwachsenen niedrigerer Rassen durchlaufen und übertreffen.« Die Anwendung desselben Arguments auf unsere anthropoiden Verwandten ist aus zwei Gründen ganz unangemessen.

Erstens sind erwachsene Menschenaffen nicht gerade bekannt für ihre Kooperation mit Menschen; deshalb basiert unser derzeitiges Wissen über die Intelligenz und psychische Struktur der Menschenaffen fast ganz auf Experimenten mit Jungtieren. Diese Individuen repräsentieren ihre Spezies ungefähr ebensogut wie Vorschulkinder die menschliche Rasse. Die Psyche der Erwachsenen ist in beiden Spezies ungemein verschieden. Sie dreht sich um Status, Sex, um die Mittel für den Lebensunterhalt und die Nachkommenschaft. Die kalkulierten Machtspiele erwachsener Schimpansenmännchen und die vermittelnden Fähigkeiten erwachsener Weibchen, um nur zwei Beispiele zu nennen, kennzeichnen Tätigkeitsmerkmale und soziales Bewußtsein, die viel mehr mit jenen von Männern und Frauen als von Kindern vergleichbar sind. Die gemeinschaftlich durchgeführte Kastration und Tötung eines Rivalen aus Gründen sexueller Konkurrenz, wie ich es für die Arnheim-Kolonie bezeugen kann, ist in jeder Hinsicht eine Sache von Erwachsenen.

Wir wissen von Menschenfamilien, die Menschenaffen aufgezogen haben, daß die Jungen beider Spezies ausgezeichnete gemeinsame Spielkameraden abgeben. Sie spielen dieselbe Art von Spielen (Wettlaufen, Blindekuh, Geschicklichkeitsspiele) und zeigen auch dieselbe unbefangene Einstellung. Ihr Sinn für Spaß, Kommunikation, ja sogar ihre Vorliebe für Fernsehprogramme passen wunderbar zusammen. Die Kinder sind den Menschenaffen nicht automatisch überlegen. Als Winthrop und Luella Kellog Hunderte von Standardmessungen zu Wachstum und Entwicklung ihres Sohnes Donald und eines Schimpansenweibchens namens Gua vornahmen, fanden sie, daß das Affenmädchen besser abschnitt als der Junge. Sie aß eher mit einem Löffel, trank schon aus einem Glas und kündigte ihren Harndrang (indem sie mit ihren Händen auf ihre Genitalien klapste) in einem früheren Alter an. Sogar beim Wortverständnis und bei vielen Intelligenztests lag Gua vor Donald. Als beide ungefähr achtzehn Monate alt waren, wurden die Beobachtungen eingestellt. Man könnte einwenden, daß sich größere Unterschiede zugunsten des Kindes ergeben hätten, wenn das Experiment fortgeführt worden wäre. Dazu antworten die Kellogs: »Wenn wir dem Thema gänzlich unvoreingenommen begegnen, dann können wir kaum die logische Möglichkeit übersehen, daß der Menschenaffe weiterhin in vielfach hervorragender Weise Überlegenheit zeigen könnte.« Bis auf die sprachlichen Fähigkeiten, die, wie man weiß, in unserer Spezies besser entwickelt sind, hat die Meinung der Kellogs aus den frühen dreißiger Jahren noch heute ihre Gültigkeit.

Der zweite Grund, warum wir zweimal nachdenken sollten, bevor wir einen komplexen Vergleich zwischen zwei Spezies auf den simplen Menschenaffen-sind-genau-wie-Kinder-Schluß reduzieren, ist, daß die menschliche Spezies als *neotenuus* betrachtet wird. Verglichen mit anderen Primaten besitzen die Menschen eine verzögerte Reifung und behalten einige jugendliche Merkmale bis ins Erwachsenenalter bei. Zum Beispiel unsere hohe Stirn, der große Schädelumfang, die spärliche Körperbehaarung sind mehr für Menschenaffenkinder typisch als für Erwachsene. Außerhalb der Biologie wird das Neotenieargument nicht immer verstanden; man beschwor es sogar zur Stützung gerade der Behauptung, gegen die es sich doch so eindringlich wendet.* Wirklich bedeutet es, daß menschliche Wesen, mit den berühmten Worten von Louis Bolk, »einem Primatenfötus ähneln, der die sexuelle Reife erlangte«. Andere haben diese Idee um jugendliche Verhaltenscharakteristika erweitert, wie die bemerkenswerte Spielfreudigkeit und Neugierde des Homo ludens, wie Johan Huizinga unsere Spezies benannte. Zusammenfassend kommt es wahrscheinlich der Wahrheit näher, wenn man sagt, daß Menschen wie Menschenaffenkinder ausschauen und sich so verhalten und nicht, daß Menschenaffen wie Menschenkinder ausschauen und sich so verhalten.

Trotzdem schließen Vergleiche zwischen Menschen und anderen Primaten, vom Menschen aus betrachtet, meistens das Kindverhalten mit ein. Eine zunehmende Anzahl von Forschern wendet jetzt ethologische Beobachtungstechniken bei der Untersuchung von Kindern an, während der Verhaltensbereich erwachsener Menschen von diesem methodologischen Wandel noch weitgehend unberührt ist. Sicherlich ist es einfacher, Kinder zu beobachten als Erwachsene, die vielleicht befangen reagieren, wenn sie von jemandem angestarrt werden, der exakt notiert, wenn sie lächeln, die Stimme heben, das Gesicht verstecken, sich die Stirn abwischen, lachen oder die Tür zuknallen. Kinder widmen sich ihren Geschäften ziemlich unbeeinflußt, sogar wenn ein ganzes Team von Ethologen ihnen folgt. Fred Strayer, der eine Langzeituntersuchung in einer kommunalen Kindertagesstätte in der Innenstadt von Montreal leitet, hat einen großen Stab, der alle Formen von Aktivität, vom Essen bis zum freien Spiel, auf Video aufnimmt. Da er seine Karriere in der Primatologie begonnen hat, betrachtet er seine Arbeit als im Grunde dem Affenbeobachten ähnlich, außer in zwei Unterschieden. Kinder sprechen, so daß ein ausgefeiltes System zur inhaltlichen und akustischen Klassifizierung der Verbalisierungen entworfen werden mußte. Zweitens ist es schwer, direkte Informationen über einen höchst wichtigen Abschnitt im Leben der Kinder zu erhalten, nämlich über die Zeit, die sie zu Hause verbringen.

* Der Politikwissenschaftler Glendon Schubert schrieb z. B. 1986: »In Anbetracht der Neotenie heute lebender Menschen sollte es nicht überraschen, daß das Verhalten unserer Kinder im höchsten Maße dem Verhalten erwachsener Schimpansen und Paviane gleicht.«

Strayer ist an den Theorien von Michael Chance interessiert, der postuliert, daß der Zusammenhalt und die innere Koordination sozialer Gruppen von der zentralen Position der dominanten Mitglieder abhängen. Rangniedere fühlen sich von Individuen an der Spitze der sozialen Leiter angezogen, folgen ihnen auf dem Fuße und imitieren sie. Dieses Modell, bekannt als *Aufmerksamkeitsstrukturmodell*, wird durch Untersuchungen in Montreal gestützt, die zeigen, daß Hierarchien die Wahl der Freunde bestimmen. Schon im Alter von einem Jahr haben Konflikte zwischen Kindern ein voraussagbares Ergebnis. Eine Rangordnung ist leicht erkennbar, obwohl sie noch Änderungen unterworfen ist. Wenn die Kinder älter werden, stabilisiert sich ihre Rangordnung und beginnt, auf die soziale Anziehung Einfluß zu nehmen. Von da an ist hoher Rang unter Altersgenossen mit Beliebtheit verknüpft. Die strukturierende Wirkung der Rangordnung und die Art und Weise, wie dominante Kinder ihre Position einsetzten, um Kämpfe zwischen anderen zu unterbinden, veranlaßten Strayer als einen der ersten, von »prosozialen« Funktionen aggressiven Verhaltens zu sprechen.

Allerdings kann man nicht behaupten, daß Aggression niemals soziale Beziehungen stört. Hubert Montagner, der ähnliche Forschungsprojekte in Frankreich leitet, zog eine scharfe Linie zwischen zwei Typen von dominanten Kindern. Die eine Kategorie nennt er »aggressive Dominante«. Sie sind meistens Jungen, die umherziehen und ihre Kameraden einschüchtern. Sie schlagen und stoßen andere ohne Grund, fordern deren Spielzeug, ohne zu fragen, und stören im übrigen die Harmonie. Die zweite Kategorie sind die sogenannten Anführer, unter denen ebensoviele Jungen wie Mädchen sind. Im Gegensatz zu »aggressiven Dominanten« warnen die Anführer zuerst einmal – und warten auf die Reaktion der anderen –, bevor sie Gewalt anwenden, was sie selten tun. Ein weiterer Unterschied ist, daß sie sich nach Kämpfen versöhnen und im übrigen beschwichtigende Gesten einsetzen. Wenn z.B. neue Kinder in der Kindertagesstätte ankommen, gehen die Anführer auf sie zu, trösten die Kleinen und drohen jenen, die sie zum Weinen bringen. Zweifellos sind es diese diplomatischen Dominanten, die sich besonderer Beliebtheit erfreuen, nicht die tyrannischen Kraftprotze.

Eine besondere Friedensgeste ist bei anderen Primaten unbekannt oder sehr selten, in unserer Spezies jedoch sehr verbreitet. Es ist das Anbieten von Geschenken.* Bei Erwachsenen geschieht das, indem sie Blumen senden, ein

* Außerhalb der Primatenordnung ist das Schenken recht verbreitet. Die Nahrungsübergabe ist Teil des Werbungsverhaltens vieler Vögel, und einige männliche Insekten bringen ein »Brautgeschenk« mit, wenn sie sich einem Weibchen nähern. Diese Gesten dienen dazu, eine möglicherweise feindliche Stellung zwischen Tieren mit einem bestimmten Territorium oder Raubtieren in eine kooperative zu umzuwandeln.

Versöhnungsessen arrangieren oder (unter den Reichen) Juwelen kaufen. Irenäus Eibl-Eibesfeldts Untersuchungen bei einer großen Anzahl menschlicher Kulturen zeigen, daß die Geschenkgabe und das Nahrungsteilen sich bei jungen Kindern spontan entwickeln, ohne Training. Montagner betont die Wichtigkeit dieses Verhaltens nach Auseinandersetzungen. Wenn ein Kind einem anderen, mit dem es gerade gekämpft hat, ein Spielzeug bringt, so nehmen die beiden bezeichnenderweise freundschaftliche Beziehungen auf; es ist eine gemeinschaftliche Anstrengung oder ein Spiel der gegenseitigen Imitation. Geschenke dienen dazu, Bindungen zu kitten. Wenn gerade keine passenden Geschenke aufzutreiben sind, kein Problem. Kinder sind gute Simulanten. Sie durchsuchen ihre Taschen, als ob sie jede Menge bei sich haben und bieten dem anderen eine leere Hand an – der wiederum das imaginäre Geschenk glücklich betrachtet.

Beobachtungen von Reinhard Schropp in einem deutschen Kindergarten zeigten, daß Geschenke am häufigsten zwischen Kindern ausgetauscht werden, die *keine* engen Bindungen haben. Es wird als Methode der Kontaktaufnahme eingesetzt. Ein Vorteil ist, so Schropp, daß die Aufmerksamkeit auf das Objekt gerichtet ist. Die Kinder brauchen sich kaum anzuschauen, was das Risiko verringert, das Gesicht zu verlieren, wenn das Objekt zurückgewiesen wird. Wenn es andererseits akzeptiert wird, ist das Objekt ein günstiges Thema für weitere Interaktionen.

Eine weitere interessante Technik, das Gesicht zu wahren, wurde von Harvey Ginsburg bei amerikanischen Kindern auf einem Spielplatz beobachtet. Streitereien wurden gewöhnlich abgebrochen, wenn eine Partei eine gebückte Körperhaltung annahm und gleichzeitig den Augenkontakt vermied. Das besiegte Kind setzte sich für einen kurzen Moment auf Hände und Knie und band manchmal seine Schuhe zu. Ginsburg sah das Schuhe-Zubinden als eine Entschuldigung an, nicht als ein Problem loser Schnürbänder, da während der Spielaktivitäten die Schnürbänder offensichtlich immer zugebunden blieben. Außerdem unterbrach einmal ein Junge einen Kampf, um seinen Slipper (ein Schuh ohne Schnürbänder) zuzubinden. Der Forscher spekulierte, daß das Schuhe-Zubinden, das dem Gegner Unterwerfung signalisiert, auch eine Botschaft für die Zuschauer enthält: »Wenn nur meine Schuhe halten würden, so könnte ich den Kampf wirklich gewinnen!«

1984 veröffentlichten Steve Sackin und Esther Thelen eine kurze methodische Arbeit mit dem Titel »Eine ethologische Studie über die friedliche Einigung als Ergebnis von Konflikten bei Vorschulkindern«. Dies war die erste »naturalistische« Untersuchung, vergleichbar meiner Arbeit an Affen und Menschenaffen. Sie betraf amerikanische Kinder in zwei Kindertagesstätten im Alter von 5 bis 7 Jahren. Es wurden einhundertsechsundfünfzig Konflikte aufgenommen, in die Erzieher nicht eingegriffen hatten. Grundsätzlich gab es bei diesen Begegnungen zwei Ergebnisse: Entweder endete der Kampf mit der Unterwerfung eines Kindes, und die beiden Gegner trennten sich; oder er endete mit einem Austausch freundschaftlicher Verhaltensweisen, und die beiden Gegner blieben zusammen. Versöhnung erfolgte in verschiedenen Formen, die ich hier in abfallender Rangfolge nach ihrer Häufigkeit und mit den Definitionen der Autoren wiedergebe:

Kooperative Vorschläge – Kundgebungen, die freundschaftliche Absichten und Vorschläge zur Zusammenarbeit erkennen lassen, wie z.B. »Ich will dein(e) Freund(in) sein« oder »Du kannst mir helfen, dieses Haus zu bauen«.

Objektangebot – schon diskutiert.

Groomen – Handhalten, Streicheln, Küssen, Umarmen oder andere Formen der Berührung.

Entschuldigung – verbal geäußerte Entschuldigung über den Ausgang des Kampfes.

Symbolisches Angebot – ein Versprechen, wie z.B. »Ich werde dir meinen Laster bringen«.

Wenn man vom Groomen absieht (das bei einem von fünf Fällen auftrat), so sind diese Verhaltensmuster typisch menschlich. Man fand auch, daß die Versöhnungshäufigkeit vom Geschlecht des Vorschulkindes abhing. 50 Prozent der Kämpfe zwischen Jungen endeten mit einer Annäherung zwischen den Gegnern und 40 Prozent der Kämpfe zwischen Mädchen, aber nur 12 Prozent der Kämpfe zwischen Jungen und Mädchen. Bemerkenswert, daß dies nicht derselbe Geschlechtsunterschied wie bei zwei der vier von mir untersuchten Primatenspezies ist. Jungen und Mädchen versöhnten sich mehr oder weniger gleich häufig, aber beinahe ausschließlich mit Kindern ihres Geschlechts. Das ist angesichts der wohlbekannten Vorliebe jüngerer Kinder, Freundschaften mit demselben Geschlecht zu schließen, nicht überraschend.

Es sei nochmals hervorgehoben, daß Kinder nicht der bestmögliche Maßstab für einen Vergleich mit Affen und Menschenaffen sind. Viele Aspekte des menschlichen Soziallebens verändern sich dramatisch in der Zeit der Adoleszenz, hauptsächlich natürlich die Beziehung zwischen den Geschlechtern. Untersuchungen an unseren Kindern sind jedoch außerordentlich wichtig, wenn wir verstehen wollen, auf welche Weise die Fähigkeit zum Friedenstiften erworben wird, um so mehr, wenn wir diesen Prozeß steuern wollen. Eine der Fragen, die wir stellen könnten, ist, bis zu welchem Ausmaß Lehrer in die sozialen Angelegenheiten der Kinder eingreifen sollten. Die Kinder, die ich jedes Jahr zu einer einwöchigen Einführung in die Affenbeobachtung einlade, erzählen mir immer, wenn wir das Versöhnungsverhalten ausführlich diskutieren, daß sie es hassen, in Richtung ihres Rivalen mit der Aufforderung zum

Händeschütteln gedrängt zu werden. Sie halten nichts von erzwungener Versöhnung, wenigstens nicht außerhalb der Familie.

Um Fragen dieser Art zu beantworten, habe ich vor, junge Bärenmakaken und Rhesusaffen zu vergleichen. Rhesusmütter gehören zum eingreifenden Typ, immer auf dem Sprung, wenn ihre Jungen mit Altersgenossen im Streit liegen. Bärenmakakenmütter haben eine mehr lockere Einstellung: Die Jungen dürfen zusammen spielen, kämpfen und sich selbständig versöhnen, es sei denn, die Aggression fällt durch ihre Heftigkeit aus dem Rahmen. Ist das einer der Gründe, warum erwachsene Bärenmakaken soviel besser mit sozialen Spannungen umgehen? Auch bei Menschenkindern müssen Aufsichtspersonen zwischen der Verhütung ausufernder Gewalttätigkeit und zu starker Reglementierung abwägen. Die grundlegenden Regeln, Frieden zu stiften, können nicht erlernt werden, wenn Kämpfe immer abgebrochen werden, bevor ein endgültiges Ergebnis erreicht wurde. In meiner Erinnerung führt ein solches Vorgehen nur zu zusätzlichen Kampfrunden nach der Schule.

Doch noch wichtiger ist das *Beispiel*, das Erwachsene vorleben – nicht wie Kinder sich unserer Meinung nach zu verhalten haben, sondern wie wir uns selbst nach einem Wutausbruch verhalten. Kinder sind ausgezeichnete Beobachter, die auch die kleinste Änderung im Gesichtsausdruck registrieren. Sollten wir ihnen erlauben, ganze Folgen ehelicher Streitigkeiten, von Vorwürfen bis zu Entschuldigungen, mitzuerleben, oder ist es besser, Unstimmigkeiten zu verbergen? Die Meinungen sind geteilt, und es existieren nur wenige Richtlinien für Eltern, außer natürlich die, daß physische Gewalt innerhalb einer Familie die Kinder fundamental beunruhigt. Mark Cummings und seine Mitarbeiter berichten über erregte Reaktionen jüngerer Kinder auf verbale Auseinandersetzungen und außerdem über einige unter ihnen, die die wütenden Eltern zu trösten oder zu versöhnen versuchen; ob aber derartige Dispute in Gegenwart von Kindern völlig vermieden werden sollten, ist schwer zu entscheiden.

Den jungen Arnheim-Schimpansen fehlte es nicht an dramatischen Ereignissen. Sie waren sogar bei den Machtkämpfen erwachsener Männchen dabei, die manchmal die gesamte Kolonie miteinbezogen. Dann hingen sie kopfüber unter dem Bauch der Mutter, solange das Höllenspektakel eben dauerte, um erst losgelassen zu werden, wenn sich alle beruhigt hatten. Die Jungtiere fühlten sich von Versöhnungen ungewöhnlich angezogen. Sie schauten vom Rande den ersten spannungsgeladenen, abtastenden Schritten zu, reagierten jedoch sofort auf die große Abschlußumarmung; dann stürzten sie sich aufgeregt auf beide Parteien oder umkreisten sie mit Gejohle.

Eine Möglichkeit, den Einfluß des sozialen Umfelds auf die Entwicklung des Versöhnungsverhaltens zu untersuchen, könnte sein, einen Rhesusaffen in einer Bärenmakakengruppe aufwachsen zu lassen. Die beiden Spezies stehen einander nahe genug, um eine Adoption arrangieren zu können. Das Rhesusaffenkind stünde vor völlig verschiedenen Modellen der Konfliktlösung. Nicht, daß unser Versuchssubjekt sich in den größten Friedensstifter auf Erden verwandeln würde – das zänkische Rhesustemperament muß teilweise angeboren sein –, aber auch nur geringe Erfolge würden eine Basis für weitere experimentelle Untersuchungen liefern, um die Faktoren zu bestimmen, die Versöhnungsverhalten und soziale Toleranz herausbilden. Erzieher könnten aus diesen Untersuchungen lernen; wenn Affen in dieser Hinsicht formbar sind, so ist es mehr als wahrscheinlich, daß auch Menschenkinder es sind.

Neben Versöhnungen zwischen ehemaligen Gegnern ist ein zweiter wichtiger Mechanismus der Ausgleich konkurrierender Interessen, *ehe* die Dinge außer Kontrolle geraten. Beobachtungen über das Nahrungsteilen unter Menschenaffen und die Rolle, die rückversichernde Verhaltensweisen dabei spielen, zeigen, daß vorbeugende Maßnahmen zur Konfliktlösung nicht auf unsere Spezies begrenzt sind. Die Tatsache, daß ich über relativ wenige Daten verfüge, beruht im wesentlichen auf der Schwierigkeit, daß man potentielle Konflikte nicht ebenso leicht definieren kann wie die dem Konflikt nachfolgenden Situationen, auf die sich meine Untersuchungen konzentrierten. Es wäre faszinierend zu untersuchen, wie Menschenkinder lernen, Konflikte zu antizipieren und einfache Handel abzuschließen, um Problemen zuvorzukommen (»Du kannst mit meiner Puppe spielen, wenn du mir einige Bonbons gibst«). Hier spielt insbesondere die Sprache eine entscheidende Rolle.

Kulturen

»Per definitionem entstanden Mensch und Kultur gleichzeitig«, behauptet Leslie White in *The Evolution of Culture*. Da er den Ursprung der Kultur vor einer Million Jahren annimmt, folgt daraus, daß nach seiner Meinung unsere Vorfahren vor dieser Zeit Tiere gewesen sein mußten. Laut White ist der Schlüssel zur Kultur unsere Fähigkeit zur symbolischen Darstellung; in einer Fußnote gibt er zu, daß »ein Teil des menschlichen Verhaltens nicht in Symbolen repräsentiert wird und daher nichtmenschlich ist«, aber die einzigen Beispiele, die er dafür anführt, sind Husten, Kratzen und Gähnen. In seiner extremen Sicht sind wir also gänzlich unsere eigene Schöpfung: Wir sind, was wir sein wollen.

Für Biologen ist die Idee einer unbegrenzten kulturellen Anpassungsfähigkeit nicht akzeptabel. Wenn ich eine fremde Kultur besuche, überwältigt mich immer die allgegenwärtige Vertrautheit: die Art, wie die Menschen lachen, wie und worüber sie streiten, die Weise, wie junge Männer junge Frauen anschauen und umgekehrt, der Wandel in der Stimme der Mutter, wenn sie zu ihrem Baby spricht, das Prahlen angesehener Männer und so fort. Ich bin unter meinesgleichen. Ein Kulturanthropologe konzentriert sich vielleicht statt dessen auf Einzigartigkeiten in der Sprache oder auf seltsame Lebensgewohnheiten, Kleidung und soziale Einrichtungen. Er sieht viele eindrucksvolle Unterschiede und gelangt zu dem entgegengesetzten Schluß wie ich: Diese Leute gähnen und husten vielleicht wie wir alle, aber da hören die Ähnlichkeiten auch schon auf.

Langsam und sehr zögernd nähern sich diese beiden Standpunkte nun einander an; ohne Frage ist an beiden etwas Wahres. Ethologen entdeckten, daß viele Tiere lokale traditionelle Verhaltensweisen entwickeln (z. B. haben einige Vogelarten in unterschiedlichen Regionen unterschiedliche »Dialekte« im Gesang); es sind diese Entdeckungen, die uns für die kulturellen Variationen der Menschen sensibilisiert haben. Andererseits zeigten vergleichende Untersuchungen der Kulturen, daß bestimmte Aspekte des menschlichen Verhaltens viel zu universal sind, um gänzlich kulturabhängig zu sein (z. B. verhalten sich bei der Mehrzahl der Gesellschaften Jungen aggressiver als Mädchen). Es ist noch ein langer Weg, ehe Biologen und Kulturanthropologen aus einer Tasse trinken werden, aber vielleicht wird sich die Generation von morgen weniger streng an den starren Dogmen von heute festklammern.

Zweifellos beeinflußt die Kultur allenthalben das menschliche Sozialleben, auch die Art und Weise, wie wir Aggressionen kontrollieren und Frieden stiften. Die Frauen der Yanomamö-Indianer bauen eine Zauberpflanze an, deren Blätter auf die Männer geworfen werden, wenn sie ihre Keulenkämpfe veranstalten. Diese ritualisierten Kämpfe sind ein Ventil für das hohe Aggressionsniveau, das Yanomamö-Männer einhalten müssen, um in ihrer Kultur ernstgenommen zu werden. Diese Blätter, die angeblich das männliche Temperament im Zaume halten, verhindern, daß Keulenkämpfe zu Schießereien eskalieren.

Amerikanisierte Spanierinnen berichten, daß sie die in ihrer Kultur gebräuchlichen nächtlichen Serenaden vermissen. In Mexiko ist es durchaus willkommen, wenn ein Mann die ganze Straße aufweckt, um seine Liebe kundzutun oder seine Mutter zu überraschen. Gewöhnlich tritt er nicht selbst auf; man engagiert für diesen Job einen professionellen Sänger mit Gitarre, ein

---

Zwei gleichzeitige Versöhnungen nach einem Streit zwischen jungen Bärenmakaken. Zwei besteigen sich (*oben*), und die anderen beiden widmen sich dem Hinterteilhalten. In dieser Spezies lassen Erwachsene den Jungen ziemlich viel Freiheit bei Spiel und Kampf und auch bei Versöhnungen. (Wisconsin Primate Center)

Trio oder ein Orchester. Mit Serenaden bittet man auch um Vergebung und um Wiedergutmachung in einer Ehe. Man kann sich wohl kaum einen Weg der Versöhnung vorstellen, der mehr im Lichte der Öffentlichkeit steht.

Auf der Insel Bali haben die Dörfer eine besondere Hütte, in die Menschen geschickt werden, um Streitigkeiten zu schlichten. Die Hütte, die auf einem Feld außerhalb des Dorfes liegt, ist einfach aus zwei Pfosten mit einem Dach darüber gebaut. Da Wände fehlen, können Dorfbewohner ein Auge auf die beiden Streithähne haben. Sie sitzen jeweils mit dem Rücken zu den Pfosten, die nur ein paar Meter auseinanderliegen und dürfen nicht eher zurückkehren, als bis ihre Differenzen beigelegt sind.

Die Großfamilie von Oskar Bimwenyi Kweshi feierte ihre Wiedervereinigung nach zairischer Sitte, nachdem sie über Jahre voneinander streng getrennt waren. Die gesamte Familie traf sich auf dem Hof der Farm, um einem öffentlichen Schuldgeständnis von Bruder und Schwester zuzuhören, die die Entzweiung verursacht hatten. Anschließend wurde ein Huhn geopfert, und beide Seiten gossen Wein in eine Kalabasse, die sodann als Erinnerung an die Mutterbrust, der sie alle einst genährt hatte, herumgereicht wurde.

Bei den Kiwai-Papua-Kopfjägern Neu-Guineas gibt ein Dorf den Wunsch nach Beendigung eines Krieges dadurch kund, daß seine Bewohner einen Ast quer über den Pfad zum feindlichen Dorf legen. Wenn ihr Angebot akzeptiert wird, nähern sich die Männer mit ihren Ehefrauen, die ein paar Schritte vor ihnen gehen. Das Mitbringen von Frauen signalisiert friedliche Absichten. Die Aufnahme ist freundlich, Geschenke werden ausgetauscht, und die Männer zerbrechen jeweils das Enthauptungsmesser des anderen. Nachts schlafen die Gastgeber mit den weiblichen Besuchern, um »das Feuer zu löschen«, wie man sagt. Dasselbe passiert bei dem Gegenbesuch, und der Krieg wird für beendet erklärt.

Eine Kultur schien nie mit meinen Vorstellungen von dem Bedürfnis, Konflikte zu lösen, übereinzustimmen, nämlich die der Samoer. Laut Margaret Mead in *Coming of Age in Samoa* beenden diese Menschen ihre Streitigkeiten durch ein bloßes Auseinandergehen: Unstimmigkeiten zwischen Eltern und Kind werden beigelegt, indem das Kind auf die andere Seite der Straße zieht, und zwischen einem Mann und seinem Dorf, indem der Mann in das nächste Dorf umzieht (oder ausgewiesen wird?). Auch schilderte die Anthropologin das Dorf als außergewöhnlich friedlich und unbekümmert. Jetzt wissen wir, daß dies eine romantische Fiktion war. Derek Freemans Kritik an Meads Studie, die auf seinen eigenen intensiven Beobachtungen derselben Menschen basiert, läßt keinen Zweifel daran, daß die Samoer Bindungen haben, die verpflichten, und daß sie, wie Menschen überall, eher versuchen, einen Konflikt zu bewältigen, als vor ihm wegzulaufen.

Auch wenn es ebensoviele friedenstiftende Rituale wie menschliche Kulturen gibt, so dienen sie alle dazu, eine Situation, die in Rache eskalieren könnte, so zu lenken, daß sie zu einer für beide Seiten vorteilhaften Beziehung führt. Feindseligkeiten, die nicht versöhnlich beigelegt wurden, werden in unserem Gedächtnis gespeichert wie in einem Tiefkühlfach. Die Erinnerung bleibt frisch und kalt, weil wir auf eine Gelegenheit warten, um abzurechnen. Das Extrem ist ein System der Blutfehde, ein Modell des wechselseitigen Mordens, das sich über ganze Generationen erstrecken kann. Töten kann auch bei Friedensverhandlungen eine Rolle spielen. Die Kiwai-Papuas z.B. lehnen möglicherweise ein Friedensangebot der oben beschriebenen Art ab und plazieren ein Bündel mit kleinen, abgezählten Stöcken auf dem Dorfpfad, um anzuzeigen, wievielen Feinden sie das Leben nehmen wollen, ehe sie über den Frieden verhandeln. Reziprozität der Vergeltung – Auge um Auge, Zahn um Zahn – ist unter den Menschen ebenso verbreitet wie die Reziprozität der Kooperation, die zum Zug kommt, nachdem der Frieden besiegelt wurde. Wenn Handel, Heiraten zwischen den Gemeinschaften und gemeinsame Feste wieder aufgenommen werden, meinen wir, daß die Vorfälle »vergessen« sind. Das ist natürlich Unsinn. Der Konflikt ist nur in einem anderen, etwas wärmeren Schubfach abgelegt worden.

Kooperative Formen von Reziprozität erhielten von der Wissenschaft weit mehr Aufmerksamkeit als ihr Gegenstück. In Verbindung mit der Lösung von Konflikten ist Vergeltung allerdings heikel, jedenfalls was die Basis unseres Gerechtigkeitssinns betrifft. Meine Beobachtungen an Schimpansen zeigen, daß auch sie negative Taten im Gedächtnis behalten und sie mit anderen negativen Taten vergelten. Solch ein »Rachesystem« ist bis heute noch bei keinem anderen Tier gefunden worden. Die Menschen gehen noch einen Schritt weiter und setzen Maßstäbe – Gesetze genannt –, die entworfen wurden, um Fehden unter Kontrolle zu halten. Unter den Massai, Hirtennomaden in Ostafrika, wird ein Mörder für gewöhnlich von seinen Verwandten versteckt, während die Familie des Opfers ihn sucht, um den Tod ihres Blutsverwandten zu rächen. Der Schuldige wird beschützt, bis sich die Stimmung abgekühlt hat und Verhandlungen beginnen können. Die traditionelle Strafe für Mörder sind neunundvierzig Rinder. Wenn die Menschen ihren Blutzoll eintreiben, so gehen sie bewaffnet wie in einen Krieg. Doch das tiefwurzelnde Bedürfnis nach Rache wird durch eine symbolische Demonstration ihres Zorns, die Bestrafung des Aggressors und eine Entschädigung an die Verwandten des Opfers befriedigt. Da es die Gesellschaft ist, die die Regeln setzt, ist dies eine höhere Form der Konfliktlösung, die nicht bei Tieren gefunden wurde. Gerichte und Richter sind eine verfeinerte Fortentwicklung dieses Prinzips.

Die gesetzlich verankerte Ausübung kann, aber muß nicht eine Verbesserung bedeuten. Sicherlich war ihre ursprüngliche Funktion eine Notwendigkeit, aber mit der unglaublichen Anzahl von 675 000 praktizierenden Juristen in den USA (die Schätzung für 1985) werden unvermeidlich Konflikte *geschaffen* – um des Geschäftes willen. Ein Kulturschock, der einem europäischen Einwanderer widerfährt, ist der Hang der Amerikaner, Konfliktlösung in die Hände von Anwälten und Sachverständigen zu legen. Wer würde die Polizei rufen, um den folgenden Diebstahl mitzuteilen, einen Hausdurchsuchungsbefehl veranlassen und einen Verdacht äußern? Gestohlen: Eine Rassel, ein kleines orangefarbenes Auto und eine graue Stoffmaus. Opfer: ein dreijähriger Junge. Verdächtiger: sein gleichaltriger Spielkamerad. Der Ruf nach der Hand des Gesetzes, ein solches »Verbrechen« zu verfolgen, wie in meiner Lokalzeitung berichtet wurde, mag ein leises Lächeln hervorrufen – auch bei vielen Amerikanern –, doch gleichzeitig zeigt es die traurige Unfähigkeit, Streitigkeiten zu schlichten.

Es bleibt noch festzustellen, ob die Fertigkeit, Konflikte zu lösen, bei Amerikanern im Vergleich zu anderen kulturellen Gruppen schwach entwickelt ist; aber da sowohl die Zahl der Juristen pro Kopf als auch die Mordrate um etliche Male höher liegt als in anderen Industrienationen, scheint die Annahme berechtigt zu sein. Natürlich können nicht alle Gewaltdelikte auf diese Weise erklärt werden, aber ein großer Teil der Tötungen resultieren aus Auseinandersetzungen zwischen Familienmitgliedern, Freunden, Bekannten oder Nachbarn. Deshalb glaube ich tatsächlich, daß die Mordrate einer Nation im umgekehrten Verhältnis zu den Fähigkeiten ihrer Bürger steht, für beide Seiten annehmbare Lösungen für soziale Konflikte zu finden. Wenige Amerikaner bestreiten, daß in ihrer Sprache das Wort »Versöhnung« fast synonym ist mit dem Wort »Kapitulation«. Die Suche nach einem Kompromiß gilt nicht als eine hohe Kunst; sie hat den Beigeschmack von Schwäche.

Wird Härte in diesem Land so hoch bewertet, weil historisch gesehen jeder sich allein durchs Leben schlagen mußte? Gibt es eine Verbindung zu dem Glauben der ersten Immigranten an einen eher strafenden als vergebenden Gott? Oder waren es der endlose leere Horizont und die traditionelle Unstetigkeit? Früher war es wohl so, wie ein amerikanischer Freund es ausdrückte: »Wenn Menschen Probleme hatten, konnten sie immer noch westwärts ziehen.« Bei so viel verfügbarem Land kann die Fähigkeit zur Koexistenz bei Menschen mit verschiedenen Meinungen und Lebensgeschichten über mehrere Generationen hinweg vernachlässigt worden sein.

Das Gegenteil trifft für mein Heimatland zu. Die Niederlande gehören zu den bevölkerungsdichtesten Ländern der Welt, und »Toleranz« ist der Schlüssel zu ihrem nationalen Charakter. Nicht, daß die Holländer von sich selbst behaupten, daß sie so überaus tolerant seien, aber Außenstehende beobachten einen hohen Grad an Nichteinmischung in die Angelegenheiten anderer Menschen, ein bereitwilliges Akzeptieren der Lebensstile von Minderheiten und Religionen und ein Streben nach Konsens.

Auch wenn die Holländer interne Konkurrenz ebenso wie jedes andere Volk kennen, so hat ihre »eingeschlossene« Lage eine andere Haltung bei Konflikten gefördert, eine, die auf Anpassung abzielte. Die Niederlande sind ein winziges Land und außer auf die kalte Nordsee können die Menschen nirgendwo hinziehen. Daß ihre Toleranz kein genetisches Merkmal ist, wird am Verhalten der Afrikaner, die Südafrika regieren, deutlich. Diese Menschen sind holländischer Abstammung, aber unterschiedliche Bedingungen führten zu unterschiedlichen Einstellungen. Die Holländer bieten ein gutes Beispiel für eine Kultur, die die Überbevölkerungstheorien der sechziger Jahre widerlegt. Mechanismen, die auf Spannungen regulierend einwirken, vereiteln die angebliche Verknüpfung zwischen Überbevölkerung und Aggression, wie wir es auch für Affen und Menschenaffen bestätigen können. Menschliche Gesellschaften kehren die Regeln sogar noch weiter um und erreichen manchmal das ganze Gegenteil. Ein Überfluß an Raum mag dann vielleicht krasse Individualisten hervorbringen, die wenig Geduld mit Menschen haben, die ihnen im Wege stehen, während begrenzter Raum und ethnische Homogenität zu einer kollektivistischen Kultur führen können – wie die der Japaner mit ihren papiernen Hauswänden, Höflichkeitsregeln und emotionaler Kontrolle. Und all das innerhalb einer einzigen Spezies!

Der Schwur an der Elbe

Am 26. November 1983 wurde der Leichnam von Joseph Polowsky, einem Taxifahrer aus Chicago, im ostdeutschen Torgau zu Grabe getragen. Es war just an diesem Ort, wo Polowsky als amerikanischer Infantrist am Zusammenschluß der amerikanischen und russischen Armeen teilgenommen hatte, die den Widerstand der Truppen Hitlers gebrochen hatten. In den dazwischenliegenden achtunddreißig Jahren gestalteten sich die Beziehungen zwischen den beiden früheren Verbündeten kalt und feindselig, aber Polowsky hatte den Schwur an der Elbe getan und gelobt, den Geist der Brüderlichkeit aus der Zeit des Krieges am Leben zu erhalten. Diese Ein-Mann-Kampagne, Freundschaft aufzubauen, endete mit Polowskys Krebstod und erreichte ihren Höhepunkt mit seinem Begräbnis, weit weg von der Heimat in einer Zeremonie, in der amerikanische und russische Soldaten Kränze zu seinem Gedenken niederlegten.

1942 versuchte Nobuo Fujita, ein Pilot der japanischen Marine im Zweiten Weltkrieg, erfolglos, die Wälder um Brookings in Oregon / USA in Brand zu stecken, indem er Brandbomben von seinem kleinen Wasserflugzeug abwarf. Zwei Jahrzehnte später lud die Stadt Fujita als Ehrengast zu ihrem Azaleen-Fest ein. Unterdessen war er ein reicher Geschäftsmann geworden. Er nahm die Einladung an und erwiderte die versöhnliche Geste, indem er Jugendliche der Stadt nach Japan einlud. Später verlor er sein Vermögen und mußte viele Jahre lang sparen, um sein Versprechen zu erfüllen. 1985, im Alter von dreiundsiebzig Jahren, war er schließlich in der Lage, drei Schülern aus Brookings den Besuch in seinem Heimatland zu finanzieren. »Wenn sie Japan bereist haben werden«, so sagte er einem Reporter, »wird der Krieg endgültig für mich vorbei sein.«

Die beiden Stars der Ethologie, Niko Tinbergen und Konrad Lorenz, standen während des Zweiten Weltkrieges auf verschiedenen Seiten. Tinbergen, von den Deutschen während ihrer Besetzung der Niederlande gefangengenommen, brachte Jahre in einem Internierungslager zu, obwohl Lorenz sich um seine Freilassung bemühte. Lorenz selbst landete in russischer Gefangenschaft, nachdem er als Arzt in der deutschen Armee gedient hatte. Im Hause des Engländers William Thorpe, 1949 in Cambridge, waren Lorenz und Tinbergen nach zehnjähriger Trennung wieder vereint. Thorpe beschreibt es als ein bewegendes Ereignis, versäumt jedoch, Einzelheiten im Verhalten zu schildern, wie man es von einem Ethologen erwarten würde. Er streicht allerdings heraus, daß Tinbergen kurz nach dem Krieg den Klang der deutschen Sprache nicht ertragen konnte, dies jedoch die »Tiefe und Stärke seines Wunsches nach internationaler Versöhnung auf allen Ebenen nicht beeinträchtigte«.

Friedensbemühungen des einfachen Menschen haben vielleicht weniger dramatische Wirkung als Präsident John F. Kennedys »Ich bin ein Berliner« oder andere Gesten von Führungspersönlichkeiten, dennoch sind tief verwurzelte Gefühle am Ende vielleicht wichtiger. Was die Bürger zweier Länder füreinander empfinden, beeinflußt den kulturellen Austausch, die Geschäftsverbindungen, die internationalen freundschaftlichen Beziehungen, den Stil von Fernsehdokumentationen und die Einstellung der gewählten Vertreter. Auch wenn sie schwer vorauszusagen sind, so liegen diese Mechanismen doch klar auf der Hand. Wir brauchen uns nicht auf außersinnliche Kommunikation zu berufen oder auf andere übernatürliche Phänomene, wie gewisse Friedensverfechter zu tun pflegen. Diese Menschen behaupten, daß schon der *Wunsch* nach Frieden, wenn er denn bei genügend Leuten vorhanden ist, die Macht besitzt, die Welt zu verändern. Diesem Glauben frönt Ken Keyes' Bestseller *The Hundredth Monkey*, ein Werk, das ich erwähnen muß, da es auf einer unrichtigen Interpretation primatologischer Daten basiert.

Das Buch bezieht sich auf die bahnbrechenden Untersuchungen von Kinji Imanishi, Masao Kawai und anderen über den kulturellen Transfer bei Primaten. Wenn »Kultur« als »Verbreitung neuer Gewohnheiten durch Imitation und Lernen« definiert wird, so ist sie vielleicht unter Tieren recht häufig. Das Kartoffelwaschen bei japanischen Makaken war das erste bekannte Beispiel. Ein junges Weibchen namens Imo entdeckte eine Methode, Süßkartoffeln zu waschen, bevor sie sie aß. Sie wusch einfach im Meer den Sand ab. Imos Altersgenossen und die Verwandtschaft folgten ihrem Beispiel, und das Verhalten breitete sich in der Affengrupe aus. Jeder Schritt in dem Prozeß wurde von Feldforschern festgehalten.

Lyall Watson las diese detaillierten Berichte und schrieb 1979 ein paar Seiten, die »das Phänomen der hundert Affen« behandelten, die dann wiederum von Keyes gelesen wurden, der ein Buch daraus machte, das dann anderen für einen Film als Vorlage diente und so weiter. Der Geschichte wurde ein seltsamer zweiter Teil angehängt. Er besagt: Wenn erst einmal eine bestimmte Anzahl von Affen eine neue Verhaltensweise erlernt hat, so wird durch die Hinzufügung eines einzigen Individuums eine Masse von, sagen wir, einhundert Affen erreicht. Dann, so wird uns erzählt, passiert es! Von diesem Moment an breitete sich die Verhaltensweise bei anderen Populationen aus, sogar bei Affen auf anderen Inseln! Keyes' Schluß: »Wenn daher eine gewisse kritische Zahl in das Bewußtsein eindringt, dann kann dieses neue Bewußtsein von Geist zu Geist weitervermittelt werden.« Der Rest seines Buches verteidigt das kollektive Bewußtsein von der Notwendigkeit einer kernwaffenfreien Welt. Die Idee ist, daß jede Person, die sich in dieses Bewußtsein einschaltet, diejenige sein kann, die einen Quantensprung in der öffentlichen Meinung auslöst.

Ich habe nichts gegen den Gebrauch von Phantasie, um eine Botschaft zu überbringen, aber dann sollte jene Botschaft nicht als wissenschaftlich abgesicherte Wahrheit präsentiert werden. Es gibt überhaupt keinen Beweis für den zweiten Teil der Affenstory (selbst der erste Teil ist kürzlich ins Kreuzfeuer geraten). Lebensgewohnheiten springen nicht über natürliche Grenzen. Die japanischen Forscher haben immer nur den reibungslosen Verlauf betont; ein Durchbruch ins Bewußtsein wurde nie beobachtet. Ron Amundson schließt nach sorgfältiger Durchsicht der verfügbaren Daten, daß »Watsons Beschreibung des Ereignisses *›bis ins einzelne‹* gerade durch die Quellen widerlegt wird, die er zitiert, um ihm Gültigkeit zu verschaffen« (Kursivschrift im Original). Er klagt Watson und andere der Pseudowissenschaftlichkeit an.

Da wir mit der Mystifizierung von Frieden durch einige Gruppen und der Glorifizierung von Gewalt durch andere konfrontiert werden, müssen wir unbedingt einen kühlen Kopf bewahren. Nichts läßt sich durch Friedensmärsche oder endlose Abrüstungsverhandlungen gewinnen, wenn zwischen den Weltmächten keine gemeinsamen Interessen existieren oder wenn sie sich stur weigern, eben diese Interessen zu entwickeln. 1987 betraten wir eine Ära des Optimismus, als Ronald Reagan und Michail Gorbatschow ihren historischen Vertrag zur Eliminierung der Mittelstreckenraketen unterzeichneten. Und es ist die Rede von weiteren drastischen Verringerungen in der Zukunft. Doch ohne eine Verbesserung der Beziehungen könnte atomare Abrüstung sehr beunruhigend wirken. Einige Militärexperten sehen einen Aufbau konventioneller Waffen und Truppen in Westeuropa voraus, um die sowjetische Überlegenheit in dieser Gegend auszugleichen. Angesichts einer öffentlichen Meinung, die sich fast ausschließlich auf die schrecklichen Gefahren nuklearer Waffen konzentriert, sollten wir nicht vergessen, daß der Wert von Rüstungsverträgen begrenzt ist. Da die beiden Supermächte ihre Armeen in alle Winkel der Welt schicken, um zu verhindern, daß der jeweils andere die Kontrolle gewinnt, ist es einleuchtend, daß internationale Spannungen in erster Linie durch gegenseitiges Mißtrauen und kollidierende Interessen verursacht werden. Waffen sind nur die Symptome der Krankheit.

Die Bilder vom Washingtoner Gipfel – von der persönlichen Übereinstimmung und den Scherzen zwischen den beiden Führern, von Gorbatschows Händeschütteln mit den Menschen auf der Straße, von einem nicht vorgesehenen Besuch des Pentagons durch den obersten Sowjetführer – fördern den Eindruck von einem fundamentalen Wandel im Klima zwischen den beiden Supermächten. Entscheidend ist, daß diese neue Entspannung auch zu einem erweiterten ökonomischen und kulturellen Austausch führt. Wenn meine Untersuchungen an Affen und Menschenaffen irgendeine Lehre für die Allgemeinheit enthalten, dann die, daß Individuen, die einander aus diesem oder jenem Grund brauchen, sich weniger wahrscheinlich bekämpfen werden; und wenn sie doch kämpfen, ist es wahrscheinlicher, daß sie sich anschließend versöhnen werden. Wenn andererseits eine gesunde Basis für die Beziehung fehlt, dann werden, so bin ich überzeugt, beide Seiten ohne Rücksicht auf Zahl und Zustand ihrer Waffen kämpfen. Der deutsche Bundespräsident Richard von Weizsäcker äußerte einmal eine ähnliche Meinung über die Ost-West-Beziehungen: »Die Erfahrung lehrt, daß nicht die Abrüstung den Weg zum Frieden weist, sondern daß vielmehr friedliche Beziehungen das Tor zur Abrüstung öffnen. Frieden ist die Folge tatsächlich praktizierter Kooperation.«

Differenzen werden am ehesten dann überwunden, wenn es einen gemeinsamen Feind gibt. Es gibt zahllose Beispiele für diesen Mechanismus bei Primaten, ja, manchmal werden Feinde sogar eigens dafür geschaffen. Nach einem massiven Konflikt in der Arnheim-Schimpansen-Kolonie, als die Teilnehmer noch nach Luft japsten, begann einer von ihnen, aggressive Schreie in

Richtung auf das Gepardengehege auszustoßen. Andere schlossen sich an; das Ergebnis war ein lärmender, für die Nachbarn sehr empört klingender Chor von Drohungen. Normalerweise schenkten die Menschenaffen den Geparden keinerlei Aufmerksamkeit, und dieses Mal waren die Katzen nicht einmal zu sehen, da sie in die entlegene Ecke ihres weiträumigen Parks gezogen waren. Nach dieser Spannungsentladung kam es zu mehreren Versöhnungen unter den Schimpansen.

In einer ähnlichen Situation sah ich Javaneraffen zu ihrem Schwimmbecken rennen, um ihren eigenen Spiegelbildern im Wasser zu drohen; ein Dutzend erregter Affen verbündete sich gegen die »andere« Gruppe im Becken. Das Bedürfnis nach einem gemeinsamen Feind kann so groß werden, daß ein Ersatz fabriziert wird. Wenn eine solche Erfindung nicht notwendig ist, weil ein geeignetes Ziel vorhanden ist, können innere Spannungen auch die Beziehungen nach außen anheizen. Nach Hans Kummer beginnen Kämpfe zwischen verschiedenen Banden freilebender Mantelpaviane oftmals dann, wenn Angehörige einer Bande einen Streit unter sich »schlichten«, indem sie gemeinsam den Mitgliedern einer anderen Bande drohen.

Als Christian Welker eine Zuchtkolonie von Kapuzineraffen in Gefangenschaft aufzubauen versuchte, sah er sich ernsten Problemen gegenüber, die vor ihm auch schon andere hatten. Nachdem er nach der Methode »Versuch und Irrtum« Affen sukzessive eingeschleust hatte, entdeckte er, daß Kapuzineraffen sich selbst in Teilgruppen organisieren und daß eine friedliche Koexistenz von den Teilgruppen ein ausbalanciertes Verhältnis verlangt. Wenn eine Teilgruppe keine Angst vor der anderen hat, bricht ein heftiger Kampf aus – nicht nur zwischen den Teilgruppen, sondern besonders innerhalb der überlegeneren Teilgruppe. Offensichtlich flackern alte Rivalitäten zwischen Mitgliedern der Teilgruppe auf, sobald diese Individuen die Oberhand in der Kolonie gewonnen haben. Wenn das Gleichgewicht wiederhergestellt wurde, entweder durch Hinzufügen von Tieren in die schwächere Teilgruppe oder durch Herausnahme von Tieren aus der stärkeren, werden die freundschaftlichen Kontakte sowohl innerhalb als auch zwischen den Teilgruppen wieder aufgenommen. Welker spricht von der »Fähigkeit der Kapuzineraffen, Feindseligkeiten zu unterdrücken, und ihrer Unfähigkeit, sie zu vergessen«.

Geschieht hier nicht genau dasselbe wie auf internationaler Ebene? Die westlichen Verbündeten geben sich meistens als Freunde, doch als der amerikanische Präsident 1985 den deutschen Soldatenfriedhof Bitburg besuchte, um alte Wunden zu heilen, meinten einige, er habe sie nur wieder aufgerissen. Auch der Aufschrei bei der Wahl des österreichischen Präsidenten Kurt Waldheim, wegen seiner Nazivergangenheit angeklagt, zeigt, daß die Geschichte keineswegs vergessen ist. In der Welt von heute haben viele ehemalige Feinde ihre Meinungsverschiedenheiten aus Gründen der nationalen Sicherheit überwunden; es ergaben sich zwei Blöcke von »Freunden«, die nur so lange verbunden bleiben werden, wie der jeweils andere Block Stärke zeigt.

Das große Rätsel ist allerdings, wie diese Blöcke versöhnt werden können, wenn doch ein gemeinsamer Feind fehlt. Vielleicht nimmt die Bedrohung durch einen Atomkrieg den Platz eines fremden Eindringlings ein, der sonst dafür hätte herhalten müssen. Wenn die Aussicht auf einen nicht zu gewinnenden Krieg die Menschheit nicht zur Vernunft bringt, was dann? Die Fähigkeit, die Folgen unserer Taten vorherzusehen, half uns, unzählige Kriege zu planen; vielleicht hilft sie uns jetzt, eine Zukunft ohne Kriege zu planen. Der Prozeß würde sicherlich durch die Entwicklung gemeinsamer Projekte stimuliert werden, wie z.B. den Vorschlag, das gigantische Unternehmen einer gemeinsamen amerikanisch-sowjetischen Reise zum Mars zu organisieren. Carl Sagan meinte dazu, das wäre ein geeignetes Symbol im Namen der Menschheit: »Wir sollten nicht dem Kriegsgott huldigen, sondern dem Planeten, der nach ihm benannt wurde.«

Für eine sichere, friedliche Welt wird viel, viel mehr als Abrüstung nötig sein. Wir müssen unsere Kinder neue Ziele lehren, andere Fertigkeiten und globale Verantwortlichkeit. Sie müssen lernen, daß die Fahne ihres Landes nicht mehr ist als ein Symbol der besonderen kulturellen Gruppe, der sie angehören; sie steht nicht für Überlegenheit, noch sollten sie ihr aus anderen niederen Beweggründen hinterherlaufen. Sie sollten auch lernen, daß Gewinnen und Siegen nur eine Form der Konfliktlösung ist; Kompromiß ist ein anderer, nicht weniger ehrenvoller Weg. Ich glaube, daß solche Dinge gelehrt werden können, ja, daß die menschliche Spezies alle Mechanismen für eine Umwandlung von Konfrontation in Verhandlung bereithält.

Schluß

Die Botschaft dieses Buches steht nicht im Einklang mit der Meinung einiger Biologen, die einseitig die aggressive Natur unserer Spezies und den gnadenlosen Kampf innerhalb des Tierreichs hervorgehoben haben. Seit Darwin standen die Folgen von Konkurrenz im Brennpunkt der biologischen Betrachtungsweise: Wer gewinnt? Wer verliert? Soweit es soziallebende Tiere betrifft, ist das eine schreckliche Vereinfachung. Gegner machen mehr, als nur ihre Gewinnchancen abzuschätzen, ehe sie sich in einen Kampf stürzen; sie wägen auch ab, wie sehr sie ihren Gegner brauchen. Die umkämpfte Ressource ist es oftmals nicht wert, dafür eine wertvolle Beziehung aufs Spiel zu setzen. Und wenn Aggression doch vorkommt, so beeilen sich vielleicht beide Seiten, den entstandenen Schaden zu reprarieren. Ein Sieg ist unter von einander abhängigen Konkurrenten selten absolut, ob beim Tier oder beim Menschen.

Jean-Jacques Rousseau glaubte, daß im menschlichen Herzen nichts Böses Platz hat und alle Leiden der Menschheit mit der Zivilisation begannen. Aggression ist jedoch eine unter vielen menschlichen Verhaltenscharakteristika, die die Grenzen der Sprache, Kultur, Rassen, ja sogar der Spezies überschreitet: sie kann nicht völlig verstanden werden, ohne die biologische Komponente mitzuberücksichtigen. Dieses Buch hat, so hoffe ich, gezeigt, daß sich geeignete Gegenmaßnahmen gemeinsam mit aggressiven Verhaltensmustern entwickelten und daß Menschen wie andere Primaten diese Maßnahmen mit großer Geschicklichkeit zur Geltung bringen. Das Grundmodell ist, daß zwei feindliche Individuen oder Parteien wieder Freunde werden. Das klingt einfach genug, doch es handelt sich um einen der kompliziertesten Prozesse, die wir durchlaufen können.

Vergebung ist nicht, wie manche Leute anscheinend glauben, eine mystische und sublime Idee, die wir dem wenige Jahrtausende alten Juden- und Christentum verdanken. Sie entsprang nicht den Köpfen von Menschen und kann deshalb nicht von einer Ideologie oder einer Religion beansprucht werden. Die Tatsache, daß Affen, Menschenaffen und Menschen Verhaltensweisen der Versöhnung entwickelten, bedeutet, daß sie wahrscheinlich mehr als dreißig Millionen Jahre alt sind und da waren, bevor sich die stammesgeschichtlichen Wege dieser Primaten trennten. Die alternative Erklärung, daß dieses Verhalten unabhängig in jeder Spezies auftrat, ist höchst »unökonomisch«, weil sie ebensoviele Theorien erfordert, wie Spezies existieren. Wissenschaftler geben normalerweise unökonomische Erklärungen auf, es sei denn, es gibt schlagende Beweise gegen die elegantere universelle Theorie. Weil in diesem Fall kein derartiger Beweis existiert, muß Versöhnungsverhalten als ein Erbe betrachtet werden, das wir mit den Primaten teilen. Unsere Spezies hat viele Gesten der Versöhnung und Kontaktmuster mit den Menschenaffen (das Handausstrecken, Lächeln, Küssen, Umarmen usw.) gemeinsam. Sprache und Kultur fügen den Friedensstrategien der Menschen lediglich graduelle Verfeinerungen und Variationen hinzu.

Dieses Wissen löst das Problem der Gewalt in unseren Gesellschaften nicht, aber ich hoffe sehr, daß es einen Wechsel der Perspektive mit sich bringen wird. Anstatt in der Versöhnung einen Triumph der Vernunft über den Instinkt zu sehen, müssen wir anfangen, die Wurzeln und die Universalität der betreffenden psychischen Mechanismen zu untersuchen. Es ist Zeit für die Wissenschaft, die Bühne zu betreten. Ein rationaler Ansatz sollte den Platz der Mystik einnehmen, die heutzutage das Thema Frieden umgibt. Wir dürfen uns nicht der Illusion hingeben, daß aggressive Neigungen uns jemals verlassen werden, doch sollten wir ebensowenig unser Erbe an Versöhnungsbereitschaft vernachlässigen. Wenn wir den Akzent von dem einen zum anderen verschieben, überschreiten wir keineswegs die Grenzen der menschlichen Natur. Wir würden nur von dem Gebrauch machen, was wir haben, und das tun, was wir am besten können – uns in unserem eigenen Interesse an neue Umstände anpassen.

Dank

Nach Abschluß meiner Doktorarbeit im Jahre 1975 begann ich unter der Schirmherrschaft der Universität Utrecht eine Studie an der einzigartigen Schimpansen-Kolonie des Arnheim-Zoos in den Niederlanden. Ich bin Jan van Hooff, Professor für Ethologie, der mir mit Rat und Tat zur Seite stand und mit dem ich jede neue Beobachtung diskutierte, zutiefst dankbar. Ich beaufsichtigte durchschnittlich vier graduierte Studenten pro Jahr und hatte insgesamt 23 Mitarbeiter. Besonderer Dank gebührt den Studenten, die mir dabei halfen, die dramatischen Ereignisse des Jahres 1980 zu dokumentieren – Fred van Eeuwijk, Tine Griede, Marion van de Klashorst und Gerard Willemsen –, und den Tierpflegern – Jacky Hommes, Loes Offermans und Monika ten Tuynte. Ich bin dem Arnheim-Zoo und seinem Direktor, Anton van Hooff, der mir die Arbeit mit der dortigen Schimpansen-Kolonie ermöglichte, tief verpflichtet. Die Tatsache, daß Jan und Anton van Hooff Brüder sind, vereinfachte zweifellos die Zusammenarbeit zwischen Zoo und Universität. Meine Untersuchung wurde durch den Forschungsfonds der Universität Utrecht und die Holländische Organisation zur Förderung von Grundlagenforschung finanziell unterstützt.

Eines Tages, im Herbst 1981, hieß mich Robert Goy, der Direktor des Wisconsin Regional Primate Research Center der Universität von Wisconsin am Flughafen von Madison zu einem Aufenthalt willkommen, der für ein Jahr geplant war. Ich bin ihm für die verständnisvolle Unterstützung meiner Arbeit und für die herzliche Gastfreundschaft, die mir von ihm und seiner Frau Barbara erwiesen wurde, außerordentlich dankbar. Heute, sieben Jahre später, arbeite ich noch immer am Center, das mir eine Mitarbeiterposition angeboten hat, um das Verhalten von in Gruppen lebenden Affen zu studieren. Meine Assistentin, Lesleigh Luttrell, wurde mir dank ihrer Tüchtigkeit, Zuverlässigkeit und ihres Engagements für unsere wissenschaftlichen Studiensubjekte unentbehrlich. Sie beobachtet die Affen tagsüber, hat die Computeraufnahmen unter ihrer Obhut und teilt mit mir die Freude daran, das ereignisreiche Leben von über einhundert Individuen zu verfolgen und zu diskutieren, ganz so, als gehörten sie zur Familie. Unser Forschungsteam schloß zeitweise auch Kim Bauers, Maureen Libet, Katharine Offutt, RenMei Ren und Deborah Yoshihara ein, und ich bin ihnen für ihren Beitrag und ihre Begeisterung sehr dankbar.

Es ist ein unschätzbarer Vorteil, am Center über eine fotografische Abteilung zu verfügen. Bob Dodsworth entwickelte meine Filme und erledigte die Dunkelkammerarbeit für die Fotos in diesem Buch mit der ihm eigenen hohen Professionalität. Mary Schatz und Jackie Kinney schrieben freundlicherweise das Manuskript und seine nie endenden Überarbeitungen; ich danke ihnen für diese und zahlreiche andere Büroarbeiten. Schließlich stehe ich noch in der Schuld des Bibliothekspersonals, des Tierpflege- und Tiermedizinischen Stabes, der Computerprogrammierer und anderer Angestellten des Centers, auf deren ausgezeichnete Leistungen Wissenschaftler angewiesen sind. Meine Forschungen in Madison sind von der National Science Foundation und durch eine Spende des National Institute of Health an das Wisconsin Primate Center finanziell unterstützt worden.

1983 reiste ich nach Kalifornien, um der Welt größte Gruppe in Gefangenschaft lebender Bonobos zu beobachten. Ich danke der San Diego Zoological Society, daß sie mir die Durchführung dieser Untersuchung ermöglichte, und ebenso der National Geographic Society für ihre Unterstützung. Ich danke ebenfalls meinen Kollegen in San Diego für ihre Zusammenarbeit, besonders Diane Brockman und Kurt Benirschke. Das Tierpflegeteam brachte mir jede Hilfe entgegen, die ich mir nur wünschen konnte, und ihre Freundschaft gestaltete meinen Aufenthalt außergewöhnlich angenehm: Gale Foland, Mike Hammond, Fernando Covarrubias und Joe Kalla. Zurück in Madison half mir Katherine Offutt bei der Datenverarbeitung.

Für einzigartige Fotomöglichkeiten sorgten Stephen Suomi und Peggy O'Neill, die eine Freiland-Gruppe von Rhesusaffen auf dem Lande in Wisconsin hielten, und Ronald Noe, der mich bei den Anubispavianen des Uaso Ngiro Baboon Project in der Nähe von Gilgil in Kenia einführte. Kürzlich arbeitete ich wieder mit Schimpansen an einer Untersuchung über das Verhalten beim Nahrungsteilen auf der Feldstation des Yerkes Regional Primate Research Center der Emory University, Atlanta, Georgia. Mehrere Fotos und Anekdoten aus dieser Zeit sind in diesem Buch enthalten, obgleich die Datenanalyse noch im Gange ist. Die Untersuchung wurde durch die Harry Frank Guggenheim Foundation und durch eine Spende des National Institute of Health an das Yerkes Primate Center möglich gemacht.

Ich habe alle Fotos in diesem Buch mit einer halbautomatischen Minolta und einer Nikon-Ausrüstung aufgenommen – meistens auf Kodak Tri-X pan film, belichtet auf 800 ASA und mit Objektiven von 50 bis 400 mm Brennweite. Die einzige Ausnahme ist das Foto auf Seite 183, das eine Reproduktion aus dem Buch von A. Portielje und S. Abramsz, *Het Artisboek* (Zutphen 1922, Seite 125) ist; die freundliche Genehmigung erteilte die Royal Zoological Society, *Natura Artis Magistra*, Amsterdam.

Das Buch hat größten Nutzen aus dem Input vieler Menschen gezogen. Jahrelang musterte meine Mutter holländische Zeitungen auf das Wort »verzoening« (Versöhnung) durch; ich verdanke ihr sehr viele menschliche Anekdoten. Ich habe persönliche Mitteilungen von Otto Adang, Curt Busse, Ivan Chase, Verena Dasser, Jeffrey Dreyfuss, Wulf Schievenhövel, Fred Strayer, Andres Trevino und Christian Welker verwandt. Barbara Smuts danke ich für die sorgfältige Lektüre des Manuskripts und ihre vielen einsichtigen Überlegungen. David Goldfoot, Jane Hill und Lesleigh Luttrell kommentierten das Manuskript aus sehr verschiedener Sicht. Ich danke auch Vivian Wheeler von der Harvard University Press für ihre ausgezeichnete Arbeit bei der Redaktion des Textes.

Die letzte oder vielmehr die erste kritische Leserin war meine Frau, Catherine Marin. Schnell gelangweilt von wissenschaftlicher Fachsprache, jedoch amüsiert von meinen Primatengeschichten, verhalfen mir ihre Kommentare zum jeweiligen Tagesergebnis meiner Arbeit dazu, den erzählerischen Stil dieses Buches zu finden. Ich kann mir ein Leben ohne unsere gegenseitige Liebe und Hilfe nicht vorstellen.

Literaturverzeichnis

Altmann, S., 1981, Dominance relationships: the Cheshire cat's grin? *Behav. Brain Sci.* 4, 430–431.

Amundson, R., 1985, The hundredth monkey phenomenon. *Sceptical Enquirer* 9, 348–356.

Aronson, E., 1976, *The Social Animal*, San Francisco.

Artaud, Y., and M. Bertrand, 1984, Unusual manipulatory activity and tool-use in a crab-eating macaque. In: M. Roonwal et al., eds., *Current Primate Researches*. Jodhpur.

van den Audenaerde, D., 1984, The Tervuren Museum and the pygmy chimpanzee. In: R. Susman, ed., *The Pygmy Chimpanzee*, S. 3–11, New York.

Bachmann, C., and H. Kummer, 1980, Male assessment of female choice in hamadryas baboons. *Behav. Ecol. Sociobiol.* 6, 315–321.

Badrian, A., 1984, The bonobo branch of the family tree. *Anim. Kingdom* 87, 39–45.

Badrian, A., and N. Badrian, 1984, Social organization of *Pan paniscus* in the Lomako Forest, Zaire. In: R. Susman, ed., *The Pygmy Chimpanzee*, S. 325–346, New York.

Bahn, C., 1980, Hostage taking – the takers, the taken, and the context: discussion. *Ann. NY Acad. Sci.* 347, 151–156.

Bandura, A., D. Ross, and S. Ross, 1961, Transmission of aggression through imitation of aggressive models. *J. Abn. Soc. Psychol.* 63, 575–582.

Barash, D., 1977, *Sociobiology and Behavior*, New York.

Bauman, J., 1926, Observations on the strength of the chimpanzee and its implications. *J. Mammal.* 7, 1–9.

Beck, B., 1982, Chimpocentrism: bias in cognitive ethology. *J. Human Evol.* 11, 3–17.

Becker, C., 1983, Sozialspiel in einer gemischten Gruppe Orang-Utans und Bonobos, sowie Spielverhalten aller Orang-Utans im Kölner Zoo, *Z. Kölner Zoo* 26, 59–69.

Bernstein, I., L. Williams, and M. Ramsay, 1983, The expression of aggression in Old World monkeys. *Int. J. Primatol.* 4, 113–125.

Bertrand, M., 1969, *The Behavioral Repertoire of the Stumptail Macaque*. Bibliotheca Primatologica, vol. 11, Basel.

Bleier, R., 1984, *Science and Gender*, New York.

Bohannan, P., 1983, Some bases of aggression and their relationship to law. In: M. Gruter and P. Bohannan, eds., *Law, Biology and Culture*, S. 147–158, Santa Barbara, Calif.

Bolk, L., 1926, *Das Problem der Menschwerdung*, Jena.

Bond, J., and W. Vinacke, 1961, Coalitions in mixed-sex triads. *Sociometry* 24, 61–75.

van Bree, P., 1963, On a specimen of *Pan paniscus*, Schwarz 1929, which lived in the Amsterdam Zoo from 1911 till 1916. *Zool. Garten* 27, 292–295.

Brehm, A., 1916, *Brehms Tierleben: Allgemeine Kunde des Tierreichs*, Bd. 13, Leipzig.

Bygott, J.D., 1974, Agonistic behavior and dominance in wild chimpanzees. Ph. diss., Cambridge University.

Campbell, S., 1980, Kakowet. *Zoonooz* 53, 6–11.
Caplow, T., 1968, *Two against One: Coalitions in Triads*, Englewood Cliffs, N.J.
Chagnon, N., 1968, *Yanomamö: The Fierce People*, New York.
Chance, M., 1967, Attention structure as the basis of primate rank orders. *Man* 2, 503–518.
Cheney, D., and R. Seyfarth, 1986, The recognition of social alliances by vervet monkeys. *Anim. Behav.* 34, 1722–31.
Coe, C., and L. Rosenblum, 1984, Male dominance in the bonnet macaque: a malleable relationship. In: P. Barchas and S. Mendoza, eds., *Social Cohesion*, S. 31–63, Westport, Conn.
Coolidge, H., 1933, *Pan paniscus:* pygmy chimpanzee from south of the Congo River. *Am. J. Phys. Anthrop.* 18, 1–57.
–, 1984, Historical remarks bearing on the discovery of *Pan paniscus*. In: R. Susman, ed., *The Pygmy Chimpanzee*, S. ix–xiii, New York.
Cruise O'Brien, C., 1984, Religions, cultures and conflict. In: P. Dorner, ed., *World without War*. Madison: Office of International Studies and Programs, University of Wisconsin.
Cummings, E. M., C. Zahn-Waxler, and M. Radke-Yarrow, 1981, Young children's responses to expressions of anger and affection by others in the family. *Child Development* 52, 1274–82.
Curie-Cohen, M., et al., 1983, The effects of dominance on mating behavior and paternity in a captive group of rhesus monkeys. *Am. J. Primatol.* 5, 127–138.
Dahl, J., 1985, The external genitalia of female pygmy chimpanzees. *Anat. Rec.* 211, 24–48.
–, 1986, Cyclic perineal swelling during the intermenstrual intervals of captive female pygmy chimpanzees. *J. Human Evol.* 15, 369–385.
Darwin, C., 1859, *The Origin of Species*, London.
Dasser, V., 1988, A social concept in Java-monkeys. *Anim. Behav.* 36, 225–230.
Dawkins, R., 1976, *The Selfish Gene*, New York.
Diamond, J., 1984, DNA map of the human lineage. *Nature* 310, 544.
Dittus, W., 1979, The evolution of behaviors regulating density and age-specific sex ratios in a primate population. *Behaviour* 69, 265–302.
Eckholm, E., 1985, Pygmy chimp readily learns language skills. *New York Times*, Juni 25.
Eibl-Eibesfeldt, I., 1971, Liebe und Haß, München.
–, 1985, *Der vorprogrammierte Mensch*, München.
–, 1977, Patterns of greeting in New Guinea. In: S. Wurm, ed., *Language, Culture, Society, and the Modern World*. Canberra.
–, 1980, Strategies of social interaction. In: R. Plutchnik and H. Kellerman, eds., *Theories of Emotion*, New York.
Ekman, P., 1982, *Emotion in the Human Face*, Cambridge.
Elton, R., 1979, Baboon behavior under crowded conditions. In: J. Erwin, T. Maple, and G. Mitchell, eds., *Captivity and Behavior*, S. 125–138, New York.
Erwin, J., 1979, Aggression in captive macaques: interaction of social and spatial factors. In: J. Erwin, T. Maple, and G. Mitchell, eds., *Captivity and Behavior*, S. 139–171, New York.
Ettlinger, G., 1984, Comment. In: R. Harré and V. Reynolds, eds., *The Meaning of Primate Signals*, S. 109–110, Cambridge.
Fallaci, O., 1976, *Interview with History*, Boston.
Fedigan, L., 1983, Dominance and reproductive success in primates. *Yearb. Phys. Anthrop.* 26, 91–129.

Fisher, H., 1983, *The Sex Contract: The Evolution of Human Behavior,* New York.
Fooden, J., et al., 1985, The stumptail macaques of China. *Am. J. Primatol.* 8, 11–30.
Ford, C., and F. Beach, 1951, *Patterns of Sexual Behavior,* New York.
Fossey, D., 1989, *Gorillas im Nebel*, München.
Fox, M., 1982, Are most animals »mindless automatons«? A reply to Gordon G. Gallup, *Jr. Am. J. Primatol.* 3, 341–343.
Freeman, D., 1983, *Margaret Mead and Samoa*, Cambridge, Mass.
French, M., 1985, *Beyond Power,* New York.
von Frisch, K., 1923, Über die »Sprache« der Bienen. *Zool. Jahrb. Abt. allg. Zool. Physiol. Tiere* 40, 1–186.
Gallup, G., 1982, Self-awareness and the emergence of mind in primates. *Am. J. Primatol.* 2, 237–248.
Gerard, H., and G. Mathewson, 1966, The effects of severity of initiation on liking for a group: a replication. *J. Exp. Soc. Psychol.* 2, 278–287.
Ginsburg, H., 1980, Playground as laboratory: naturalistic studies of appeasement, altruism and the Omega child. In: D. Omark, F. Strayer, and D. Freedman, eds., *Dominance Relations*, S. 341–357, New York.
Goldfoot, D., et al., 1980, Behavioral and physiological evidence of sexual climax in the female stump-tailed macaque. *Science* 208, 1477–79.
Golding, W., 1954, *Lord of the Flies*, New York.
Goldstein, J., 1986, *Aggression and Crimes of Violence*, New York.
Goodall, J., 1971, *In the Shadow of Man*, London.
–, 1983, Population dynamics during a 15-year period in one community of free-living chimpanzees in the Gombe National Park, Tanzania. *Z. Tierpsychol.* 61, 1–60.
–, 1986, Social rejection, exclusion and shunning among the Gombe chimpanzees. *Ethol. Sociobiol.* 7, 227–236.
–, 1991, Wilde Schimpansen. Verhaltensforschung am Gombe-Strom, Reinbek b. Hamburg.
Goodall, J., et al., 1979, Intercommunity interactions in the chimpanzee population of the Gombe National Park. In: D. Hamburg and E. McCown, eds. *The Great Apes,* S. 13–53, Menlo Park, Calif.
Gould, S., 1977, *Ontogeny and Phylogeny,* Cambridge, Mass.
Gribbin, J., and J. Cherfas, 1982, *The Monkey Puzzle*, New York.
Griede, T., 1981, Invloed op verzoening bij chimpansees. Research report, University of Utrecht.
Hahn, E., 1982, Annals of zoology; a moody giant. *New Yorker,* August.
Halperin, S., 1979, Temporary association patterns in free-ranging chimpanzees. In: D. Hamburg and E. McCown, eds., *The Great Apes*, S. 491–499. Menlo Park, Calif.
Hand, J., 1986, Resolution of social conflicts: dominance, egalitarianism, spheres of dominance, and game theory. *Q. Rev. Biol.* 61, 201–220.
Hardy, A., 1960, Was man more aquatic in the past? *New Scientist* 7, 642–645.
Harlow, H., and M. Harlow, 1965, The affectional systems. In: A. Schrier, H. Harlow, and F. Stollnitz, eds., *Behavior of Nonhuman Primates*, vol. 2, S. 287–334, New York.
Harlow, H., and C. Mears, 1979, *The Human Model*, New York.
Herschberger, R., 1948, *Adam's Rib*, New York.

Heublein, E., 1977, Kakowet's family. *Zoonooz* 50, 4–10.
Heuvelmans, B., 1980, *Les bêtes humaines d'Afrique*, Paris.
Hibbert, C., 1965, *The Rise and Fall of Il Duce*, London.
van Hooff, J., 1972, A comparative approach to the phylogeny of laughter and smiling. In: R. Hinde, ed., *Non-verbal Communication*, S. 209–241, Cambridge.
Horn, A., 1976, A preliminary report on the ecology and behavior of the bonobo chimpanzee, and a reconsideration of the evolution of the chimpanzee. Ph. D. diss., Yale University.
Hrdy, S., 1981, *The Woman That Never Evolved*, Cambridge, Mass.
Huizinga, J., 1987 (1950), *Homo ludens*, Reinbek bei Hamburg.
Huxley, T.H., 1888, Struggle for existence and its bearing upon man. *Nineteenth Century*, Februar.
Imanishi, K., 1965 (1957), Identification: a process of socialization in the subhuman society of *Macaca fuscata. Primates* 1, 1–29. In: K. Imanishi and S. Altmann, eds., *Japanese Monkeys*. Atlanta: Emory University.
Itani, J., and A. Mishimura, 1973, The study of infrahuman culture in Japan: a review. In: E. Menzel, ed., *Precultural Primate Behavior*, S. 26–50, Basel.
Jordan, C., 1977, Das Verhalten zoolebender Zwergschimpansen. Ph. Diss., Goethe-Universität, Frankfurt/M.
Jungers, W., and R. Susman, 1984, Body size and skeletal allometry in African apes. In: R. Susman, ed., *The Pygmy Chimpanzee*, S. 131–177, New York.
Kano, T., 1979, A pilot study on the ecology of pygmy chimpanzees. In: D. Hamburg and E. McCown, eds., *The Great Apes*, S. 123–135, Menlo Park, Calif.
–, 1984, Distribution of pygmy chimpanzees in the Central Zaire Basin. *Folia Primatol.* 43, 36–52.
–, 1984, Observations of physical abnormalities among the wild bonobos of Wamba, Zaire. *Am. J. Phys. Anthrop.* 63, 1–11.
Kano, T., and M. Mulavwa, 1984, Feeding ecology of the pygmy chimpanzees of Wamba. In: R. Susman, ed., *The Pygmy Chimpanzee*, S. 233–274, New York.
Kaplan, J., 1978, Fight interference and altruism in rhesus monkeys. *Am. J. Phys. Anthrop.* 49, 241–250.
Kaufman, I., 1974, Mother/infant relations in monkeys and humans: a reply to Professor Hinde. In: N. White, ed., *Ethology and Psychiatry*, S. 47–68, Toronto.
Kawai, M., 1965 (1958), On the system of social ranks in a natural troop of Japanese monkeys. *Primates* 1, 111–148. In: K. Imanishi and S. Altmann, eds., *Japanese Monkeys*, Atlanta: Emory University,
–, 1965, On the newly acquired pre-cultural behavior of the natural troop of Japanese monkeys on Koshima Islet. *Primates* 6, 1–30.
Kawamura, S., 1965 (1958), Matriarchal social ranks in the Minoo-B troop: a study of the rank system of Japanese monkeys. *Primates* 1, 148–156. In: K. Imanishi and S. Altmann, eds., *Japanese Monkeys*, Atlanta: Emory University.
Kawanaka, K., 1984, Association, ranging, and the social unit in chimpanzees of the Mahale Mountains, Tanzania. *Int. J. Primatol.* 5, 411–432.
Kellogg, W., and L. Kellogg, 1933, *The Ape and the Child*, New York.
Keyes, K., 1982, *The Hundredth Monkey*, Coos Bay, Oreg.

King, M., and A. Wilson, 1975, Evolution at two levels in humans and chimpanzees. *Science* 188, 107–116.
Kling, A., and J. Orbach, 1963, The stump-tailed macaque: a promising laboratory primate. *Science* 139, 45–46.
Köhler, W., 1925, *The Mentality of Apes*, New York.
Kornfeld, A., 1975, *In a Bluebird's Eye*, New York.
Kortlandt, A., 1976, Statements on pygmy chimpanzees. *Lab. Primate Newsletter* 15, 15–17.
Kummer, H., 1957, *Soziales Verhalten einer Mantelpavian-Gruppe*, Bern.
–, 1968, *Social Organization of Hamadryas Baboons*, Chicago.
–, 1984, From laboratory to desert and back: a social system of hamadryas baboons. *Anim. Behav.* 32, 965–971.
Kummer, H., W. Götz, and W. Angst, 1974, Triadic differentiation: an inhibitory process protecting pair bonds in baboons. *Behaviour* 49, 62–87.
Kuroda. S., 1984, Interaction over food among pygmy chimpanzees. In: R. Susman, ed., *The Pygmy Chimpanzee*, S. 301–324, New York.
Landtman, G., 1927, *The Kiwai Papuans of British New Guinea*, London.
Lefebvre, L., 1982, Food exchange strategies in an infant chimpanzee. *J. Human Evol.* 11, 195–204.
Lethmate, J., and Ducker, G., 1973, Untersuchungen zum Selbsterkennen im Spiegel bei Orang-Utans und einigen anderen Affenarten. *Z. Tierpsychol.* 33, 248–269.
Lindburg, D., 1971, The rhesus monkey in North India: an ecological and behavioral study. In: L. Rosenblum, ed., *Primate Behavior*, S. 2–106, New York.
Linnankoski, I., and L. Leinonen, 1985, Compatibility of male and femal sexual behaviour in *Macaca arctoides. Z. Tierpsychol.* 70, 115–122.
Lorenz, K., 1984, *Das sogenannte Böse. Zur Naturgeschichte der Aggression*, München.
–, 1978, *Vergleichende Verhaltensforschung*, Heidelberg-Wien.
Lovejoy, C. O., 1981, The origin of man. *Science* 211, 341–350.
Maccoby, E., and C. Jacklin, 1974, *The Psychology of Sex Differences*, Stanford.
MacKinnon, J., 1978, *The Ape within Us*, London.
Malinowski, B., 1922, *Argonauts of the Western Pacific*, London.
Mason, W., 1965, Determinants of social behavior in young chimpanzees. In: A. Schrier, H. Harlow, and F. Stollnitz, eds., *Behavior of Nonhuman Primates*, vol. 2, S. 335–364, New York.
Masserman, J., S. Wechkin, and W. Terris, 1964, »Altruistic« behavior in rhesus monkeys. *Am. J. Psychiatry* 121, 584–585.
Massey, A., 1977, Agonistic aids and kinship in a group of pigtail macaques. *Behav. Ecol. Sociobiol.* 2, 31–40.
Masters, W., and V. Johnson, 1966, *Human Sexual Response*, Boston.
Mayer, C., 1960, *Caste and Kinship in Central India*, London.
McGuire, M., M. Raleigh, and C. Johnson, 1983, Social dominance in adult male vervet monkeys: general considerations. *Soc. Sci. Information* 22, 89–123.
Mead, M., 1943 (1928), *Coming of Age in Samoa*, Harmondsworth.
Melnick, D., and K. Kidd, 1985, Genetic and evolutionary relationships among Asian macaques. *Int. J. Primatol.* 6, 123–160.
Milgram, S., 1982, Das Milgram-Experiment, Reinbek bei Hamburg.

Montagner, H., 1978, *L'enfant et la communication*, Paris.
Montagu, A., ed., 1968, *Man and Aggression*, London.
Morgan, E., 1982, *The Aquatic Ape*, New York.
Mori, A., 1984, An ethological study of pygmy chimpanzees in Wamba, Zaire: a comparison with chimpanzees. *Primates* 25, 255–278.
Morris, D., 1970, *Der nackte Affe*, München.
Morrow, L., 1984, I spoke as a brother: a pardon from the pontiff, a lesson in forgiveness for a troubled world. *Time*, Januar.
Myers, G., 1972 (1949), A monograph on the piranha. In: G. Myers, ed., *The Piranha Book*, Neptune City.
Nacci, P., and J. Tedeschi, 1976, Linking and power as factors affecting coalition choices in the triad. *Soc. Behav. Person.* 4, 27–31.
Napier, J., 1975, The talented primate. In: V. Goodall, ed., *The Quest for Man*, London.
Nieuwenhuijsen, K., 1985, Geslachtshormonen en gedrag bij de beermakaak. Ph. diss., Erasmus-Universität, Rotterdam.
Nieuwenhuijsen, K., and F. de Waal, 1982, Effects of spatial crowding on social behavior in a chimpanzee colony. *Zoo Biology* 1, 5–28.
Nishida, T., 1979, The social structure of chimpanzees in the Mahale Mountains. In: D. Hamburg and E. McCown, eds., *The Great Apes*, S. 73–121, Menlo Park, Calif.
–, 1983, Alpha status and agonistic alliance in wild chimpanzees. *Primates* 24, 318–336.
–, Forthcoming. Social structure and dynamics of chimpanzees: a review. In: P. Seth and S. Seth, eds., *Perspectives in Primate Biology.*
Nishida, T., et al., 1985, Group extinction and female transfer in wild chimpanzees in the Mahale National Park, Tanzania. *Z. Tierpsychol.* 67, 284–301.
Nissen, H., and M. Crawford, 1936, A preliminary study of foodsharing behavior in young chimpanzees. *J. Comp. Psychol.* 22, 383–419.
Nixon, R., 1983, *Real Peace: A Strategy for the West.* Privately published; zitiert: *Time*, 19. September 1983.
Noë, R., 1986, Lasting alliances among adult male savannah baboons. In: J. Else and P. Lee, eds., *Primate Ontogeny*, S. 381–392, Cambridge.
van Noordwijk, M., and C. van Schaik, 1985, Male migration and rank acquisition in wild long-tailed macaques. *Anim. Behav.* 33, 849–861.
–, 1987, Competition among female long-tailed macaques, *Macaca fascicularis. Anim. Behav.* 35, 577–589.
Offit, A., 1981, *Night Thoughts: Reflections of a Sex Therapist*, New York.
Packer, C., 1977, Reciprocal altruism in *Papio anubis. Nature* 265, 441–443.
–, 1979, Male dominance and reproductive activity in *Papio anubis. Anim. Behav.* 27, 37–45.
Patterson, T., 1973, The behavior of a group of captive pygmy chimpanzees. Master's thesis, University of Georgia.
Portielje, A., 1916, *Een Gids bij den Rondgang*, Amsterdam.
Premack, D., and A. Premack, 1983, *The Mind of an Ape*, New York.
Pugh, G., 1977, *The Biological Origin of Human Values*, New York.
Pusey, A., 1979, Intercommunity transfer of chimpanzees in Gombe National Park. In: D. Hamburg and E. McCown, eds., *The Great Apes*, S. 465–479, Menlo Park, Calif.

Reynolds, V., 1967, On the identity of the ape described by Tulp, 1641. *Folia Primatol.* 5, 80–87.

Rijksen, H., 1977, Sumatran orang utans. Ph. diss., Landbouwhogeschool, Wageningen.

Riss, D., and J. Goodall, 1977, The recent rise to the alpha-rank in a population of free-living chimpanzees. *Folia Primatol.* 27, 134–151.

Rubin, L., 1985, *Just Friends*, New York.

Sackin, S., and E. Thelen, 1984, An ethological study of peaceful associative outcomes to conflict in preschool children. *Child Development* 55, 1098–1102.

Sagan, C., 1977, *Dragons of Eden*, New York.

Sankan, S., 1971, *The Maasai*, Nairobi: Kenya Literature Bureau.

Savage-Rumbaugh, S., 1984, *Pan paniscus* and *Pan troglodytes:* contrasts in preverbal communicative competence. In: R. Susman, ed., *The Pygmy Chimpanzee*, S. 395–413, New York.

Savage-Rumbaugh, S., and B. Wilkerson, 1978, Socio-sexual behavior in *Pan paniscus* and *Pan troglodytes:* a comparative study. *J. Human Evol.* 7, 327–344.

Schenkel, R., 1967, Submission: its features and function in the wolf and dog. *Am. Zool.* 7, 319–323.

Schropp, R., 1985, Children's use of objects – competitive or interactive? Referat auf der 19. International Ethological Conference, Toulouse.

Schubert, G., 1986, Primate politics. *Soc. Sci. Information* 25, 647–680.

Schwarz, E., 1929, Das Vorkommen des Schimpansen auf dem linken Kongo-Ufer. *Rev. Zool. Bot. Afr.* 16, 425–426.

Scott, J., 1972 (1958), *Animal Behavior*, Chicago.

Seville statement on violence, 1986, Middletown, Conn., Wesleyan University.

Seyfarth, R., 1977, A model of social grooming among adult female monkeys. *J. Theor. Biol.* 65, 671–698.

Sibley, C., and Ahlquist, J., 1984, The phylogeny of the Hominoid primates, as indicated by DNA-DNA hybridization. *J. Mol. Evol.* 20, 2–15.

Simmel, G., 1970 (1917), *Grundfragen der Soziologie*, Berlin.

Skinner, B., 1971, *Beyond Freedom and Dignity*, New York.

Slob, K., et al., 1978, Heterosexual interactions in laboratoryhoused stumptail macaques (*Macaca arctoides*): observations during the menstrual cycle and after ovariectomy. *Horm. Behav.* 10, 193–211.

Smith, D., 1981, The association between rank and reproductive success of male rhesus monkeys. *Am. J. Primatol.* 1, 83–90.

Smuts, B., 1985, *Sex and Friendship in Baboons*, New York.

Southwick, C., 1980, Rhesus monkey populations in India and Nepal: patterns of growth, decline, and natural regulation. In: M. Cohen, ed., *Biosocial Mechanisms of Population Regulation,* S. 151–170, New Haven.

Southwick, C., M. Beg, and M. Siddiqi, 1965, Rhesus monkeys in North India. In: I. DeVore, ed., *Primate Behavior*, S. 111–159, New York.

Spykman, N., 1964, *The Social Theory of Georg Simmel*, New York.

Strayer, F., and J. Noel, 1986, The prosocial and antisocial functions of preschool aggression: an ethological study of triadic conflict among young children. In: C. Zahn-Waxler, E. Cummings, and R. Iannotti, eds., *Altruism and Aggression*, S. 107–131, Cambridge.

Strayer, F., and M. Trudel, 1984, Developmental changes in the nature and function of social dominance among young children. *Ethol. Sociobiol.* 5, 279–295.

Susman, R., 1984, The locomotor behavior of *Pan paniscus* in the Lomako Forest. In: R. Susman, ed., *The Pygmy Chimpanzee*, S. 369–391, New York.
Susman, R., and K. Kabonga, 1984, Update on the pygmy chimp in Zaire. *IUCN/SSC Primate Specialist Group Newsletter* 4, 34–36.
Susman, R., J. Stern, and W. Jungers, 1984, Arboreality and bipedality in the Hadar hominids. *Folia Primatol.* 43, 113–156.
Suzuki, A., 1971, Carnivority and cannibalism observed among forest-living chimpanzees. *J. Anthrop. Soc. Nippon* 74, 30–48.
Swanson, H., and R. Schuster, 1987, Cooperative social coordination and aggression in male laboratory rats: effects of housing and testosterone. *Hormones and Behav.* 21, 310–330.
Symons, D., 1978, The question of function: dominance and play. In: E. Smith, ed., *Social Play in Primates*, S. 193–230, New York.
–, 1979, *The Evolution of Human Sexuality*, New York.
Takahata, Y., T. Hasegawa, and T. Nishida, 1984, Chimpanzee predation in the Mahale Mountains from August 1979 to May 1982. *Int. J. Primatol.* 5, 213–233.
Teas, J., et al., 1982, Aggressive behavior in the free-ranging rhesus monkeys of Kathmandu, Nepal. *Aggress. Behav.* 8, 63–77.
Terrace, H., 1979, *Nim: A Chimpanzee Who Learned Sign Language,* New York.
Thierry, B., 1984, Clasping behavior in *Macaca tonkeana. Behaviour* 89, 1–28.
–, 1986, A comparative study of aggression and response to aggression in three species of macaque. In: J. Else and P. Lee, eds., *Primate Ontogeny, Cognition and Social Behaviour*, S. 307–313, Cambridge.
Thompson-Handler, N., R. Malenky, and N. Badrian, 1984, Sexual behavior of *Pan paniscus* under natural conditions in the Lomako Forest, Equateur, Zaire. In: R. Susman, ed., *The Pygmy Chimpanzee*, S. 347–368, New York.
Thorpe, W., 1979, *The Origins and Rise of Ethology*, London.
Tratz, E., and H. Heck, 1954, Der afrikanische Anthropoide »Bonobo«, eine neue Menschenaffengattung. *Säugetierkundige Mitt.* 2, 97–101.
Tulp, N., 1641, *Observationum medicarum libri tres.* Amsterdam, zitiert in: Reynolds, 1967.
Turnbull, C., 1962, *The Forest People*, New York.
Vauclair, J., and K. Bard, 1983, Development of manipulations with objects in ape and human infants. *J. Human Evol.* 12, 631–645.
de Waal, F., 1975, The wounded leader: a spontaneous temporary change in the structure of agonistic relations among captive Java-monkeys (*Macaca fascicularis*). *Neth. J. Zool.* 25, 529–549.
–, 1982, *Chimpanzee Politics*, London.
–, 1984, Coping with social tension: sex differences in the effect of food provision to small rhesus monkey groups. *Anim. Behav.* 32, 765–773.
–, 1984, Sex differences in the formation of coalitions among chimpanzees. *Ethol. Sociobiol.* 5, 239–255.
–, 1986, Integration of dominance and social bonding in primates. *Q. Rev. Biol.* 61, 459–479.
–, 1987, Tension regulation and nonreproductive functions of sex in captive bonobos (*Pan paniscus*). *Nat. Geogr. Research* 3, 318–335.
–, in Vorb., Reconciliation among primates: a review of empirical evidence and theoretical issues. In: W. Mason and S. Mendoza, eds., *Primate Social Conflict*, New York.

– in Vorb., The myth of a simple relation between space and aggression in captive primates. *Zoo Biology.*
de Waal, F., and L. Luttrell, 1986, The similarity principle underlying social bonding among female rhesus monkeys. *Folia Primatol.* 46, 215–234.
–, 1988, Mechanisms of social reciprocity in three primate species: symmetrical relationship characteristics or cognition? *Ethol. Sociobiol.* 9, 101–118.
de Waal, F., and R. Ren, 1988, Comparison of the reconciliation behavior of stumptail and rhesus macaques. *Ethology* 78, 129–142.
de Waal, F., and A. van Roosmalen, 1979, Reconciliation and consolation among chimpanzees. *Behav. Ecol. Sociobiol.* 5, 55–66.
de Waal, F., and D. Yoshihara, 1983, Reconciliation and redirected affection in rhesus monkeys. *Behaviour* 85, 224–241.
Walters, J., 1980, Interventions and the development of dominance relationships in female baboons. *Folia Primatol.* 34, 61–89.
Watson, L., 1979, *Lifetide*, New York.
Welker, C., 1981, Zum Sozialverhalten des Kapuzineraffen (*Cebus apella*) in Gefangenschaft. *Philippia* 4, 331–342.
White, L., 1959, *The Evolution of Culture*, New York.
Wilson, E., 1975, *Sociobiology: The New Synthesis*, Cambridge, Mass.
Witt, R., C. Schmidt, and J. Schmitt, 1981, Social rank and Darwinian fitness in a multimale group of barbary macaques. *Folia Primatol.* 36, 201–211.
Wrangham, R., 1979, Sex differences in chimpanzee dispersion. In: D. Hamburg and E. McCown, eds., *The Great Apes*, S. 481–490, Menlo Park, Calif.
Yerkes, R., 1925, *Almost Human*, New York.
–, 1925, Traits of young chimpanzees. In: R. Yerkes and B. Learned, eds., *Chimpanzee Intelligence and Its Vocal Expressions*, S. 11–56, Baltimore.
–, 1941, Conjugal contrasts among chimpanzees. *J. Abnorm. Soc. Psychol.* 36, 175–199.
York, A., and T. Rowell, 1988, Reconciliation following aggression in patas monkeys, *Erythrocebus patas. Anim. Behav.* 36, 502–509.
Zihlman, A., 1984, Body build and tissue composition in *Pan paniscus* and *Pan troglodytes* with comparisons to other Hominoids. In: R. Susman, ed., *The Pygmy Chimpanzee*, S. 179–200, New York.
Zihlman, A., and J. Lowenstein, 1983, A few words with Ruby. *New Scientist*, April 14, 81–83.
Zuckerman, S., 1932, *The Social Life of Monkeys and Apes*, New York.

Namenregister

Adang, Otto 63 f., 80
Agca, Mehmet Ali 10
Ahlquist, Jon 177
Altmann, Stuart 141
Amundson, Ron 265
Arafat, Yassir 27
Aronsen, Elliot 108

Bachmann, Christian 38
Badrian, Alison 182, 188
Badrian, Noel 182, 188
Bahn, Charles 238
Bandura, Albert 79
Barash, David 155
Bard, Kim 190
Battiston, Patrick 165
Bauers, Kim 164
Bauman, John 250
Beach, Frank 155
Becker, Clemens 191
Bernstein, Irwin 98
Bertrand, Mireille 151, 153
Bohannan, Paul 231
Bolk, Louis 252
Brehm, Alfred 147 f., 150, 152

Carroll, Eugene 26
Carson, Johnny 192
Chance, Michael 253
Chagnon, Napoleon 248
Cheney, Dorothy 112
Chruschtschow, Nikita 28
Clavell, James 78
Coolidge, Harold 181, 190
Crawford, Meredith 84
Cruise O'Brien, Conor 26
Cummings, Mark 256
Curie-Cohen, Marty 131

Dahl, Jeremy 201
Dalai Lama 26
Darwin, Charles 7, 108, 234, 271
Dasser, Verena 111
Dawkins, Richard 31

Eibl-Eibesfeldt, Irenäus 82, 254
Ettlinger, G. 250

Fallaci, Oriana 26 f., 232
Fisher, Helen 212
Foland, Gale 196
Fossey, Dian 12
Fox, Michael 88 f.
Freeman, Derek 260
French, Marilyn 60
Frisch, Karl von 30
Fujita, Nobuo 264

Gallup, Gordon 87 f.
Gandhi, Indira 113
Ginsburg, Harvey 254
Goldfoot, David 122, 155
Golding, William 194
Goldstein, Jeffrey 233
Goodall, Jane 12, 57, 59, 74, 248
Gorbatschow, Michail 266
Gould, Stephen Jay 250
Goy, Robert 122
Griede, Tine 48, 81
Guinness, Alec 231

Hahn, Emily 200
Hammond, Mike 196
Hand, Judith 247
Hardy, Alister 187 f.
Harlow, Harry 20, 194
Heck, Heinz 191

Herschberger, Ruth 211
Hitler, Adolf 245, 263
Hommes, Jacky 67, 69, 73
van Hooff, Anton 77
Hrdy, Sarah 61
Huizinga, Johan 252
Hussein 26f.
Huxley, Thomas Henry 7

Imanishi, Kinji 265
Johannes Paul II. 10, 165
Johnson, V.E. 156
de Jong, Piet 70

Kano, Takayoshi 182, 188, 222
Karpow, Anatoli 246
Kasparow, Gari 246
Kawai, Masao 96, 265
Kawamura, Shunzo 96
Kellog, Donald 251
Kellog, Luella 251
Kellog, Winthrop 251
Kennedy, John F. 264
Keyes, Ken 264f.
Kint, Brigitte 41
Kling, Arthur 150
Köhler, Wolfgang 41, 87
Kohl, Helmut 165
Kornfeld, Anita Clay 41
Kummer, Hans 35f., 267
Kuroda, Suehisa 175, 215

Levin, Bernhard 29
von Linné, Carl 175, 234
Lorenz, Konrad 7, 12, 18f., 24, 78, 108, 194, 264
Lovejoy, Owen 184, 212
Lowenstein, Jerold 184
Luttrell, Lesleigh 101, 125, 158

Machiavelli, Niccolò 93, 105
MacKinnon, John 186f.
Malinowski, Bronislaw 142
Mason, William 20
Masserman, Jules 105
Masters, William H. 156
McGuire, Michael 24
Mead, Margaret 260
Mears, C. 20
Meir, Golda 232
Michelangelo 218
Milgram, Stanley 105, 108
Mitterrand, François 165
Montagner, Hubert 253f.
Montagu, Ashley 73
Morgan, Elaine 187, 189
Mori, Akio 215
Morris, Desmond 155, 184, 212
Mussolini, Benito 17, 245
Myers, George 18

Napier, John 175
Neves, Tancredo 56, 58
Nieuwenhuijsen, Kees 24, 155
Nishida, Toshisada 12, 57
Nissen, Henry 84
Nixon, Richard 28
Noë, Ronald 85
van Noordwijk, Maria 129

Offermans, Loes 67
Offutt, Katherine 215
Orbach, J. 150
Orwell, George 26
Oudkerk-Heemskerk, Marianne 60

Packer, Craig 85, 89
Patterson, Thomas 210
Polowsky, Joseph 263
Portielje, Anton 181, 183, 190
Pugh, George 155
Puschmann, W. 55
Pusey, Anne 74

Reagan, Ronald 26, 266
Rembrandt 176, 178
Ren, RenMei 148, 157, 162, 166
Reynolds, Vernon 178

Richardson, Ralph 231
van Roosmalen, Angeline 48
Rousseau, Jean-Jacques 271
Rubin, Lilian 61
Runcie, Robert 247

Sackin, Steve 254
Sagan, Carl 268
Savage-Rumbaugh, Sue 189
Scott, John Paul 244
Seyfarth, Robert 112
Sibley, Charles 177
Simmel, Georg 11, 17
Skinner, Burrhus Frederic 20
Slob, Koos 155
Smuts, Barbara 85, 112
Susman, Randall 186, 188
Suzuki, Akira 12
Swanson, Heidi 238
Symons, Donald 155

van Schaik, Carel 129
Schenkel, Rudolph 50
Schiefenhövel, Wulf 17f.
Scholten, Rianne 41
Schropp, Reinhard 254
Schubert, Glendon 252
Schumacher, Harald 165
Schuster, Richard 238
Schwarz, Ernst 181, 192

Stalin, Jossif W. 28
Strayer, Fred 252f.

Teas, Jane 100
Terrace, Herbert 52
Terris, William 105
Thelen, Esther 254
Thierry, Bernard 170
Thorpe, William 264
Tinbergen, Niko 264
Tratz, Eduard 191
Tulp, Nikolaas 176, 178, 180f.
Turnbull, Colin 240f.

Vauclair, Jacques 190

Wałęsa, Lech 26
Waldheim, Kurt 267
Walters, Jeffrey 97f.
Watson, Lyall 265
Wechkin, Stanley 105
von Weizsäcker, Richard 266
Welker, Christian 267
Westmoreland, William 250
White, Leslie 257
Willemsen, Gerard 48
Wilson, E. O. 78

Yerkes, Robert 190, 211ff.
Yoshihara, Deborah 120

Zihlman, Adrienne 184
Zuckerman, Solly 35f., 140, 211